# R을 이용한
# 통계계산

김달호 지음

자유아카데미

# 머리말

통계학에서 이론적 연구가 모든 분야의 기초가 됨은 그 누구도 부인할 수 없는 사실이다. 그러나 이론적 연구에서 한걸음 더 들어가다 보면 수학적으로 또는 해석학적으로 더 이상 해결이 안 되는 부분에 흔히 봉착하게 된다. 통계적 문제에서 이론적 전개가 한계에 마주치게 되면 그 다음 단계는 통계계산의 문제로 넘어가게 된다. 통계적 문제는 결국 통계계산의 이해가 없으면 해결이 불가능하다고 할 수 있다.

통계학에서의 이론적 결과는 대부분 표본의 크기가 충분히 크다는 가정 하에서 성립하는 근사적 성질에 관한 것이다. 하지만 현실에서는 작은 표본 혹은 적당한 크기의 표본이 주로 사용되므로 모의실험을 통해 작은 혹은 적당한 크기의 표본에서도 바람직한 성질을 가진다는 것을 규명할 필요가 있다. 모의실험은 통계계산의 중요한 주제 중 하나이다.

일반적으로 모의실험이란 현실에서는 비용 등의 문제로 실현이 곤란하거나 불가능한 시스템의 분석을 위해 모형을 설정하고 실제 시스템을 흉내 내어 반복함으로써 필요한 결과를 도출하는 방법을 일컫는다. 통계적 모의실험은 고려중인 모형에서 모수값을 미리 정한 후 이로부터 난수를 발생시켜 많은 반복(확률적 모방)을 수행한 후 반복에서 결과가 일어나는 비율이 궁극적으로 가능성의 참값에 가까워지는 것을 확인하는 절차이다.

모의실험은 확률이론에 기초를 둔 것으로, 이를 위해서는 어떤 분포를 따르는 확률변수의 관측값을 필요로 한다. 현실에서 확률변수의 생성은 모집단에서 표본을 추출함으로써 이루어지지만, 모의실험에서는 현실에서 일어나는 일을 그대로 흉내 내어 난수를 발생하게 된다. 모의실험은 그 특성상 많은 반복을 통하여 결과를 얻어야 하므로, 그 과정에서 무수히 많은 난수 생성을 필요로 하게 된다. 따라서 난수의 생성에 관한 체계적 이해가 필요하며, 이에 근거한 여러 가지 통계적 방법을 통계계산에서 다루게 된다.

학부「수리통계학」과목의 대표적인 교재인 <Introduction to Mathematical Statistics (7/e) by Hogg, McKean and Craig> 책의 목차를 살펴보면 4.8 The Method of Monte Carlo, 4.9 Bootstrap Procedures, 6.6 The EM Algorithm, 11.4 Gibbs Sampler 등이 포함되어 있다. 이들은 이론통계학의 주요 주제이면서 동시에 통계계산에서 매우 중요하게 다루는 핵심 주제이다. 통계계산에서는 이들 주제를 보다 자세히 이해할 뿐만 아니라 통계 패키지를 사용하여 수치적으로 구현할 수 있게 한다.

통계계산에서 중요한 두 가지 과제는 적분(integration)과 최적화(optimization) 문제이다. 통계계산에서 적분과 최적화 문제를 다루는 데는 몬테칼로 접근과 수치적 접근이 있다. 지금까지 수치해석의 여러 가지 방법에 기초한 수치적 접근이 통계계산의 주된 내용이 되었으나, 통계계산의 최신 동향은 적분과 최적화에 대한 몬테칼로 접근이다.

이 책에서 다루고자 하는 몬테칼로 방법에는 몬테칼로 적분, 몬테칼로 추론, 붓스트랩과 잭나이프, 마르코프 연쇄 몬테칼로 방법이 포함된다. 또한 수치적 방법으로 수치적분, 일차원에서 근 찾기, 최대우도추정, 일차원 최적화, 다차원 최적화, EM 알고리즘 등의 기본개념을 설명하고자 한다.

이 책은 지난 수년간 경북대학교 통계학과 학부에 개설되었던 「통계계산 및 실험」 과목의 강의를 위해 2014년에 출간된 <몬테칼로 통계계산>을 수정 보완한 책이다. 이 책이 출간되기까지 많은 이들의 도움이 있었음을 밝힌다. 특히 지난 수년간 「통계계산 및 실험」 과목의 R 실험을 맡아 수고해 준 여러 대학원생들에게 고마움을 표하며, 자유아카데미 여러분의 수고에도 아울러 감사를 드린다.

2018년 2월

지은이 씀

프로그램 파일이 필요한 분은 아래 홈페이지에
접속하시기 바랍니다.

http://bayesian.knu.ac.kr

# 차례

# 제1장
# R 프로그램 기초

통계학 분야에서 표준 계산 언어가 된 통계 패키지 R을 소개하고자 한다. R은 수치적 방법과 몬테칼로 방법을 이용한 통계계산에 매우 유용한 통계 패키지이다. 이 장에 제시된 순서에 따라 R을 잘 익히면 통계계산의 이해와 이후 알고리즘의 구현에 크게 도움이 될 것이다.

## 1.1 R 소개

R은 S 언어를 기반으로 하는 프로그래밍 언어와 소프트웨어가 하나의 체계를 이룬 것으로, 자료의 분석 및 그래프적 표현을 위해 사용된다. "R이 무엇인가?"는 R에 관해 온라인상의 문서에서 가장 빈번하게 제기되는 질문 중 하나이다. R FAQ (Frequently Asked Questions)는 이 질문에 관해 다음과 같이 설명한다.

> **R은 통계계산과 그래픽을 위한 시스템이다. 이는 프로그램 언어일 뿐만 아니라 그래픽, 오류수정, 특정 시스템 함수와의 접근성, 스크립트 파일에 저장된 프로그램을 실행시키는 능력을 갖춘 소프트웨어 환경이다.**

R은 처음 뉴질랜드의 오클랜드 대학교에서 교육용으로 개발되었으나 현재는 R 코어 팀에서 R 프로젝트라는 이름으로 계속 개발되고 있다. R 프로젝트의 홈페이지는 http://www.r-project.org/이고, 최신 버전의 R과 이에 대한 설명 문서들은 CRAN(Comprehensive R Archive Network)에서 쉽게 얻을 수 있다. CRAN 사이트는 http://cran.R-project.org/이다. 현재 배포 중인 R에는 베이스(base)와 권장하는 패키지(package)가 기본으로 포함되어 있고, 도움말 시스템과 참고 매뉴얼이 프로그램 안에 설치되어 있다.

R은 S 언어를 기반으로 한다. S 언어와 R에 대한 소개, R과 S간의 차이, R 프로그래밍 방법, R을 이용한 통계학 응용 등에 관한 매뉴얼과 참고문헌이 최근 다양하게 출판되어 많이 활용되고 있다. 특히 R 프로젝트 홈페이지 상에서의 링크를 통해 많은 참고문헌들을 찾을 수 있다.

R 프로그래밍이 이 책의 전반에 걸쳐 소개되어 있다. 이 과정에서 R에 관한 새로운 함수나 프로그래밍 방법이 사용될 때 마다 이를 『R 노트』라는 요약으로 정리하였다. R 프로그래밍에서 생기는 의문사항은 R 도움말 시스템과 매뉴얼을 참고로 하면 대부분 해결된다. R 설치와 그래픽 사용자 인터페이스에 관한 세부사항은 R 매뉴얼과 R 프로젝트 홈페이지에 주어진 정보를 이용하면 된다.

이 장에서는 R 사용자에게 도움이 되는 몇 가지 기본적인 정보를 소개하고자 한다. R의 기본 구문, 온라인 도움말 사용, 데이터셋, 파일, 스크립트, 패키지 등이 포함되어 있으며, 기본적인 그래픽 함수들의 개괄적 설명과 데이터프레임 및 배열을 사용하는 방법들이 소개되어 있다. 부록에서는 R에 대한 기본적인 이해를 바탕으로 좀 더 체계적으로 R 프로그래밍을 실습하도록 한다.

## 1.2 R 시작하기

R은 대화식 또는 일괄처리 모드로 사용 가능한 명령어 줄(command line) 인터페이스를 가진다. 명령문은 R 콘솔(consol) 내 프롬프트(prompt)에서 직접 입력하거나 또는 source 명령문에 의해 일괄적으로 제출된다. 예를 들면, 표준정규확률밀도함수 $\phi(x)=\frac{1}{\sqrt{2\pi}}e^{-x^2/2}$ 의 $x=2$ 에 해당하는 값을 계산하기 위해 프롬프트에서 공식을 직접 입력하거나 또는 보다 편리하게 dnorm() 함수를 사용할 수 있다.

```
> 1/sqrt(2*pi)*exp(-2)
[1] 0.05399097
> dnorm(2)
[1] 0.05399097
```

위의 예에서 > 는 명령 프롬프트이며, [1]은 출력된 결과값이 벡터의 첫 번째 원소임을 나타낸다.

명령문은 다음 줄로 이어질 수 있다. 아래의 예에서와 같이 앞줄의 명령이 완전하지 않을 때에는 명령 프롬프트가 > 대신 +로 표시되면서 두 번째 줄로 이어진다.

```
> plot(cars, xlab="Speed", ylab="Distance to Stop",
+ main="Stopping Distance for Cars in 1920")
```

줄의 끝에서 문장이나 표현식이 완전하지 않을 때 파서(parser)는 자동으로 다음 줄로 이어진다. 줄의 끝에는 특별한 표식이 필요하지 않다. (세미콜론은 단일 줄에서 문장을 구별하는데 사용되기도 하는데, 이것은 부호를 읽기에 어렵게 하는 경향이 있다.) 문장의 집단은 중괄호 { }안에서 그것들을 에워싸면서 단일 표현으로 모을 수 있다.

명령이나 명령의 일부 혹은 스크립트 실행을 취소하기 위해서는 단축키 [Ctrl+C]를 사용하고, R GUI(그래픽 사용자 인터페이스)의 윈도우즈 버전에서는 [ESC] 키를 사용한다. R 프로그램을 종료하기 위해서는 명령어 q()를 입력하거나 R GUI를 닫으면 된다.

R에서 일반적으로 사용하는 할당 연산자는 <- 이다. 예를 들면, x <- sqrt(2*pi)는 x에 $\sqrt{2\pi}$ 값을 할당한다. R 콘솔에서 명령 프롬프트에 입력되는 명령문은 콘솔에서 자동으로 반향(echo)되지만, 할당 연산자는 그렇지 않다. 아래의 예를 보면, 첫 번째 명령문은 수열 (0.0, 0.5, 1.0, 1.5, 2.0, 2.5, 3.0)을 출력하지만 이를 저장하지는 않는다. 반면, 두 번째 명령문은 할당 연산자를 포함하고 있으므로 이 수열을 x에 저장하되 출력하지는 않는다.

```
> seq(0,3,0.5)
[1] 0.0  0.5  1.0  1.5  2.0  2.5  3.0
> x <- seq(0,3,0.5)
```

R 구문

R 연산자와 구문에 관한 몇 가지 도움말을 소개한다. ?는 관심 키워드에 대한 도움말 시스템을 불러낸다.

```
> ?Syntax
> ?Arithmetic
> ?Logic
> ?Comparison    # relational operators
> ?Extract       # operators on vectors and arrays
> ?Control       # control flow
```

함수와 변수의 기호(symbol)나 라벨(label)들은 대소문자를 구별하며 문자, 숫자, 마침표를 포함할 수 있다. 기호는 밑줄 문자를 포함할 수 없고, 숫자로 시작할 수 없다. 많은 기호들은 이미 R 베이스나 또는 권장하는 기본 패키지에 의해 정의되어 있다. 예를 들면, 기호 q, t, I, T 그리고 F는 이미 R 베이스에서 정의되어 있으며, 패키지에 의해 정의되는 기호들은 해당 패키지를 로딩(loading)할 때 활성화된다. 만약 사용하고자 하는 기호가 이미 정의되어 있는지 확인하고자 한다면, 다음과 같이 프롬프트에서 기호를 입력해 보면 알 수 있다.

```
> T
[1] TRUE
> t
function (x) UseMethod("t") <environment: namespace:base>
> g
에러:object "g" not found
```

여기서 우리는 T와 t는 이미 정의되었으나, g는 R 혹은 사용자에 의해서 아직 정의되지 않았음을 알 수 있다. 사용자가 T나 t와 같이 이미 정의된 기호에 새로운 값을 할당할 수는 있지만, 이는 일반적으로 나쁜 프로그래밍 습관이며 이로 인해 기대하지 않은 결과나 프로그래밍 오류를 초래할 수도 있다.

새로운 R 사용자들 중 대부분이 C, MATLAB, 또는 SAS와 같은 다른 프로그래밍 환경과 언어를 경험해 본 바 있을 것이다. 모든 이러한 프로그래밍 언어에는 공통으로 사용되는 연산자 및 특성이 많이 있다. 표 1.1에 공통적으로 사용되는 연산자에 관한 R 구문 요약 리스트가 제시되어 있다. 더 자세한 사항들을 살펴보려면 도움말 시스템을 부르도록 ?Syntax를 입력해 보라. 대부분 프로그램 개발에서 공통적으로 사용되는 함수들 중 일부는 표 1.2에 열거되어 있다.

표 1.1 : R 구문과 흔히 사용되는 연산자

| 연산자 | R 기호 | 예 |
|---|---|---|
| 주석 | # | #this is a comment |
| 할당 | <- | x <- log2(2) |
| 연결 | c | c(3,2,2) |
| 원소별 곱 | * | a * b |
| 지수 | ^ | 2^1.5 |
| x mod y (x를 y로 나눈 후 나머지) | x %% y | 25 %% 3 |
| x를 y로 나눈 후 몫의 정수 부분 | x %/% y | 25 %/% 3 |
| a에서 b까지 h만큼씩 증가하는 수열 | seq | seq(a,b,h) |
| 수열 | : | 0:20 |

표 1.2 : 공통적으로 사용되는 함수

| 설명 | R 함수 |
|---|---|
| 제곱근 | sqrt |
| $\lfloor x \rfloor$, $\lceil x \rceil$ | floor, ceiling |
| 자연로그 | log |
| 지수함수 $e^x$ | exp |
| 계승 | factorial |
| 균일난수 | runif |
| 정규난수 | rnorm |
| 정규분포 | pnorm, dnorm, qnorm |
| 순위, 정렬(디폴트=오름차순) | rank, sort |
| 분산, 공분산 | var, cov |
| 표준편차, 상관계수 | sd, cor |
| 도수표 | table |
| 결측값 | NA, is.na |

표 1.3 : R 구문에서 벡터와 행렬 함수

| 설명 | R 기호 | 예 |
|---|---|---|
| 영벡터 | numeric(n) | x <- numeric(n) |
| | integer(n) | x <- integer(n) |
| | rep(0,n) | x <- rep(0,n) |
| 영행렬 | matrix(0,n,m) | x <- matrix(0,n,m) |
| 벡터 a의 i번째 요소 | a[i] | a[i] <- 0 |
| 행렬 A의 j번째 열 | A[,j] | sum(A[,j]) |
| 행렬 A의 i,j번째 요소 | A[i,j] | x <- A[i,j] |
| 행렬곱 | %*% | a %*% b |
| 원소별 곱 | * | a * b |
| 전치행렬 | t | t(A) |
| 역행렬 | solve | solve(A) |

R에서 대부분 산술 연산자들은 벡터화(vectorized) 되어 있다. 예를 들면, x^2는 벡터 x의 원소 각각을 제곱하는 것이다. 여기서 x가 행렬이면, 행렬 x의 모든 원소들을 제곱한다. 또한, x*y는 벡터 x의 원소들 각각을 y의 대응하는 원소 배만큼 곱하는

것이다. (만약에 벡터들이 같은 길이가 아니면 경고문이 출력된다.) R 구문에서의 행렬 연산자들은 표 1.3에 나타나 있다.

## 1.3 R 온라인 도움말 시스템 활용

주제(topic)에 대한 설명 문서를 보기 위해서는 ?topic 또는 help(topic)을 입력한다. 여기서 "topic"은 도움을 필요로 하는 주제의 이름이다. 예를 들면, ?seq를 입력하면 수열 함수에 대한 설명 문서를 제공한다. 어떤 경우에는 의문부호 다음에 큰 따옴표(" ")로 주제를 둘러싸는 것이 필요하다. 예를 들어, 다음과 같은 에러가 발생하였다고 가정하자.

```
> ?%%
에러:unexpected SPECIAL in "?%%"
```

이 경우 아래와 같이 ?" " 형태를 사용하면 도움말 주제에 대한 설명 문서를 이용할 수 있다.

```
> ?"%%"
```

시스템 상에서 Html 도움말 역시 help.start() 명령에 의해 사용 가능하다. 윈도우즈에서 도움말 메뉴, Html help를 시도해 보라. 이 명령문은 웹 브라우저 안에서 하이퍼링크를 가진 Help를 제공하며, Html help 시스템은 검색 엔진을 가지고 있다.

주제에 대한 도움말을 검색하는 또 다른 방법은 help.search() 명령을 이용하는 것이다. 이것과 Html help에서의 검색엔진은 아마도 몇 가지 관련 주제를 찾아내는데 도움이 될 것이다.

data() 명령을 입력하면 R 베이스와 패키지에서 사용가능한 데이터셋의 목록이 출력되며, 데이터셋에 관한 설명 문서 또한 help() 명령을 통해 이용할 수 있다. 예를 들면, 명령 프롬프트에 *help(faithful)*을 입력하면 Old Faithful geyser 데이터에 관한 설명 문서를 이용할 수 있다. 만약 패키지가 설치되었으나 아직 로딩이 되지 않았다면, 패키지의 이름을 지정해야 한다. 예를 들면, 명령 프롬프트에 *help("geyser", package = MASS)*를 입력하면 패키지 MASS의 로딩 없이 geyser 데이터에 관한 설명 문서를 이용할 수 있다.

『R 노트』 기본 패키지에 있는 데이터셋은 data() 명령을 사용하여 로딩하지 않고도 이용할 수 있다. 그 외 패키지에 있는 데이터셋은 다음과 같이 data() 명령을 사용하여 로딩할 수 있다.

```
> data("geyser", package = "MASS")
```

는 MASS 패키지로부터 geyser 데이터를 로딩한다.

## 1.4 R 패키지 설치 및 로딩하기

R은 R 베이스와 몇 개의 기본 패키지들로 구성되어 있다. 명령 프롬프트에 library()를 입력하면 설치된 패키지들의 목록을 볼 수 있다. 설치된 기본 패키지 외에 다른 패키지를 사용하고자 한다면 설치 및 로딩하는 작업이 반드시 필요하다. 만약 설치되지 않은 패키지를 R 프로그래밍에 사용할 경우 에러가 발생한다.

R은 CRAN으로부터 필요한 패키지들을 설치하기 위한 인터페이스를 제공한다. 패키지를 설치 및 로딩하는 과정에서 빈번하게 발생하는 오류는 '객체가 발견되지 않았음(Object not found)' 인데, 이는 설치하지 않은 패키지를 사용하고자 할 때 나타나는 오류이다. 이런 오류가 발생하면, 패키지의 철자를 확인하거나 이 객체를 포함하는 패키지가 로딩이 되었는지를 확인해야 한다.

먼저 지금 다루는 R 프로그램에 boot 패키지가 설치되어 있지 않다고 가정하고 boot 패키지를 설치하는 방법을 알아보자. R 프로그램에서 [Packages] 탭에 있는 [Install package(s)...]를 클릭한다.

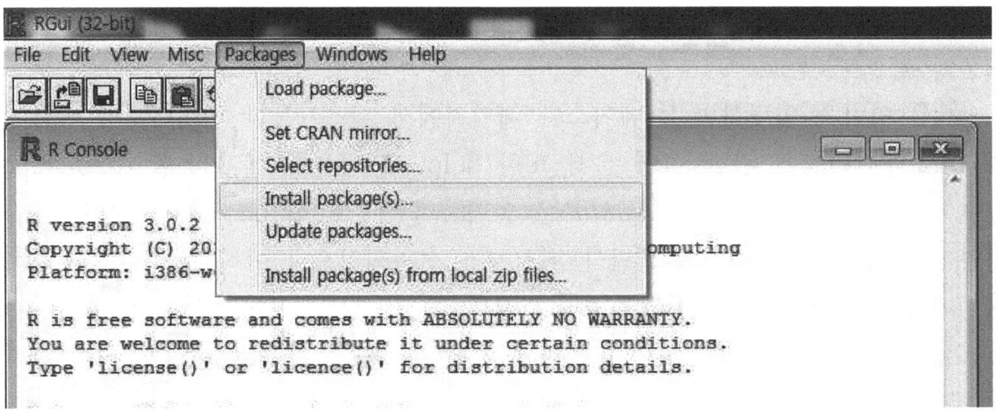

그러면 아래와 같이 CRAN mirror라는 이름의 새 창이 뜨게 되며, 해당 국가를 선택한다. 그러면 기존의 창이 닫힌 후 Packages 라는 이름의 새 창이 뜨고, 설치하고자 하는 패키지 명(boot)을 클릭하면 R 콘솔에 성공적으로 설치되었다는 알림말과 함께 설치가 완료된다.

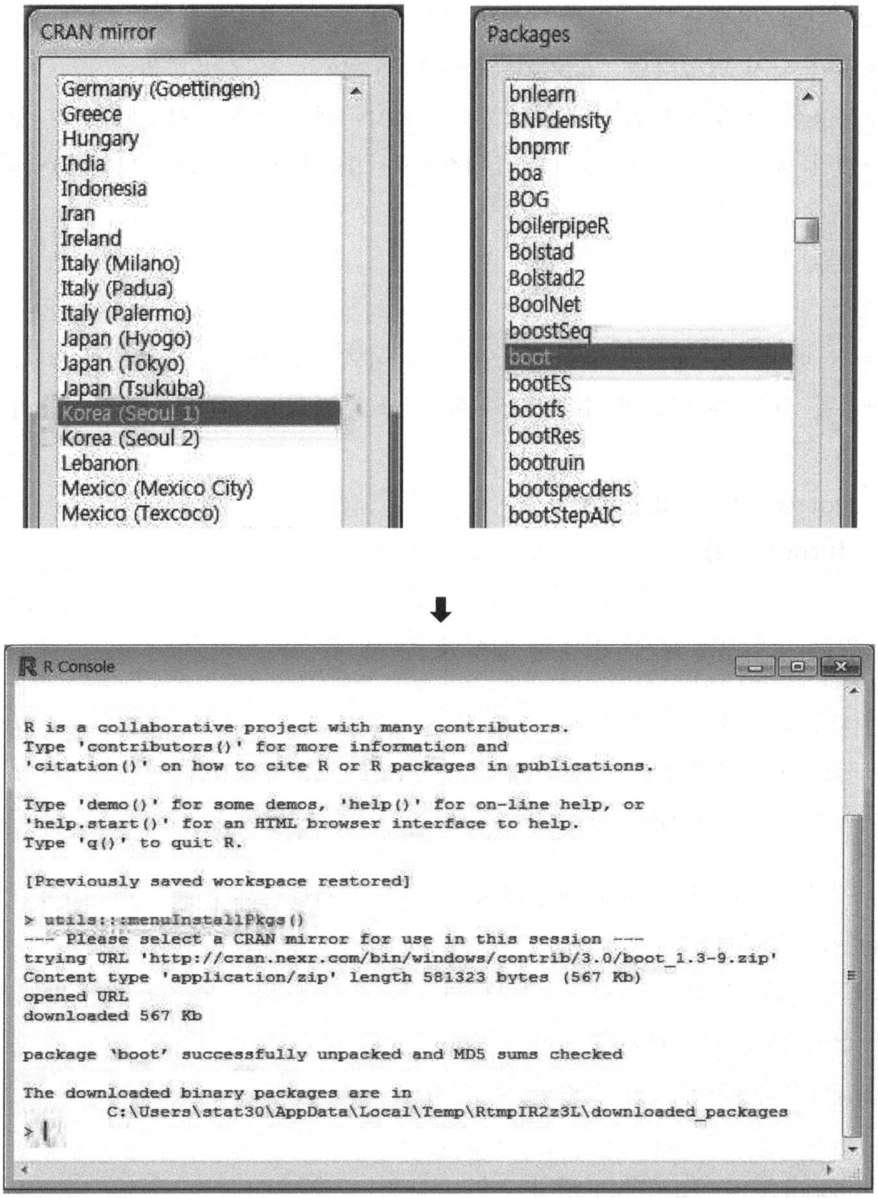


설치된 패키지를 로딩하기 위해서는 library() 또는 require() 명령문을 사용한다.

예를 들면, 명령 프롬르트에서 library(boot)를 입력하면 설치된 패키지 boot가 로딩이 된다. 패키지는 R GUI 내에서 패키지 메뉴를 통해서도 로딩이 될 수 있다.

패키지가 로딩이 되면 해당 패키지에 관한 도움말 시스템 역시 로딩이 된다. 예를 들면, 패키지 boot가 로딩된 후에는 ?boot 입력을 통해 boot 패키지에 있는 boot() 함수에 관한 도움말 주제를 이용할 수 있다. 한편, help(package=boot)를 입력하면 패키지의 로딩 여부에 관계없이, 패키지의 목록을 보여주는 (윈도우)창이 생성된다. 만약 로딩이 되지 않았다면 help(boot, package=boot)를 사용하라.

모든 유용한 패키지의 완벽한 리스트는 CRAN 웹 사이트에서 제공하고 있다. 모든 설치 가능한 패키지의 리스트를 보기 위해서는 installed.packages()를 입력해보라.

## 1.5 R 함수

R에서는 R 베이스와 패키지에서 정의된 함수 이외에도 사용자의 필요에 따라 사용자-정의 함수를 작성 및 이용할 수 있다. R에서 함수 정의에 대한 구문은 아래와 같으며,

```
function (arglist) expr
return(value)
```

다음과 같은 방법으로 함수 정의를 실행할 수 있다.

1. 정의가 짧으면 프롬프트에서 문장을 입력한다.
2. 편집창(editor)에서 복사하여 명령 프롬프트에 붙여넣기를 한다.
3. 스크립트 파일 형태로 함수를 저장한 후 이를 인용한다.

참고로 R GUI(그래픽 사용자 인터페이스)는 편집창과 코드제출(submit)을 위한 툴바(toolbar)를 제공한다.

$n$개의 공정한 주사위를 "굴리고" 그 합계를 출력해주는 간단한 예를 통해 사용자-정의 함수에 대해 살펴보자. 이 예를 sumdice() 함수로 정의하기 위해 프롬프트에서 문장으로 다음과 같이 직접 입력할 수 있다.

```
> sumdice <- function(n) {
+ k <- sample(1:6, size=n, replace=TRUE)
+ return(sum(k))
```

```
+ }
```

입력한 사용자-정의 함수는 R 베이스와 패키지에서 정의된 다른 함수들처럼 사용될 수 있다.

```
> sumdice(2)
[1] 10
> a <- sumdice(100)
> a/100
[1] 3.48
```

R 함수에 의해 반환(return)되는 값은 return() 문장의 인수(argument)이거나 마지막으로 계산된 값이다. sumdice() 함수는 아래와 같이 쓸 수도 있다.

```
> sumdice <- function(n) sum(sample(1:6, size=n, replace=TRUE))
```

함수들은 디폴트 인수 값을 가질 수 있다. 예를 들면, sumdice() 함수는 s-면 주사위 굴리기로 일반화할 수 있으나, 6-면을 디폴트로 유지할 수 있다. 이에 대한 R 함수는 아래와 같이 주어진다.

```
> sumdice <- function(n, sides=6) {
+ if (sides < 1) return (0)
+ k <- sample(1:sides, size=n, replace=TRUE)
+ return(sum(k))
+ }
> sumdice(5)              # default 6 sides
[1] 20
> sumdice(n=5, sides=4)   # 4 sides
[1] 12
```

## 1.6 배열, 데이터프레임 및 리스트

배열(array), 데이터프레임(data frame) 그리고 리스트(list)는 R에서 데이터를 저장하는데 사용되는 객체이다. 배열은 다차원의 색인화된 자료집합 객체로 같은 형태의 데이터를 가진다. 행렬은 이차원 배열이다. 한편, 데이터프레임은 행렬처럼 직사각형 레이아웃으로 표현되지만 행렬은 아니다. 행렬과는 달리 데이터프레임의 열들은 다른 형태(mode)의 변수가 될 수 있다.

### 데이터프레임

데이터프레임은 변수들의 리스트이고, 각 변수는 같은 길이를 갖지만 같은 형태일 필요는 없다. 이 절에서는 데이터프레임으로부터 어떻게 변수의 값을 가져오는지를 살펴보고자 한다.

예제 1.1 (붓꽃 데이터)
피셔(Fisher)의 붓꽃(iris) 데이터셋은 3가지 종의 붓꽃으로부터 관측된 4개의 측정값으로 구성되어 있다. 붓꽃 자료의 일부가 아래에 주어져 있다.

```
    Sepal.LengthSepal.WidthPetal.LengthPetal.WidthSpeci          es
 15.13.51.40.2setosa
 24.93.01.40.2setosa
 34.73.21.30.2setosa
 44.63.11.50.2setosa
```

붓꽃 데이터는 데이터프레임의 한 예로, 150개 관측값(행)과 5개의 변수(열)를 가지고 있다. 데이터를 로딩한 후, 변수는 $name(열 이름)으로, 첨자는 행렬같이, 그리고 위치는 [[ ]]연산자를 사용하여 인용할 수 있다. 또한, names() 명령을 사용하면 변수 이름의 리스트를 볼 수 있으며, 이에 관한 몇 가지 예들이 출력결과와 함께 아래에 제시되어 있다.

```
> names(iris)
[1] "Sepal.Length" "Sepal.Width"  "Petal.Length" "Petal.Width"
[5] "Species"
```

```
> table(iris$Species)

    setosa versicolor  virginica
        50         50         50
> w <- iris[[2]]      #Sepal.Width
> mean(w)
[1] 3.057333
```

다른 방법으로 attach()를 이용하면 데이터프레임의 변수들을 이름으로 직접 인용할 수 있다. 단, attach()를 이용한 후 더 이상 필요하지 않으면 다른 변수 이름과의 충돌을 피하기 위해 detach()를 사용하는 것이 좋다.

```
> attach(iris)
> summary(Petal.Length[51:100])      #versicolor petal length
   Min. 1st Qu.  Median    Mean 3rd Qu.    Max.
   3.00    4.00    4.35    4.26    4.60    5.10
```

만약 단지 붓꽃 데이터를 일시적으로만 필요로 한다면, with()를 쓸 수 있다. 이에 대한 구문은 아래와 같다.

```
with(iris, summary(Petal.Length[51:100]))
```

종에 따라 변수별 평균을 계산하기를 원한다고 가정하자. 데이터프레임의 첫 네 번째 열들은 iris[, 1:4]로 잘라낼 수 있다. 여기서 생략된 행 색인은 모든 행들이 포함되었음을 가리킨다. by() 함수에 의해 종에 따른 평균들을 변수 별로 쉽게 계산할 수 있다.

```
> by(iris[, 1:4], Species, colMeans)
Species: setosa
Sepal.Length  Sepal.Width Petal.Length  Petal.Width
       5.006        3.428        1.462        0.246
------------------------------------------------------------
Species: versicolor
```

```
Sepal.Length  Sepal.Width Petal.Length  Petal.Width
       5.936        2.770        4.260        1.326
------------------------------------------------------------
Species: virginica
Sepal.Length  Sepal.Width Petal.Length  Petal.Width
       6.588        2.974        5.552        2.026

> detach(iris)
```

『R 노트』 비록 iris$Sepal.Width, iris[[2]], 그리고 iris[ ,2]가 모두 같은 결과를 만들지만, $와 [[]] 연산자는 한 가지 원소만을 선택할 수 있는 반면 [] 연산자는 몇 가지 원소를 선택할 수 있다. 도움말 주제 Extract를 참고하기 바란다.

### 배열과 행렬

배열은 다차원의 색인화된 단일 형태의 데이터 집합 객체로 차원의 속성을 가진다. 행렬은 배열의 특별한 경우이다.

**예제 1.2 (배열)**
여러 가지 형태의 배열을 살펴보자. 1부터 24까지의 숫자의 수열이 벡터, 일차원 배열, 4×6 행렬, 그리고 3×4×2 배열로 주어져 있다.

```
> x <- 1:24                        # vector
> dim(x) <- length(x)              # 1 dimensional array
> matrix(1:24, nrow=4, ncol=6)     # 4 by 6 matrix
> x <- array(1:24, c(3,4,2))       # 3 by 4 by 2 array
```

마지막 문장에서 정의한 3×4×2 배열은 아래와 같이 나타난다.

```
, , 1

     [,1] [,2] [,3] [,4]
[1,]    1    4    7   10
```

```
[2,]    2    5    8   11
[3,]    3    6    9   12

, , 2

     [,1] [,2] [,3] [,4]
[1,]   13   16   19   22
[2,]   14   17   20   23
[3,]   15   18   21   24
```

배열 x는 x[ , , 1](첫 번째 3×4 행렬)과 뒤따르는 x[ , , 2](두 번째 3×4 행렬)로 구성되어 있다.

행렬은 단일 형태의 데이터에 대한 두 개의 첨자를 사용한 배열이다. A가 행렬이면, A[$i$, $j$]는 A의 $(i,j)$번째 원소이고, A[ ,$j$]는 A의 $j$번째 열이고, 그리고 A[$i$, ]는 A의 $i$번째 행이다. 주어진 행과 열의 범위 내에서 수열 연산자 : 를 사용하여 잘라낼 수 있다. 예를 들면, A[2:3, 1:4]는 행렬 A의 2와 3행 그리고 1에서 4까지 열을 포함하는 2×4 행렬을 잘라낸 것이다.

예제 1.3 (행렬)
아래 문장은 모두 2×2 영행렬(zero matrix)을 A 객체에 할당한다.

```
> A <- matrix(0, nrow=2, ncol=2)
> A <- matrix(c(0,0,0,0), nrow=2, ncol=2)
> A <- matrix(0,2,2)
```

행렬은 디폴트로 열 우선 순으로 채워진다. 즉, 행 색인은 열 색인보다 빠르게 변한다. 따라서 아래와 같이 입력할 경우

```
> A <- matrix(1:8, nrow=2, ncol=4),
```

행렬 A는 다음과 같다.

$$\begin{bmatrix} 1 & 3 & 5 & 7 \\ 2 & 4 & 6 & 8 \end{bmatrix}$$

필요하다면 matrix()에서 byrow=TRUE 라는 옵션을 사용하여 디폴트 값을 변경할 수 있다.

예제 1.4 (붓꽃 데이터, 계속)
as.matrix()를 사용해서 붓꽃 데이터의 첫 4열을 행렬로 변환할 수 있다.

```
> x <- as.matrix(iris[, 1:4])  # all rows of columns 1 to 4
> mean(x[,2])                  # mean of sepal width, all species
[1] 3.057333
> mean(x[51:100,3])            # mean of petal length, versicolor
[1] 4.26
```

위에서 만든 150×4 행렬 x를 3차원 배열로 변환하는 것이 가능하다. 배열(혹은 행렬)은 디폴트로 "열 우선 순서"로 저장된다. 배열에서 "열 우선"은 왼쪽 인덱스가 오른쪽 인덱스보다 빠르게 바뀌는 것을 의미한다. 붓꽃 데이터 행렬 x에서 3개의 종(species) 각각은 차례대로 50개의 관측값을 가지므로, 두 번째 차원으로 종을 사용해서 행렬을 50×3×4 배열로 변환하는 것은 쉽다. 이는 행렬 x에서 열 우선 순서에 의해 붓꽃 종들이 변수이름(열) 보다 더 빨리 변하기 때문에 가능하다.

```
> y <- array(x, dim=c(50,3,4))
> mean(y[, ,2])                  # mean of sepal width, all species
[1] 3.057333
> mean(y[,2,3])                  # mean of petal length, versicolor
[1] 4.26
```

한편, 세 번째 차원으로 종을 사용해서 붓꽃 데이터의 50×4×3 배열을 생성할 수도 있다. 우선 행렬을 잘라서 3개의 종에 따라 각각 50개의 관측값을 가지는 3개의 블록을 만든다. 그리고는 3개의 블록을 길이 600인 벡터로 연결하면 종이 가장 늦게 바뀌고 관측값(행)이 가장 빨리 바뀐다. 이 벡터를 50×4×3 배열로 채우면 된다.

```
> y <- array(c(x[1:50, ], x[51:100, ], x[101:150, ]),
+ dim=c(50,4,3))

> mean(y[,2,])              # mean of sepal width, all species
[1] 3.057333

> mean(y[,3,2])             # mean of petal length, versicolor
[1] 4.26
```

이 배열은 R에서 데이터셋 iris3으로 제공되고 있다.

## 리스트

리스트는 서로 다른 형태의 데이터를 요소로 가지는 정돈된 객체들의 모임이다. 데이터프레임은 "data.frame" 클래스를 가진 리스트이므로, 리스트는 데이터프레임의 일반적인 형태이다. 리스트를 생성하기 위해서는 list() 함수를 사용한다.

리스트는 주로 한 함수의 결과값이 여러 개인 경우 이를 단일 객체로 반환하기 위해 사용된다. htest 클래스를 반환하는 여러 전통적 가설검정이 좋은 예이다. 구체적으로 도움말 주제 t.test 또는 chisq.test를 살펴보라. 설명문서 중 "Value" 섹션을 보면 htest 클래스가 포함하는 요소들을 알 수 있다. 반환되는 값은 검정통계량, p-값, 신뢰구간 등을 포함한다. 리스트의 요소들은 $을 사용한 이름이나 또는 [[ ]]를 사용한 위치에 의해 인용될 수 있다.

예제 1.5 (지명된 리스트)
윌콕슨 순위합 검정은 wilcox.test() 함수에 의해 실행된다. 이를 평균이 다른 두 정규표본에 적용해 보자.

```
> w <- wilcox.test(rnorm(10), rnorm(10, 2))
> w                    # print the summary
        Wilcoxon rank sum test

data:  rnorm(10) and rnorm(10, 2)
W = 10, p-value = 0.001505
```

```
alternative hypothesis: true location shift is not equal to 0

> w$statistic   # stored in object w
W 10
> w$p.value
[1] 0.001504687
```

참고로 unlist(w)와 unclass(w)를 실행해 보라.

예제 1.6 (행렬에서 행과 열 이름 리스트)
행렬에 행과 열 이름을 할당하는 리스트를 만들어보자. 아래의 경우 리스트의 첫 번째 요소가 NULL이므로 행렬 a의 행에는 이름이 할당되지 않는다.

```
> a <- matrix(runif(8),4,2)          # a 4×2 matrix
> dimnames(a) <- list(NULL, c("x","y"))
```

열 이름을 가진 4×2 행렬 a는 다음과 같이 나타난다.

```
              x          y
[1,] 0.02523389 0.81412294
[2,] 0.75676747 0.61340375
[3,] 0.57258303 0.09994012
[4,] 0.91266407 0.45523525
```

행렬 a에 행 이름을 붙이기 위해서는 다음과 같이 하면 된다.

```
> # if we want row names
> dimnames(a) <- list(letters[1:4], c("x","y"))
> a
           x          y
a 0.02523389 0.81412294
b 0.75676747 0.61340375
c 0.57258303 0.09994012
```

```
d 0.91266407 0.45523525

> # another way to assign row names
> row.names(a) <- list("NE","NW","SW","SE")
> a
            x          y
NE 0.02523389 0.81412294
NW 0.75676747 0.61340375
SW 0.57258303 0.09994012
SE 0.91266407 0.45523525
```

## 1.7 작업공간과 파일

R의 작업공간은 데이터와 객체들을 포함한다. 작업 중 생성된 사용자 정의 객체는 R이 종료될 때까지 남아 있다. 만약 R을 종료하기 전에 작업공간을 저장하면 작업 중 생성된 객체를 저장할 수 있다.

ls() 명령문은 현재 작업공간에 있는 객체들의 이름들을 나열해 준다. 하나 또는 그 이상의 객체들은 rm() 이나 remove() 명령문에 의해 작업공간에서 제거될 수 있다.

작업공간에서 객체들을 저장하는 것은 기대하지 않은 결과나 심각한 내부 프로그래밍 오류를 이끌 수도 있으므로 주의해야 한다. 예를 들면, 프로그래머가 b의 값을 임의로 생성하기를 의도하였으나, 부주의로 코드에 이를 포함하는 것을 잊어버렸다고 가정하자.

```
> y <- runif(100,0,b)
```

작업공간에서 만약 b 라는 이름을 가진 어떤 객체가 있었다면, b의 값은 ruinf() 안에서 당연히 그 값을 사용하여 결과를 생성하고 어떤 오류도 보고되지 않을 것이다. 그러면 프로그래머는 오류가 일어났다는 것을 인식하지 못하게 된다.

때때로 작업공간에서 무엇이 저장되었는지를 사용자가 확인하고, 불필요한 객체들을 제거하는 것이 필요하다. ls() 명령에 의해서 반환되는 객체들의 전체 리스트는 rm(list = ls())에 의해서 경고 없이 제거될 수 있다.

일반적으로 작업공간에 함수를 저장하는 것은 좋지 않는 습관이다. 왜냐하면 사용자는 특정한 객체가 존재한다는 것을 잊어버리기 쉽고, 이러한 객체들은 전혀 문서화되거나 주석이 붙여져 있지 않을 것이기 때문이다. 함수는 문서로, 데이터는 파일로 저장하는 것이 바람직하다. 함수와 데이터셋들의 수집은 패키지에 정리되고 문서화될 수 있다.

### 작업 디렉토리

R에서 많은 스크립트와 데이터셋이 제공되고 있으며, 이들은 사용자에 의해서 계속 생성될 것이다. 이러한 파일들을 저장하기 위해서 짧은 경로 이름을 가진 폴더나 디렉토리를 만드는 것이 편리하다. 예를 들면, 사용자가 만든 /Rfiles 안에 파일들을 모은다. 물론 다른 어떤 이름이나 경로도 사용될 수 있다.

작업 디렉토리를 지정하는 것이 반드시 필요하지는 않지만, 때때로 지정하는 것이 편리할 수도 있다. 사용자는 getwd() 나 setwd() 명령문에 의해서 현재의 작업 디렉토리를 가져오거나 지정할 수 있다. 예를 들면, 작업 디렉토리를 "/Rfiles"에 지정 하는 명령문은 setwd("/Rfiles")이다.

### 외부 파일에서 데이터 읽어오기

흔히 분석하고자 하는 데이터가 외부 파일로 저장되어 있다. 그중에서도 텍스트 파일로 저장되는 경우가 많으며, 탭(tab)이나 스페이스(space)와 같은 여백, 또는 콤마(comma)와 같은 특정 부호에 의해서 구분된다.

외부에 저장된 텍스트 데이터 파일을 불러오는 함수에는 scan()과 read.table() 함수가 있다. 외부 데이터 파일이 단변량(univariate)이면 scan() 함수에 의해 벡터로 읽혀질 수 있다. 만약 파일이 데이터프레임이나 행렬, 또는 csv(콤마로 구별된 값) 형식을 포함한다면, read.table() 함수를 사용한다. read.table() 함수는 다른 파일 형식을 지원하기 위한 많은 옵션들을 가지고 있다.

```
> forearm <- scan("Rfiles/forearm.dat")          # a vector
> x <- read.table("/Rfiles/irises.dat")          # a data frame
> dim(x)

> # get the fourth variable in the data frame
> x <- read.table("/Rfiles/irises.dat")[[4]]     # a vector

> # read and coerce to matrix
```

```
> x <- as.matrix(read.table("/Rfiles/irises.dat"))
```

『R 노트』 디폴트로 read.table() 함수는 문자 변수를 요인(factor)으로 변환한다. 문자 데이터의 요인으로의 변환을 막기 위해서는 파일 경로 뒤에 as.is=TRUE 옵션을 지정해야 한다.

## 1.8 R 스크립트 사용하기

R 스크립트(script)는 R 코드를 포함하는 간단한 텍스트 파일이다. 일단 코드가 스크립트에 저장되면, 파일 내 모든 코드를 source() 명령문을 통해 한꺼번에 제출되어 실행되거나, 또는 일부분을 복사와 붙여넣기를 통해 콘솔에서 실행될 수 있다.

R 명령문을 파일에 저장하기 위해서, 간단한 텍스트 편집창을 가진 파일을 준비하고 .R 확장자로 저장한다. 윈도우즈 R GUI는 통합된 텍스트 편집창을 제공한다. R에서 파일(File) 메뉴는 "New Script", "Open Script", "Source R code", 등의 명령문을 포함하고 있다. 스크립트 편집창을 열면, 코드를 제출하기 위한 많은 명령들이 Edit 메뉴와 툴바에 의해서 제공될 것이다.

source() 명령문은 스크립트 안에 있는 명령들을 로드하여 실행한다. 그것은 파일을 닫는 것이 불필요하며, 편집을 위해서는 파일을 열어두는 것이 편리할 것이다. 예를 들면, 만약 “/Rfiles/example.R" 이 R 코드를 포함하는 파일이면, 명령

```
> source("/Rfiles/example.R")
```

에 의해 명령 프롬프트에 파일의 모든 줄이 입력되어 코드가 실행된다. 이전에 실행한 명령들은 위-화살표 [↑] 키를 사용해서 다시 부를 수 있다. 소스 파일을 편집하고 저장한 후 다시 실행하기 위해서는 간단히 위-화살표 [↑] 키를 사용해서 source() 명령문을 다시 부르고 [Enter] 키를 누르면 된다.

디폴트로 스크립트가 실행될 때 콘솔에서 식의 값은 출력되지 않음을 주의해야 한다. 대화형 모드에서는 아래와 같이 식과 식의 값이 모두 출력되는 반면, 스크립트에서는 print() 명령문을 사용하는 것이 필요하다.

```
> sqrt(pi)
[1] 1.772454
```

다른 방법으로, source() 명령문 안에서 얼마나 많이 출력할지를 옵션으로 지정할 수 있다. echo=TRUE를 지정하면 명령문과 구한 식의 값이 모두 콘솔에서 되풀이된다. 명령문이 실행되었을 때의 식의 값을 보기 위해서는, echo=FALSE를 두고 print.eval=TRUE를 지정하면 된다. 이 예제는 아래에 주어져 있다.

```
> source("/Rfiles/example.R", echo=TRUE)
> source("/Rfiles/example.R", print.eval=TRUE)
```

## 1.9 R 그래픽

R 그래픽 패키지 graphics는 흔히 사용되는 그래픽 함수들 대부분을 포함하고 있다. 이 절에서는 기본적인 그래픽 함수들, 옵션 및 모수를 소개한다. 이에 관련된 예제와 R 코드가 교재 전반에 걸쳐 나타나 있다.

표 1.4 : graphics와 다른 패키지에 있는 기본적인 그래픽 함수

| 방법 | 그래픽 함수 | 패키지 |
|---|---|---|
| 산점도 | plot | |
| 그림에 회귀직선 또는 기준선 추가 | abline | |
| 기준 곡선 | curve | |
| 히스토그램 | hist | truehist(MASS) |
| 바 차트 | barplot | |
| 경험적 누적확률분포함수 그림 | plot.ecdf | |
| QQ 그림 | qqplot | qqmath(lattice) |
| 정규 QQ 그림 | qqnorm | |
| QQ 정규 기준선 | qqline | |
| 상자그림 | boxplot | |
| 줄기-잎 그림 | stem | |

표 1.4는 graphics와 다른 패키지에 있는 몇 가지 기본적인 2D 그래픽 함수들을 열거하였다. 표 1.4에 있는 그래픽 함수들을 사용한 몇 가지 예들은 교재 전반에 걸쳐 주어져 있다. 그래픽 함수에 사용되는 제목과 축 이름 그리고 범위 지정과 관련된 다양한 옵션이 있다.

그림 작성에서 함수 par()를 사용하여 그림을 조절하거나 그림창의 특성을 지정할

수 있다. 선의 굵기와 종류, 문자의 크기와 글꼴, 색깔 등을 지정할 수 있으며, 또한 그림의 크기와 그림이 그려지는 위치까지도 지정이 가능하다. 예를 들어, "par(mfrow=c(2,2))"를 이용하여 하나의 창을 4개의 작은 창으로 나누어 각 창에 원하는 그림을 그리는 것이 가능하다.

그림이 이미 존재하는 동일한 그림 창에 여러 가지 옵션(add=T 등)을 이용하여 새로운 그림을 겹쳐서 그릴 수 있다. 예컨대 감마 분포로부터 난수를 생성하여 만든 히스토그램에 감마 분포의 밀도함수를 겹쳐 그림으로써, 발생한 난수의 분포를 감마 분포와 시각적으로 쉽게 비교할 수 있다. 그림 1.1을 참고하기 바란다.

```
> x <- rgamma(100, shape=2, scale=1)
> hist(x, freq=F)
> curve(dgamma(x, shape=2, scale=1), add=T)
```

이 경우 겹쳐 그리는 두 그림에 대한 y-축 값의 크기를 파악하여 이를 수용할 수 있도록 충분히 크게 잡아주는 것이 좋다. 위의 예에서는 함수 hits()의 freq=F 옵션을 이용하여 총면적의 합이 1이 되도록 y-축 값의 크기를 조절해 주었다.

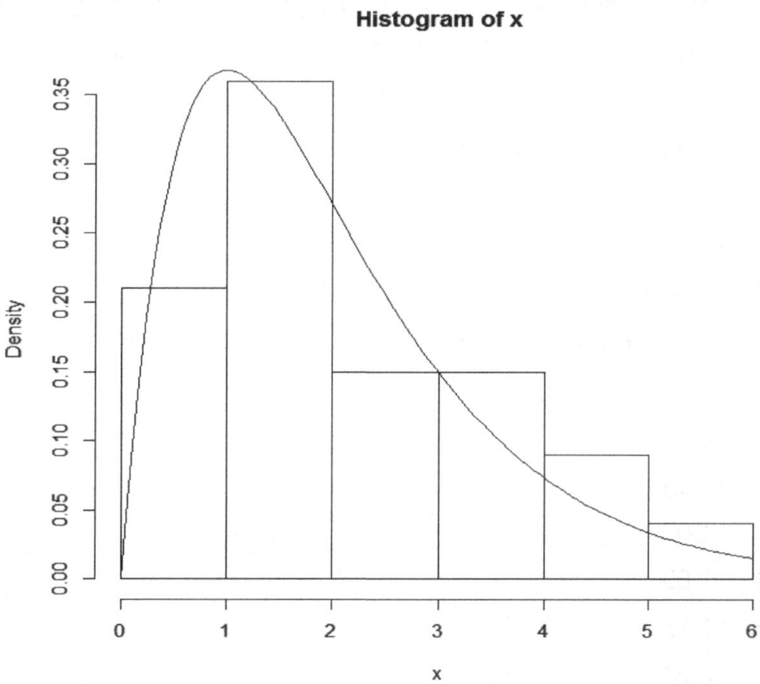


그림 1.1: 감마 분포로부터 생성된 난수 히스토그램과 감마 밀도함수

## <부록> R 실습: 데이터의 변환과 입력

### A.1 데이터 변환

실제 데이터를 다룰 때, 데이터의 형식이나 레이아웃이 적용하고자 하는 방법과 맞지 않은 경우가 종종 발생한다. R은 데이터셋을 변환하는 여러 가지 방법을 제공하며, 그 중에서도 간단한 예제를 통해 데이터의 부분집합, 병합, 재형성하는 방법을 소개한다.

#### 데이터의 부분집합

데이터프레임의 부분집합은 연산자 $, [[ ]], 그리고 배열 인덱싱 [ ]을 이용하여 얻을 수 있다. 함수 subset()은 데이터의 부분집합을 구하는 또 다른 방법으로, 이를 이용하기 위해서는 데이터셋의 이름, 원하는 부분집합이 만족해야 하는 조건, 그리고(또는) 변수의 목록 등이 필요하다.

**예제 A.1** (데이터프레임의 부분집합)
예제 1.1과 1.4에서 소개한 붓꽃 데이터의 일부만을 이용하여 요약통계량 및 평균을 계산하고자 한다. 첫 번째 부분집합은 종이 versicolor라는 조건과 변수 Petal.Length를 선택한 것이며, 두 번째 부분집합은 종과 상관없이 변수 Sepal.Length와 Sepal.Length를 선택한 것이다.

```
> # versicolor petal length
> y <- subset(iris, Species=="versicolor",
            select=Petal.Length)

> summary(y)
Petal.Length
Min.   :3.00
1st Qu.:4.00
Median :4.35
Mean   :4.26
3rd Qu.:4.60
```

```
Max.    :5.10

> # sepal width, all species
> y <- subset(iris, select=c(Sepal.Length, Sepal.Width))
> mean(y)
Sepal.Length  Sepal.Width
    5.843333     3.057333
```

## 누적된 또는 누적되지 않은 데이터

데이터프레임 또는 리스트는 함수 stack() 혹은 unstack()을 사용하여 누적되거나 누적되지 않은 데이터로 변환할 수 있다.

예제 A.2 (누적되지 않은 데이터)
InsectSprays는 count(정수)와 spray(요인)의 두 변수로 구성된 데이터프레임으로 누적된 데이터이다. InsectSprays의 일부가 아래에 제시되어 있다.

```
> attach(InsectSprays)
> InsectSprays
   count spray
1     10     A
2      7     A
3     20     A
4     14     A
5     14     A
6     12     A
… (생략)
```

데이터는 함수 unstack()의 디폴트 형태로 unstack(InsectSprays)를 사용하거나 혹은 아래와 같이 명백하게 식으로 지정해 줌으로써 누적되지 않은 데이터 형태로 변환할 수 있다.

```
> u <- unstack(count, count ~ spray)
```

```
> u
    A  B C  D E  F
1  10 11 0  3 3 11
2   7 17 1  5 5  9
3  20 21 7 12 3 15
4  14 11 2  6 5 22
5  14 16 3  4 3 15
6  12 14 1  3 6 16
7  10 17 2  5 1 13
8  23 17 1  5 1 10
9  17 19 3  5 3 26
10 20 21 0  5 2 26
11 14  7 1  2 6 24
12 13 13 4  4 4 13
```

다시 stack(u)를 이용하여 원래의 누적된 데이터로 환원할 수 있다. 이때, stack(u)의 결과에서 counts는 “values"로 표시되고 spray는 “ind"로 표시된다.

『R 노트』 식 count ~ spray는 반응변수가 count이고 하나의 설명변수가 요인 spray인 선형모형을 나타낸다. 절편은 디폴트로 포함된다. 데이터프레임과 연관된 디폴트 모형식은 formula()에 의해서 제공된다. 예를 들면, iris 데이터는 다음과 같은 디폴트 모형식을 가진다.

```
> formula(iris)
Sepal.Length ~ Sepal.Width + Petal.Length + Petal.Width + Species
```

### 데이터프레임의 병합

두 개의 데이터프레임은 함수 merge()를 사용하여 공통의 열(변수) 이름 또는 공통의 행 이름에 의해 병합될 수 있다. 구문은 다음과 같다.

```
merge(x, y) # default
merge(x, y, by = intersect(names(x), names(y)),
```

```
        by.x = by, by.y = y, all = FALSE, ...)
```

여기서 ... 은 더 많은 인수들을 있음을 나타낸다.

예제 A.3 (ID에 의한 병합)
이 예제에서는 전형적인 반복측정 데이터로 data1과 data2라는 두 개의 점수 데이터셋을 만들었다.

```
> data1 <- data.frame(k1=c(1,2,3,4,5), k2=c(12,12,9,11,12))
> data2 <- data.frame(k1=c(3,4,5,6,7), k2=c(9,10,9,9,11))

> data1
  k1 k2
1  1 12
2  2 12
3  3  9
4  4 11
5  5 12

> data 2
  k1 k2
1  3  9
2  4 10
3  5  9
4  6  9
5  7 11
```

두 데이터셋 모두 첫 번째 열은 ID를 의미한다. ID를 사용하여 두 개의 점수 데이터셋을 하나의 데이터프레임으로 병합해 보자. by=c(1,1)은 구체적으로 병합이 ID에 의해 이루어진다는 것을 의미한다. 디폴트에 의해 결측이 없는 완벽한 케이스만이 결과에 포함된다.

```
> # keep only the common ID's
```

```
> merge(data1, data2, by=c(1,1))
  k1 k2.x k2.y
1  3    9    9
2  4   11   10
3  5   12    9
```

병합한 데이터 셋에 모든 관측값이 유지되기 위해서는 all=TRUE 옵션을 사용할 수 있으며, 결측 점수에는 결측값 NA가 할당된다.

```
> # keep all observations
> merge(data1, data2, by=c(1,1), all=TRUE)
  k1 k2.x k2.y
1  1   12   NA
2  2   12   NA
3  3    9    9
4  4   11   10
5  5   12    9
6  6   NA    9
7  7   NA   11
```

데이터의 재형성

예제 A.3에 주어진 데이터를 time 변수를 도입하여 "long" 형식으로 재형성할 필요가 있다고 가정하자. 함수 reshape()는 "wide"와 "long" 형식간의 전환을 제공한다. 구문은 다음과 같다.

```
reshape(data, varying, v.names, timevar, idvar, ids,
        times, drop, direction, new.row.names,
        split, include)
```

그리고 data와 direction을 제외한 모든 모수들은 디폴트 값을 가진다. varying은 "long" 형식으로 전환 시 어떤 변수를 반복측정한 값으로 할지를 지정해주는 옵션이며, idvar는 병합하고자 하는 데이터 셋 내에서 관측값에 번호를 붙여주는 변수를 생성하여 이름을 지정해 주는 옵션이다. direction은 “wide” 또는 “long”을 값으로 취하는 옵션으로 형식을 지정해 준다.

예제 A.4 (재형성)
예제 A.3에서의 병합한 데이터를 이용하여 “wide" 형식을 “long" 형식으로 바꾸어 보자.

```
> # keep all observations
> a <- merge(data1, data2, by=c(1,1), all=TRUE)
> reshape(a, idvar="ID", varying=c(2,3),direction="long",
+ v.names="Scores")

    k1 time Scores ID
1.1  1    1     12  1
2.1  2    1     12  2
3.1  3    1      9  3
4.1  4    1     11  4
5.1  5    1     12  5
6.1  6    1     NA  6
7.1  7    1     NA  7
1.2  1    2     NA  1
2.2  2    2     NA  2
3.2  3    2      9  3
4.2  4    2     10  4
5.2  5    2      9  5
6.2  6    2      9  6
7.2  7    2     11  7
```

이는 함수 reshape()를 한 번 더 이용함으로써 “wide”형식으로 환원할 수 있다.

## A.2 데이터 입력

### 수동 데이터 입력

함수 edit()은 스프레드시트(spreadsheet)와 유사한 인터페이스를 제공하므로 직접 데이터를 입력함으로써 데이터프레임을 만들 수 있도록 한다.

```
> mydata <- edit(data.frame())
```

이 명령으로 데이터 입력을 위한 스프레드시트와 유사한 편집기가 새 창으로 열리게 된다.

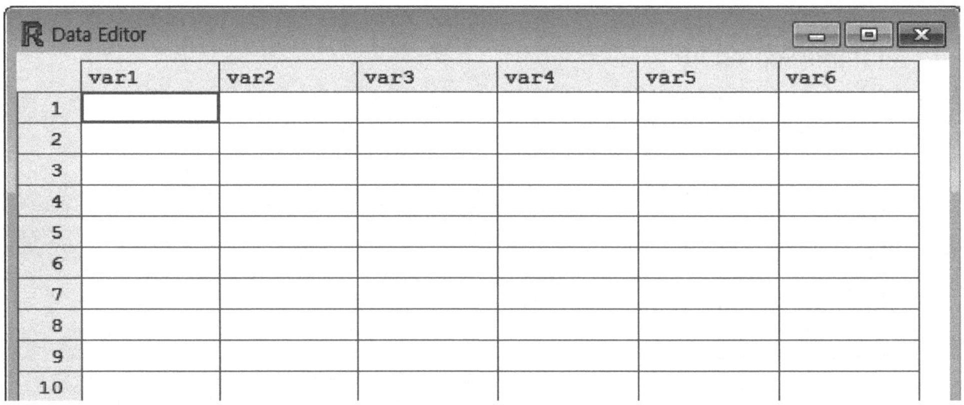


⬇

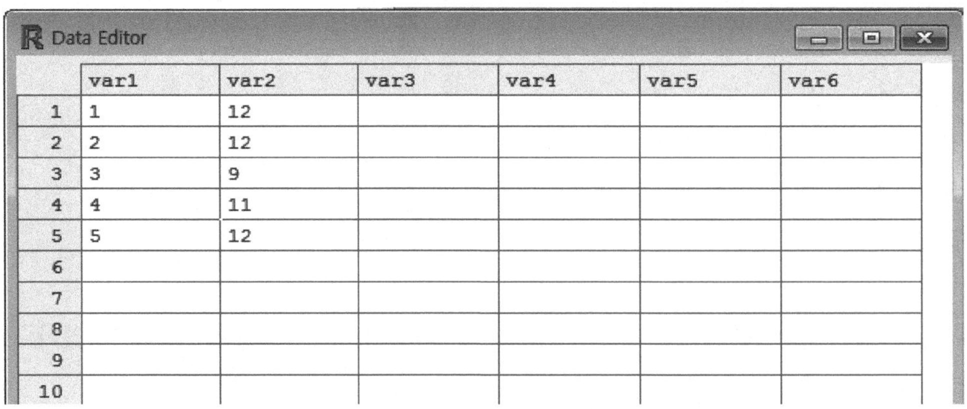


데이터를 직접 입력한 후 편집기를 닫으면 데이터프레임 mydata가 만들어지며, edit(mydata)를 이용하면 편집할 수 있다.

### 결측값의 재코딩

결측값을 재코딩하는 첫 단계는 결측값을 찾는 것이다. 함수 is.na()는 결측값 여부를 검사한 후 논리값으로 반환한다. 함수 which()는 논리벡터에서 TRUE 값에 해당하는 위치를 반환한다. 함수 is.na()의 결과에 which()를 적용하면 결측값을 포함하는 위치를 벡터로 만든다. 따라서 결측값을 0으로 치환하기 위한 방법은 아래와 같다.

```
> x <- c(1,2,NA,4,5,NA,7)
> is.na(x)
[1] FALSE FALSE TRUE FALSE FALSE TRUE FALSE
> which(is.na(x))
[1] 3 6
> i <- which(is.na(x))
> x[i] <- 0
> x
[1] 1 2 0 4 5 0 7
```

예제 A.5 (재코딩)
예제 A.4의 반복 측정 자료에서 "long" 형식으로 재형성한 데이터를 객체 b로 저장한 후 결측 점수를 0으로 재코딩 하자. 함수 is.na()는 결측값의 여부를 검사한다. 함수 which()를 사용하여 결측값의 행 위치를 구하면 다음과 같다.

```
> # store the previous result into b
> b <- reshape(a, idvar="ID", varying=c(2,3),
+       direction="long", v.names="Scores")
> i <- which(is.na(b$Scores))  # these are missing
[1]  6  7  8  9
```

이제 i에 저장된 결측값의 위치를 이용하여 결측값 NA를 0으로 대체하자.

```
> b$Scores[i] <- 0                    # replace NA with 0
> b
```

```
 V1 time Scores ID
1.1  1    1    12  1
2.1  2    1    12  2
3.1  3    1     9  3
4.1  4    1    11  4
5.1  5    1    12  5
6.1  6    1     0  6
7.1  7    1     0  7
1.2  1    2     0  1
2.2  2    2     0  2
3.2  3    2     9  3
4.2  4    2    10  4
5.2  5    2     9  5
6.2  6    2     9  6
7.2  7    2    11  7
```

함수 which()에서 arr.ind=TRUE 옵션을 사용하여 배열지수(array indices)를 찾을 수 있다. 예제 A.3의 병합 작업의 결과로부터 다음과 같은 결측값의 배열지수를 찾을 수 있다.

```
> m <- merge(data1, data2, by=c(1,1), all=TRUE)
> i <- which(is.na(m), arr.ind=TRUE)      # these are missing
> i
     row col
[1,]   6   2
[2,]   7   2
[3,]   1   3
[4,]   2   3
```

# 연습문제

1.1 R 함수 seq()와 rep()를 이용하여 아래의 수열을 만들어보라. 단, seq()와 rep()로 만들 수 없는 경우에는 R 함수 c()를 사용하라.

(a) "a", "a", "a", "a", "a", "a"
(b) 1, 3, ..., 99
(c) 1, 1, 1, 2, 2, 2, 3, 3, 3
(d) 1, 2, 3, 4, 5, 4, 3, 2, 1
(e) 1, 2, 3, 5, 8, 13, 21, 34
(f) 1/1, 1/2, 1/3, 1/4, 1/5, 1/6, 1/7, 1/8, 1/9, 1/10

1.2 R에서 다음과 같이 x와 y를 정의하자.

```
> x <- c(1,3,5,7,9)
> y <- c(2,3,5,7,11,13)
```

다음의 R 명령어의 결과를 추측하고 비교하라.

(a) length(x), length(y)
(b) x*2
(c) y+1
(d) sum(x>5), sum(x[x>5])
(e) y[3], y[-3]
(f) x+y
(g) y[x]
(h) y[y>=7]

1.3 R에서 기본으로 제공되는 데이터 셋 uspop은 미국에서 1790년부터 1970년까지 10년 단위 인구수에 관한 자료이다.

(a) R 함수 names()와 seq()를 사용하여 데이터 벡터에 해당 연도를 붙여라.

(b) R 함수 diff()를 이용하여 10년 간 인구수 차이를 계산하라. 인구가 가장 크게 증가한 연도는 언제인가?

1.4 R의 데이터 셋 islands는 넓이가 10,000제곱마일($mile^2$)이 넘는 지역의 이름과 넓이에 대한 정보를 모아놓은 자료이다. R 함수 sort()에서 decreasing=TRUE 옵션을 이용하여 가장 넓은 7개의 지역을 찾아라.

1.5 사용자-정의함수를 이용하여 정규분포 그래프를 그려보고자 한다.

(a) 평균이 10이고 분산이 5인 정규확률밀도함수를 계산하는 사용자-정의 함수 'normal'을 만드는 R 코드를 작성해 보라.

(b) 5에서 15까지 0.5씩 증가하는 수열에 해당하는 정규확률밀도함수의 값을 계산하라.

(c) R 함수 plot()을 이용하여 (b)의 결과를 그래프로 나타내 보라.

1.6 예제 1.1에서 소개한 붓꽃 데이터에서 함수 subset()을 이용하여 setosa 종의 Petal.Length와 Petal.Width의 합과 'Petal'과 Sepal.Length와 Sepal.Width의 합을 나타내는 객체 'Petal'과 'Sepal'을 만들고 각각의 요약통계량을 계산하라.

1.7 6명의 몸무게(kg)와 키(m)가 다음과 같이 제시되어 있다. 물음에 답하라.

| 몸무게 | 60 | 72 | 57 | 100 | 95 | 72 |
|---|---|---|---|---|---|---|
| 키 | 1.75 | 1.80 | 1.65 | 1.90 | 1.74 | 1.91 |

(a) 신체질량지수 BMI는 키의 제곱에 대한 무게의 비이다. R을 이용하여 계산하라.

(b) R 함수 which()를 이용하여 (a)에서 계산한 BMI가 25 이하이면 0(정상), 그렇지 않으면 1(비만)로 값을 대체하라.

# 제2장
# 분포, 추론 및 연쇄

이 장에서는 통계계산을 이해하기 위해 필요한 확률과 통계의 기본개념을 소개하고, 여러 확률분포와 통계적 추론, 그리고 마르코프 연쇄의 개념을 이해하고자 한다.

## 2.1 확률변수와 확률

### 분포와 분포함수

확률변수 $X$의 누적분포함수(cumulative distribution function; cdf) $F_X$는 다음과 같이 정의한다.

$$F_X(x) = P(X \leq x), \quad x \in R \ .$$

여기서 문맥상 혼란이 없는 경우에는 첨자로 쓰인 $X$를 생략하고 $F(x)$로 나타낸다. 누적분포함수는 다음과 같은 성질을 갖는다.

1. $F_X$ 는 증가함수이다.
2. $F_X$ 는 우측-연속 함수이다; 즉, 모든 $x \in R$에 대하여 다음을 만족한다.

   즉, $\lim_{\epsilon \to 0^+} F_X(x+\epsilon) = F_X(x)$ .

3. $\lim_{x \to -\infty} F_X(x) = 0$ 그리고 $\lim_{x \to \infty} F_X(x) = 1$ 이다.

$F_X$가 연속함수이면 $X$는 연속확률변수이고, $F_X$가 계단함수이면 $X$는 이산확률변수이다.

이산분포는 확률질량함수(probability mass function; pmf) $p_X(x) = P(X = x)$에 의해 정해지며, 누적분포함수의 불연속점은 확률질량함수가 양의 값을 가지는 점이고, 이는 $p_X(x) = F(x) - F(x^-)$ 이다.

만약 $X$가 이산이면, $X$의 누적분포함수는

$$F_X(x) = P(X \leq x) = \sum_{\{k \leq x :\, p_X(k) > 0\}} p_X(k)$$

이다. 연속분포는 어떤 한 점에서 양의 확률을 가지지 않는다. 연속확률변수 $X$의 확률밀도함수(probability density function; pdf) 또는 $X$의 밀도(density)는 $F_X$가 미분가능이면 $f_X(x) = F_X'(x)$ 이고, 누적분포함수는 아래와 같다.

$$F_X(x) = P(X \leq x) = \int_{-\infty}^{x} f_X(t)\,dt \quad .$$

연속확률변수 $X$와 $Y$의 결합 확률밀도함수(joint pdf)를 $f_{X,Y}(x,y)$ 라 하면, $(X, Y)$ 의 누적분포함수는 다음과 같다.

$$F_{X,Y}(x,y) = P(X \leq x\,,\, Y \leq y) = \int_{-\infty}^{y}\int_{-\infty}^{x} f_{X,Y}(s,t)\,ds\,dt \quad .$$

$X$와 $Y$의 주변확률밀도함수(marginal pdf)는 아래와 같이 주어진다.

$$f_X(x) = \int_{-\infty}^{\infty} f_{X,Y}(x,y)\,dy\,; \qquad f_Y(y) = \int_{-\infty}^{\infty} f_{X,Y}(x,y)\,dx \quad .$$

위의 식에서 적분을 합으로 대체하면, 이산확률변수에 대한 공식이 된다. 앞으로는 간단히 $f_X(x)$는 $X$가 연속확률변수이면 $X$의 pdf를, $X$가 이산확률변수이면 $X$의 pmf를 나타낸다고 하자.

집합 $\{x : f_X(x) > 0\}$ 는 확률변수 $X$의 받침(support)이다. $(X, Y)$의 받침은 집합 $\{(x,y) : f_{X,Y}(x,y) > 0\}$ 이다.

### 기댓값, 분산 및 적률

확률변수 $X$의 평균은 기댓값(expected value)이며, $E[X]$로 표기한다. 만약 $X$가 pdf $f_X(x)$를 갖는 연속확률변수이면, $X$의 기댓값은 아래와 같다.

$$E[X] = \int_{-\infty}^{\infty} x f_X(x)\,dx \ .$$

만약 $X$가 pmf $p_X(x)$를 갖는 이산확률변수이면, $X$의 기댓값은

$$E[X] = \sum_{\{x:\, p_X(x) > 0\}} x p_X(x)$$

이다. (위의 적분이나 합은 반드시 유한할 필요는 없으나, 특별한 언급이 없으면 앞으로 수식에서 $E[X]$가 나타날 때마다 유한($E|X| < \infty$)이라고 가정한다.) pdf $f(x)$를 가지는 연속확률변수 $X$의 함수 $g(X)$의 기댓값은 아래와 같이 정의한다.

$$E[g(X)] = \int_{-\infty}^{\infty} g(x) f(x)\, dx \quad .$$

$\mu_X = E[X]$ 라 두자. $\mu_X$는 또한 $X$의 첫 번째 적률로 불린다. $X$의 $r$번째 적률(rth moment)은 $E[X^r]$이다. 따라서 만약 $X$가 연속이면,

$$E[X^r] = \int_{-\infty}^{\infty} x^r f_X(x)\, dx$$

이다. $X$의 분산(variance)은 두 번째 중심적률(central moment)이다. 즉,

$$\begin{aligned} Var(X) &= E[(X - E[X])^2] \\ &= E[X^2] - \mu_X^2 \end{aligned}$$

이다. $X$의 분산은 $\sigma_X^2$로 표기한다. 분산의 제곱근은 표준편차(standard deviation)이며, 분산의 역수를 정도(precision)라 한다.

결합확률분포함수 $f_{X,Y}$를 가지는 연속확률변수 $(X, Y)$의 곱의 기댓값은

$$E[XY] = \int_{-\infty}^{\infty} \int_{-\infty}^{\infty} xy f_{X,Y}(x, y)\, dx\, dy$$

이다. $X$와 $Y$의 공분산(covariance)은 아래와 같이 정의한다.

$$\begin{aligned} Cov(X, Y) &= E[(X - \mu_X)(Y - \mu_Y)] \\ &= E[XY] - \mu_X \mu_Y \ . \end{aligned}$$

$X$와 $Y$의 공분산은 $\sigma_{XY}$로 표기하며, $Cov(X, X) = Var(X)$ 이다. 상관계수

(correlation coefficient)는

$$\rho(X, Y) = \frac{Cov(X, Y)}{\sqrt{Var(X)\,Var(Y)}} = \frac{\sigma_{XY}}{\sigma_X \sigma_Y}$$

이다. 만약 $\rho(X, Y) = 0$ 이면, 두 변수 $X$와 $Y$는 무상관(uncorrelated)이라고 한다.

### 조건부확률과 독립

사건 $B$가 일어났을 때 사건 $A$의 조건부확률(conditional probability)은 다음과 같이 정의한다.

$$P(A|B) = \frac{P(AB)}{P(B)}$$

단, $P(B) > 0$ 이다. 만약 $P(AB) = P(A)P(B)$ 이면 사건 $A$와 $B$는 독립이며, 그렇지 않으면 종속이다. 사건 $A$와 $B$ 둘 다 일어날 결합확률은 아래와 같이 표현될 수 있다.

$$P(AB) = P(A|B)P(B) = P(B|A)P(A) \quad .$$

만약 확률변수 $X$와 $Y$가 결합밀도 $f_{X,Y}(x, y)$를 가지면, $Y = y$가 주어졌을 때 X의 조건부 분포는

$$f_{X|Y=y}(x) = \frac{f_{X,Y}(x, y)}{f_Y(y)}$$

이다. 유사하게 $X = x$가 주어졌을 때 $Y$의 조건부 분포는

$$f_{Y|X=x}(y) = \frac{f_{X,Y}(x, y)}{f_X(x)}$$

이다. 따라서 $(X, Y)$의 결합분포는 아래와 같이 쓸 수 있다.

$$f_{X,Y}(x, y) = f_{X|Y=y}(x)\,f_Y(y) = f_{Y|X=x}(y)\,f_X(x) \quad .$$

모든 $x$ 와 $y$ 에 대하여

$$f_{X,Y}(x,y) = f_X(x)\, f_Y(y)$$

이면 확률변수 $X$ 와 $Y$ 는 독립(independent)이다. 이는 모든 $x$ 와 $y$ 에 대하여 $F_{X,Y}(x,y) = F_X(x)\, F_Y(y)$ 인 것과 동치이다.

확률변수 $X_1, \ldots, X_d$ 의 결합 pdf $f$ 가 주변 pdf들의 곱과 같으면 $X_1, \ldots, X_d$ 는 독립이다. 즉, $R^d$ 상의 모든 $x = (x_1, \ldots, x_d)^T$ 에 대하여

$$f(x_1, \ldots, x_d) = \prod_{j=1}^{d} f_j(x_j)$$

이면 $X_1, \ldots, X_d$ 는 독립이다. 만약 $X_1, \ldots, X_n$ 가 독립이고 같은 분포 $F_X$를 따르면 (independently and identically distributed; iid) $\{X_1, \ldots, X_n\}$ 은 $F_X$의 확률표본(random sample)이다. 이 경우 $\{X_1, \ldots, X_n\}$ 의 결합분포는 아래와 같이 주어진다.

$$f(x_1, \ldots, x_n) = \prod_{i=1}^{n} f_X(x_i) \quad .$$

만약 $X$ 와 $Y$가 독립이면 $\rho(X, Y) = 0$ 이다. 그러나 역은 성립하지 않는다. 즉, 무상관인 확률변수들이 반드시 독립인 것은 아니며, 특별한 경우로, $X$ 와 $Y$가 정규분포를 따를 때에는 $\rho(X, Y) = 0$ 이면 독립이다.

### 기댓값과 분산의 성질

$X$ 와 $Y$가 확률변수이고, $a$ 와 $b$ 가 상수라고 가정하자. 적률이 존재한다면 다음과 같은 기본 성질을 가진다.

1. $E[aX + b] = aE[X] + b$ .
2. $E[X + Y] = E[X] + E[Y]$ .
3. $X$ 와 $Y$가 독립이면, $E[XY] = E[X]E[Y]$ .
4. $Var(b) = 0$ .

5. $Var[aX+b] = a^2 Var(X)$ .
6. $Var[X+Y] = Var(X) + Var(Y) + 2Cov(X, Y)$ .
7. $X$와 $Y$가 독립이면, $Var(X+Y) = Var(X) + Var(Y)$ .

만약 $\{X_1, \ldots, X_n\}$ 가 독립이고 같은 분포를 따르면(iid)

$$E[X_1 + \cdots + X_n] = n\mu_X \quad ; \quad Var(X_1 + \cdots + X_n) = n\sigma_X^2 \ ,$$

이다. 따라서 표본평균 $\overline{X} = \sum_{i=1}^{n} X_i / n$ 는 기댓값 $\mu_X$와 분산 $\sigma_X^2 / n$ 을 갖는다.

만약 $F_{X|Y=y}(x)$ 가 연속이면, $Y=y$ 가 주어졌을 때 $X$ 의 조건부기대(conditional expectation)는

$$E[X|Y=y] = \int_{-\infty}^{\infty} x f_{X|Y=y}(x)\,dx$$

이다. 이와 관련된 두 가지 중요한 결과는 다음의 조건부기대와 조건부분산 공식이다.

$$E[X] = E[E[X|Y]], \tag{2.1}$$

$$Var(X) = E[Var(X|Y)] + Var(E[X|Y]) \ . \tag{2.2}$$

흔히 이를 이중기대공식(double expectation formula)이라고 부른다.

## 2.2 이산형 확률분포

이산분포는 사건의 빈도 혹은 사건의 이산대기시간을 모형화하는데 사용된다. 흔히 사용되는 세 가지 중요한 이산분포는 이항(베르누이)분포, 음이항(기하)분포, 그리고 포아송 분포이다.

이항분포, 기하분포, 음이항분포 등의 이산분포들은 베르누이 시행의 결과에 의해 공식으로 표현된다. 베르누이 시행은 명확하게 "성공" 또는 "실패"의 두 가지 가능한 결과를 가진다. 베르누이 확률변수 $X$는 다음과 같은 pmf를 가진다.

$$P(X=1) = p \ ; \quad P(X=0) = 1-p \ .$$

여기서 $p$는 성공의 확률이다. 이를 $X \sim Bern(p)$ 로 나타내자. 이 경우 $E[X] = p$ 이고 $Var(X) = p(1-p)$ 이다. 베르누이 시행의 수열은 $iid$ 베르누이 실험의 결과인 $X_1, X_2, \ldots$ 의 수열이다.

### 이항분포와 다항분포

$X$가 성공확률이 $p$ 인 $n$ 번의 독립적인 베르누이 시행에서의 성공 횟수라고 하자. 그러면 $X$는 다음과 같은 pmf를 가지는 이항분포(binomial distribution)를 따른다.

$$P(X=x) = \binom{n}{x} p^x (1-p)^{n-x} = \frac{n!}{x!(n-x)!} p^x (1-p)^{n-x}, \quad x = 0, 1, \ldots, n \quad .$$

이를 $X \sim Bin(n, p)$ 로 나타내자. 이항변수는 $n$ 개의 $Bern(p)$ 변수들의 $iid$ 합이므로 평균과 분산은 $E[X] = np$ 와 $Var(X) = np(1-p)$ 로 주어진다.

이항분포는 다항분포의 특별한 경우이다. 실험의 시행에서 $k+1$개의 상호배반인 사건 $A_1, \ldots, A_{k+1}$ 가 일어날 수 있고, 각각의 사건이 일어날 확률이 $P(A_j) = p_j$ , $j = 1, \ldots, k+1$ 이라고 하자. $X_j$는 $n$ 개의 독립이고 동질적인 실험의 시행에서 사건 $A_j$가 일어난 횟수라고 하자. 그러면 $X = (X_1, \ldots, X_k)$ 는 다음과 같은 결합 pmf를 가지는 다항분포(multinomial distribution)를 따른다.

$$f(x_1, \ldots, x_k) = \frac{n!}{x_1! x_2! \cdots x_{k+1}!} p_1^{x_1} p_2^{x_2} \cdots p_{k+1}^{x_{k+1}}, \quad 0 \le x_j \le n \quad . \tag{2.3}$$

여기서 $x_{k+1} = n - \sum_{j=1}^{k} x_j$ 이다.

### 기하분포

성공확률이 $p$ 인 베르누이 시행의 수열을 고려하자. 확률변수 $X$는 첫 번째 성공이 일어날 때까지 실패의 수라고 하면,

$$P(X=x) = p(1-p)^x, \quad x = 0, 1, 2, \ldots \tag{2.4}$$

이다. 이와 같은 pmf를 가지는 확률변수 $X$는 기하분포(geometric distribution)를 따른다고 하고, $X \sim Geom(p)$ 로 표기한다. $X$의 평균과 분산은 아래와 같다.

$$E[X] = \frac{1-p}{p} \quad ; \quad Var[X] = \frac{1-p}{p^2} \quad .$$

참고: 흔히 기하분포는 $Y$를 첫 번째 성공이 일어날 때까지 시행의 횟수로 정의한다. 그러면 $X$가 앞에서 정의된 (2.4)의 pmf를 가지는 확률변수일 때, $Y = X+1$ 이다. 이 모형 하에서 $P(Y=y) = p(1-p)^{y-1}$, $y = 1, 2, \ldots$ 이고,

$$E[Y] = E[X+1] = \frac{1-p}{p} + 1 = \frac{1}{p},$$

$$Var[Y] = Var[X+1] = Var[X] = \frac{1-p}{p^2}$$

이다. 그러나 빈도모형에서는 전형적으로 0일 가능성을 반드시 포함하기 때문에, 앞에서 주어진 (2.4)의 첫 번째 공식이 주로 사용된다.

음이항분포

음이항분포는 확률변수 $X$가 $r$번째 성공할 때까지의 실패횟수라는 점만 제외하면 기하분포와 동일한 설정에서 정의된다. $r$번 성공하기 전까지 정확하게 $X$번 실패가 일어난다고 가정하자. 만약 $X = x$ 이면, $r$번째 성공은 $(x+r)$번째 시행에서 일어나고, 처음 $x+r-1$ 시행에서는 $r-1$번 성공과 $x$번 실패가 일어난다. 이것은 $\binom{x+r-1}{r-1} = \binom{x+r-1}{x}$ 번 일어날 수 있고, 각각은 확률 $p^r q^x$을 가진다. 따라서 확률변수 $X$의 pmf는 아래와 같이 주어진다.

$$P(X = x) = \binom{x+r-1}{r-1} p^r q^x, \quad x = 0, 1, 2, \ldots \quad . \tag{2.5}$$

여기서 $r > 0$ 그리고 $0 < p < 1$ 이다. 이와 같은 pmf를 가지는 확률변수 $X$는 음이항분포(negative binomial distribution)를 따른다고 하며, 이를 $X \sim NegBin(r, p)$

로 나타낸다. $NegBin(r=1, p)$ 은 $Geom(p)$와 동일하므로, 기하분포는 음이항분포의 특별한 경우이다.

$X \sim NegBin(r, p)$ 에서 $r$이 양의 정수이면 $X$는 $r$개의 $Geom(p)$ 확률표본의 합으로 표현된다. 따라서 $E[X]=r(1-p)/p$ 그리고 $Var[X]=r(1-p)/p^2$ 이며, 이는 $Geom(p)$의 평균과 분산을 간단히 $r$배한 것이다. 기하분포와 마찬가지로 $r$번 성공할 때까지의 시행 횟수로 정의되는 음이항분포의 다른 형태가 있다.

### 포아송 분포

확률변수 $X$의 pmf가

$$p(x)=\frac{e^{-\lambda}\lambda^x}{x!}, \quad x=0, 1, 2, \dots \tag{2.6}$$

이면, $X$는 모수 $\lambda$를 가지는 포아송(Poisson) 분포를 따른다고 하고, $X \sim Poisson(\lambda)$로 나타낸다. $X \sim Poisson(\lambda)$ 이면, $E[X]=\lambda$ 그리고 $Var(X)=\lambda$ 이다.

포아송 pmf의 유용한 순환공식은 $p(x+1)=p(x)\dfrac{\lambda}{x+1}, \quad x=0, 1, 2, \dots$ 이다. 포아송 분포는 많은 중요한 성질과 응용을 가지고 있다.

**예제 2.1** (기하분포의 cdf)
성공확률이 $p$인 기하분포의 cdf를 구해 보자. $q=1-p$ 라 두면, $x=0, 1, 2, \dots$ 에서 $X$의 cdf는

$$P(X \le x)=\sum_{k=0}^{x} pq^k = p(1+q+q^2+\cdots+q^x)=\frac{p(1-q^{x+1})}{1-q}=1-q^{x+1}$$

이다. 다른 방법으로 다음과 같이 구할 수도 있다.

$$\begin{aligned} P(X \le x) &= 1-P(X \ge x+1) \\ &= 1-P(\mathit{first}\ x+1\ \mathit{trials\ are\ failures})=1-q^{x+1}. \end{aligned}$$

## 2.3 연속형 확률분포

### 정규분포

평균 $\mu$와 분산 $\sigma^2$를 갖는 정규(normal)분포는 아래의 pdf를 가지는 연속분포이다.

$$f(x) = \frac{1}{\sqrt{2\pi}\,\sigma}\exp\left\{-\frac{1}{2}\left(\frac{x-\mu}{\sigma}\right)^2\right\}, \quad -\infty < x < \infty \quad .$$

이를 $X \sim N(\mu, \sigma^2)$로 나타낸다. 표준정규(standard normal)분포 $N(0, 1)$는 평균 0과 분산 1을 가지며, 표준정규분포의 누적확률분포는 아래와 같다.

$$\Phi(z) = \int_{-\infty}^{z} \frac{1}{\sqrt{2\pi}} e^{-t^2/2} dt, \quad -\infty < z < \infty \quad .$$

정규분포는 몇 가지 중요한 성질을 가진다. 이 중 몇 가지를 증명없이 요약하면 다음과 같다.

1. 정규변수의 선형변환 역시 정규분포를 따른다. 즉, 만약 $X \sim N(\mu, \sigma^2)$이고, $Y = aX + b$이면, $Y \sim N(a\mu + b, a^2\sigma^2)$ 이다. 따라서 만약 $X \sim N(\mu, \sigma^2)$ 이면, $Z = (X-\mu)/\sigma \sim N(0,1)$ 이다.
2. 정규변수들의 선형결합 또한 정규분포를 따른다. 즉, $X_1, \ldots, X_k$ 가 독립이고, $X_i \sim N(\mu_i, \sigma_i^2)$ (단, $i = 1, \ldots, k$ )이며, $a_1, \ldots, a_k$ 는 상수라고 가정하자. 그러면, $Y = a_1 X_1 + \cdots + a_k X_k$ 는 평균 $\mu = \sum_{i=1}^{k} a_i \mu_i$ 와 분산 $\sigma^2 = \sum_{i=1}^{k} a_i^2 \sigma_i^2$ 을 가지는 정규분포를 따른다. 따라서 $X_1, \ldots, X_n$ 이 $N(\mu, \sigma^2)$ 의 확률표본(iid)이고 $Y = X_1 + \cdots + X_n$ 이면, $Y$는 $E[Y] = n\mu$ 와 $Var(Y) = n\sigma^2$ 을 가지는 정규분포를 따른다. 즉, 표본평균 $\overline{X} = Y/n$ 는 $N(\mu, \sigma^2/n)$ 를 따른다.

### 감마 분포와 지수분포

확률변수 $X$의 pdf가

$$f(x)=\frac{\lambda^r}{\Gamma(r)}x^{r-1}e^{-\lambda x},\quad x\ge 0 \tag{2.7}$$

일 때, $X$는 형상(shape)모수 $r>0$과 비율(rate)모수 $\lambda>0$를 가지는 감마(gamma) 분포를 따른다고 하고, 이를 $X\sim Gamma(r,\lambda)$로 나타낸다. 여기서 $\Gamma(r)$는 감마 함수이고, 이는 $\Gamma(r)=\int_0^\infty t^{r-1}e^{-t}\,dt,\ r>0$ 으로 정의된다. 양의 정수 $n$에 대하여 $\Gamma(n)=(n-1)!$이다. $X\sim Gamma(r,\lambda)$ 이면 $E[X]=r/\lambda$ 이고 $Var(X)=r/\lambda^2$ 이다. 감마 분포는 비율모수 $\lambda$ 대신에 척도모수 $\theta=1/\lambda$을 써서 모수화할 수 있다. 이 경우 평균은 $r\theta$ 그리고 분산은 $r\theta^2$이다.

감마 분포에서 $r=1$이면 지수(exponential)분포가 된다. 확률변수 $X$의 pdf가

$$f(x)=\lambda e^{-\lambda x},\ x\ge 0\quad ,$$

일 때, $X$는 비율모수 $\lambda$를 가지는 지수분포를 따른다고 하고, 이를 $X\sim \mathrm{Exp}(\lambda)$로 나타낸다. 이 경우 $E[X]=1/\lambda$ 이고 $Var(X)=1/\lambda^2$ 이다.

지수분포를 따르는 확률표본의 합은 감마 분포를 따른다. 즉, 만약 $X_1,\ldots,X_r$ 이 $\mathrm{Exp}(\lambda)$ 분포를 따르는 확률표본이면, $Y=X_1+\cdots+X_r$ 은 $Gamma(r,\lambda)$ 분포를 따른다.

### 카이제곱 분포와 t 분포

자유도 $\nu$를 따르는 카이제곱(chi-square) 분포는 $\chi^2(\nu)$로 표기하며, $\chi^2(\nu)$를 따르는 확률변수 $X$의 pdf는

$$f(x)=\frac{1}{\Gamma(\nu/2)2^{\nu/2}}x^{(\nu/2)-1}e^{-x/2},\quad x\in \boldsymbol{R},\ \nu=1,2,\ldots$$

이다. $\chi^2(\nu)$는 형상모수 $\nu/2$와 비율모수 $1/2$을 가지는 감마 분포의 특별한 경우이다.

$X \sim \chi^2(\nu)$ 의 평균과 분산은 $E[X]=\nu$ , $Var(X)=2\nu$ 이다.

표준정규변수의 제곱은 $\chi^2(1)$ 분포를 따른다. 만약 $Z_1, \ldots, Z_\nu$ 가 표준정규확률표본이면, $Z_1^2+\cdots+Z_v^2 \sim \chi^2(\nu)$ 이다. 만약 $X \sim \chi^2(\nu_1)$ 과 $Y \sim \chi^2(\nu_2)$ 이 독립이면, $X+Y \sim \chi^2(\nu_1+\nu_2)$ 이다.

스튜던트(Student)의 t 분포는 다음과 같이 정의한다. 만약 $Z \sim N(0,1)$ 와 $V \sim \chi^2(\nu)$ 이고, $Z$ 와 $V$ 가 독립이면,

$$T=\frac{Z}{\sqrt{V/\nu}}$$

의 분포는 자유도 $\nu$를 가지는 스튜던트 t 분포를 따른다고 하고, 이를 $X \sim t(\nu)$로 나타낸다. $t(\nu)$ 확률변수 $X$의 pdf는 아래와 같이 주어진다.

$$f(x)=\frac{\Gamma\left(\frac{\nu+1}{2}\right)}{\Gamma\left(\frac{\nu}{2}\right)}\frac{1}{\sqrt{\nu\pi}}\frac{1}{\left(1+\frac{x^2}{\nu}\right)^{(\nu+1)/2}}, \quad x \in R,\ \nu=1,2,\ldots.$$

$X \sim t(\nu)$의 평균과 분산은 $E[X]=0,\ \nu>1$, $Var(X)=\nu/(\nu-2),\ \nu>2$이다.

$\nu=1$ 인 경우 $t(1)$ 분포는 표준 코쉬(Cauchy) 분포이다. 작은 $\nu$ 에 대해 $t$ 분포는 정규분포와 비교하여 "두터운 꼬리"를 가진다. 그러나 큰 $\nu$ 에 대해 $t(\nu)$ 분포는 근사적으로 정규분포와 비슷하고, $\nu \to \infty$일 때 $t(\nu)$는 표준정규분포에 수렴한다.

### 베타 분포와 균일분포

확률변수 $X$의 pdf가

$$f(x)=\frac{\Gamma(\alpha+\beta)}{\Gamma(\alpha)\Gamma(\beta)}x^{\alpha-1}(1-x)^{\beta-1},\ 0 \le x \le 1,\ \alpha>0,\ \beta>0 \tag{2.8}$$

일 때, $X$는 베타(beta) 분포를 따른다고 하며, 이를 $X \sim Beta(\alpha,\beta)$로 나타낸다. 베타 분포의 상수는 베타 함수의 역으로 정의된다.

$$B(\alpha,\beta)=\int_0^1 t^{\alpha-1}(1-t)^{\beta-1}dt=\frac{\Gamma(\alpha)\Gamma(\beta)}{\Gamma(\alpha+\beta)} \quad .$$

만약 (0,1)에서 연속인 균일(uniform)분포 혹은 $U(0,1)$이면, $Beta(1,1)$에 해당한다.

베타 분포에서 모수 $\alpha$와 $\beta$는 형상모수이다. $\alpha=\beta$ 이면 분포는 1/2에서 좌우대칭이지만, $\alpha\neq\beta$이면 분포 치우침의 방향이나 정도가 형상모수에 의존하여 비뚤어져 있다. $X\sim Beta(\alpha,\beta)$의 평균과 분산은 아래와 같다.

$$E[X]=\frac{\alpha}{\alpha+\beta} \;\; ; \quad Var(X)=\frac{\alpha\beta}{(\alpha+\beta)^2(\alpha+\beta+1)} \quad .$$

만약 $X\sim U(0,1)$ 이면, $E[X]=1/2$ 그리고 $Var(X)=1/12$ 이다.

### 로그 정규분포

$X=e^Y$이고 $Y\sim N(\mu,\sigma^2)$ 이면 확률변수 $X$는 로그 정규분포를 따르며, 이를 $X\sim LogN(\mu,\sigma^2)$로 표기한다. 즉, $\log X$는 $N(\mu,\sigma^2)$을 따른다. 로그 정규분포를 따르는 확률변수 $X$의 pdf는 아래와 같다.

$$f_X(x)=\frac{1}{x\sqrt{2\pi}\,\sigma}\,e^{-(\log x-\mu)^2/(2\sigma^2)}, \quad x>0 \quad .$$

$X\sim LogN(\mu,\sigma^2)$의 cdf는 아래와 같고, 이는 $\log X\sim N(\mu,\sigma^2)$의 정규 cdf를 이용하여 계산할 수 있다.

$$F_X(x)=\Phi\left(\frac{\log x-\mu}{\sigma}\right), \quad x>0 \quad .$$

적률은 $E[X^r]=E[e^{rY}]=\exp\{r\mu+r^2\sigma^2/2\},\, r>0$ 이다. 따라서 평균과 분산은 $E[X]=\exp\{\mu+\sigma^2/2\}$ , $Var(X)=\exp\{2\mu+\sigma^2\}(\exp(\sigma^2)-1)$ 이다.

예제 2.3 (2-모수 지수분포의 cdf)

$\lambda$와 $\eta$가 양수일 때, 2-모수 지수분포는

$$f(x)=\lambda e^{-\lambda(x-\eta)}, \quad x \geq \eta \tag{2.9}$$

이다. 이를 $X \sim \mathrm{Exp}(\lambda, \eta)$ 로 나타낸다. 여기서 $\eta=0$ 이면 비율 $\lambda$를 가지는 지수분포가 된다.

2-모수 지수분포의 cdf는 아래와 같다.

$$F(x)=\int_{\eta}^{x} \lambda e^{-\lambda(t-\eta)} dt=\int_{0}^{x-\eta} \lambda e^{-\lambda u} du=1-e^{-\lambda(x-\eta)}, \ x \geq \eta \quad .$$

$\eta=0$ 인 경우 $\mathrm{Exp}(\lambda)$ 분포의 cdf는 $F(x)=1-e^{-\lambda x}, x \geq 0$ 이다.

예제 2.4 (지수분포의 무기억성)

지수분포는 무기억성(memoryless property)을 가진다. 즉, 만약 $X \sim \mathrm{Exp}(\lambda)$ 이면, 모든 $s, t \geq 0$에 대하여 다음이 성립한다.

$$P(X>s+t \mid X>s)=P(X>t) \quad .$$

$X$의 cdf는 $F(x)=1-\exp(-\lambda x), x \geq 0$ 이므로, 모든 $s, t \geq 0$ 에 대하여

$$P(X>s+t \mid X>s)=\frac{P(X>s+t)}{P(X>s)}=\frac{1-F(s+t)}{1-F(s)}$$

$$=\frac{e^{-\lambda(s+t)}}{e^{-\lambda s}}=e^{-\lambda t}=1-F(t)=P(X>t)$$

이다.

와이블 분포

확률변수 $X$의 pdf가

$$f(x)=\frac{\gamma}{\beta}\left(\frac{x}{\beta}\right)^{\gamma-1} e^{-(x/\beta)^{\gamma}}, \ x>0, \ \gamma>0, \ \beta>0$$

일 때, $X$는 형상(shape)모수 $\gamma$와 척도(scale)모수 $\beta$를 가지는 와이블(Weibull) 분포

를 따른다고 하며, 이를 $X \sim W(\gamma, \beta)$ 로 나타낸다. 와이블 분포에서 $\gamma = 1$이면 척도모수 $\beta$를 가지는 지수분포가 되고, $\gamma = 2$인 경우 랄리(Rayleigh) 분포가 된다.

## 2.4 다변량 정규분포

### 이변량 정규분포

두 연속확률변수 $(X, Y)$ 의 결합분포가 아래와 같은 이변량 정규밀도함수

$$f(x, y) = \frac{1}{2\pi\sigma_1\sigma_2\sqrt{1-\rho^2}} \exp\left\{-\frac{1}{2(1-\rho^2)}\left[\left(\frac{x-\mu_1}{\sigma_1}\right)^2 - 2\rho\left(\frac{x-\mu_1}{\sigma_1}\right)\left(\frac{y-\mu_2}{\sigma_2}\right) + \left(\frac{y-\mu_2}{\sigma_2}\right)^2\right]\right\},\ (x, y) \in R \tag{2.10}$$

를 가지면 $(X, Y)$ 는 이변량 정규분포(bivariate normal distribution)를 따른다고 하며, 이를 $(X, Y) \sim BVN(\mu_1, \mu_2, \sigma_1^2, \sigma_2^2, \rho)$ 로 나타낸다. 여기서 모수는 $\mu_1 = E[X]$, $\mu_2 = E[Y]$, $\sigma_1^2 = Var(X)$, $\sigma_2^2 = Var(Y)$, $\rho = Cor(X, Y)$ 이다.

이변량 정규분포는 다음과 같은 몇 가지 성질을 가진다.

1. $X \sim N(\mu_1, \sigma_1^2)$, $Y \sim N(\mu_2, \sigma_2^2)$ 이다. 즉, $X$와 $Y$의 주변분포는 정규분포이다.
2. $X = x$ 주어졌을 때 Y의 조건부 분포는 평균 $\mu_2 + \rho\sigma_2/\sigma_1(x - \mu_1)$ 그리고 분산 $\sigma_2^2(1-\rho^2)$ 인 정규분포이다.
3. $Y = y$ 주어졌을 때 X의 조건부 분포는 평균 $\mu_1 + \rho\sigma_1/\sigma_2(y - \mu_2)$ 그리고 분산 $\sigma_1^2(1-\rho^2)$ 인 정규분포이다.
4. $X$와 $Y$가 독립인 것은 $\rho = 0$ 과 동치이다.

$(X_1, X_2) \sim BVN(\mu_1, \mu_2, \sigma_1^2, \sigma_2^2, \rho)$ 일 때, $\mu = (\mu_1, \mu_2)^T$, $\sigma_{ij} = Cov(X_i, X_j)$, $\Sigma = \begin{bmatrix} \sigma_{11} & \sigma_{12} \\ \sigma_{21} & \sigma_{22} \end{bmatrix}$ 로 두면, $(X_1, X_2)$의 이변량정규 pdf는

$$f(x_1, x_2) = \frac{1}{(2\pi)|\Sigma|^{1/2}} \exp\left\{-\frac{1}{2}(x-\mu)^T \Sigma^{-1}(x-\mu)\right\} \quad , \ x = (x_1, x_2)^T \in R^2$$

와 같이 행렬로 표현할 수 있다.

**다변량 정규분포**

연속확률변수 $X_1, \ldots, X_d$ 의 결합분포가

$$f(x_1, \ldots, x_d) = \frac{1}{(2\pi)^{d/2}|\Sigma|^{1/2}} \exp\left\{-\frac{1}{2}(x-\mu)^T \Sigma^{-1}(x-\mu)\right\} \quad , \tag{2.11}$$

일 때, $(X_1, \ldots, X_d)^T$ 는 다변량 정규분포(multivariate normal distribution) 또는 $d$-변량 정규분포(d-variate normal distribution)를 따른다고 하며, 이를 $N_d(\mu, \Sigma)$ 로 나타낸다. 여기서 $\mu = (\mu_1, \ldots, \mu_d)^T$ 는 $(X_1, \ldots, X_d)^T$ 의 평균벡터, $\Sigma$는 $d \times d$ 정칙(nonsigular) 공분산행렬, 그리고 $x = (x_1, \ldots, x_d)^T \in R^d$ 이다.

다변량 정규분포는 다음과 같은 성질을 가진다.

1. 다변량 정규분포의 일차원 주변분포는 평균 $\mu_i$ 와 분산 $\sigma_i^2 (i = 1, \ldots, d)$ 를 가지는 단변량 정규분포이다. 여기서 $\sigma_i^2$는 $\Sigma$ 의 대각선 상의 $i$번째 원소이다. 즉, 다변량 정규 확률벡터 $X = (X_1, \ldots, X_d)^T$ 의 원소 $X_i$에 대하여 $X_i \sim N(\mu_i, \sigma_i^2)$ 임을 알 수 있다. (단, $i = 1, \ldots, d$ 이다.)
2. 정규확률변수 $X_1, \ldots, X_d$ 가 독립임은 공분산행렬 $\Sigma$ 가 대각행렬임과 동치이다.
3. 다변량 정규 확률벡터 $X = (X_1, \ldots, X_d)^T$ 의 선형변환 역시 다변량 정규분포를 따른다. 만약 $C$가 상수를 원소로 하는 $m \times d$ 행렬이고, $b = (b_1, \ldots, b_m)^T \in R^m$ 이면, $Y = CX + b$ 는 평균벡터 $C\mu + b$ 와 공분산행렬 $C\Sigma C^T$를 갖는 $m$ 차원 다변량 정규분포이다.

## 2.5 통계량과 추정

$X_1, \ldots, X_n$ 는 cdf $F_X(x)$, pdf(또는 pmf) $f_X(x)$, 평균 $\mu_X$ 그리고 분산 $\sigma_X^2$를 가지는 분포로부터의 확률표본이다. $F$, $f$, $\mu$ 그리고 $\sigma$의 아래첨자 $X$는 문맥상 혼란이 없는 경우 생략한다. 소문자 $x_1, \ldots, x_n$ 은 관측된 확률표본을 나타낸다.

통계량(statistic)은 확률표본의 함수 $T_n = T(X_1, \ldots, X_n)$ 이다. 표본평균, 표본분산이 통계량의 예이다. 표본평균은 $\overline{X} = \sum_{i=1}^{n} X_i / n$, 그리고 표본분산은

$$S^2 = \frac{1}{n-1} \sum_{i=1}^{n} (X_i - \overline{X})^2 = \frac{1}{n-1} \{ \sum_{i=1}^{n} X_i^2 - n\overline{X}^2 \}$$

이다. 표본표준편차는 $S = \sqrt{S^2}$ 이다.

표본평균에 관한 중요한 극한정리에는 대수의 법칙과 중심극한정리가 있다. 특히 대수의 법칙은 통계계산의 이해를 위한 중요한 배경지식이다.

### 대수의 법칙

확률표본 $X_1, X_2, \ldots$ 에 대해 $E|X_1| < \infty$ 이고 $\mu = E[X_1]$ 이라 가정하자. 표본평균을 $\overline{X}_n = \sum_{i=1}^{n} X_i / n$ 라고 두면, 아래와 같은 대수의 법칙(Law of Large Number; LLN)이 성립한다. 이론적으로 대수의 법칙은 평균이 존재한다는 가정만 필요하며, $\sigma^2 = \infty$ 인 경우에도 성립한다는 것은 잘 알려진 사실이다.

**대수의 약법칙(WLLN):** $n \to \infty$ 일 때 $\overline{X}_n \to \mu$ 확률수렴(convergence in probability) 한다. 즉, 모든 $\epsilon > 0$ 에 대하여,

$$\lim_{n \to \infty} P(|\overline{X}_n - \mu| < \epsilon) = 1$$

이다. 즉, 표본평균이 모평균으로 확률수렴한다.

**대수의 강법칙**(SLLN): $n \to \infty$ 일 때 $\overline{X}_n \to \mu$ 확률1수렴(convergence with probability one)한다. 즉, 모든 $\epsilon > 0$ 에 대하여,

$$P\left(\lim_{n\to\infty} |\overline{X}_n - \mu| < \epsilon\right) = 1$$

이다. 즉, 표본평균이 모평균으로 확률1수렴한다.

일반적으로 대수의 강법칙은 대수의 약법칙을 포함한다. 대수의 강법칙은 iid 가정 대신 짝으로 독립(pairwise independence)이며 같은 분포를 따른다고 가정을 약화시켜도 성립한다.

중심극한정리

만약 $X_1, \ldots, X_n$ 이 평균 $\mu$ 이고 유한분산(finite variance) $\sigma^2 > 0$ 을 가지는 어떤 분포로부터의 확률표본이면,

$$Z_n = \frac{\overline{X} - \mu}{\sigma / \sqrt{n}}$$

의 극한분포는 표준정규분포이며, 이를 중심극한정리(Central Limit Theorem; CLT)라 한다.

델타 방법

델타 방법(delta method)을 이해하기 위해서는 먼저 분포수렴(convergence in distribution)에 대한 이해가 필요하다. 만약 확률변수의 수열 $X_1, X_2, \ldots$ 가 누적분포함수 $F_X(x)$가 연속인 모든 $x$에 대해 다음을 만족하면,

$$\lim_{n\to\infty} F_{X_n}(x) = F_X(x)$$

확률변수 $\{X_n, n = 1, 2, \ldots\}$ 은 확률변수 $X$에 분포수렴한다고 정의한다.

확률변수의 수열 $\{X_n, n = 1, 2, \ldots\}$ 에 대해 $\sqrt{n}[X_n - \theta]$가 $N(0, \sigma^2)$에 분포수렴한다고 가정하자. 임의의 함수 $g$와 $\theta$의 값이 주어지고, 0이 아닌 $g'(\theta)$의 값이 존재하면, $\sqrt{n}[g(X_n) - g(\theta)]$는 $N(0, \sigma^2[g'(\theta)]^2)$에 분포수렴한다.

### 경험적 분포함수

$F(x) = P(X \le x)$ 의 추정값은 구간 $(-\infty, x]$ 안에 놓인 표본점들에 비례한다. 이 추정값은 경험적 누적분포함수(empirical cumulative distribution function; ecdf) 또는 경험적 cdf 또는 경험적 분포함수(edf)로 불린다. 관측된 표본 $x_1, \ldots, x_n$ 이 주어졌을 때 ecdf는 다음과 같이 정의된다.

$$F_n(x) = \frac{Number\ of\ x_i' s \le x}{n}.$$

이를 순서통계량 $x_{(1)} \le x_{(2)} \le \cdots \le x_{(n)}$ 을 사용하여 좀 더 구체적으로 표현하면

$$F_n(x) = \begin{cases} 0\ , & x < x_{(1)} \\ \dfrac{i}{n}, & x_{(i)} \le x < x_{(i+1)},\ i = 1, \ldots n-1, \\ 1\ , & x_{(n)} \le x, \end{cases}$$

이다. 관측된 표본이 1, 6, 5, 2, 9 인 경우 R을 이용하여 경험적 누적분포함수를 그리면 아래와 같다.

```
> x <- c(1,2,5,6,9) ; plot.ecdf(x)
```

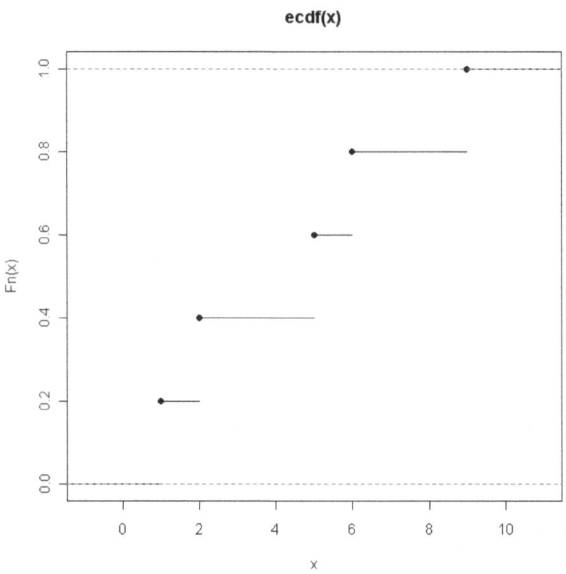

분포의 분위수(quantile)는 cdf의 역으로 찾을 수 있다. cdf $F(x)$를 가지는 확률변수 $X$의 $q$ 분위수는 아래와 같다.

$$X_q = inf_x \{ x : F(x) \geq q \}, \ 0 < q < 1 \quad .$$

분위수는 확률표본의 역 ecdf 또는 순서통계량의 다른 함수에 의해 추정될 수 있다. 표본분위수를 계산하는 방법은 R, SAS, Minitab, SPSS 등 여러 통계패키지마다 다르다.

『R 노트』 R의 quantile() 함수에서 사용되는 디폴트 추정방법은 $k$-번째 순서통계량에 $(k-1)/(n-1)$ 누적확률값을 할당하는 것이다. 따라서 경험적 누적확률은 아래와 같이 정의된다.

$$0, \ \frac{1}{n-1}, \ \frac{2}{n-1}, \ \ldots, \ \frac{n-2}{n-1}, \ 1 \ .$$

이러한 확률값의 집합은 경험적 누적확률분포의 일반적인 $\{k/n\}_{k=1}^{n}$ 할당과는 다르다.

**편의와 평균제곱오차**

통계량 $\hat{\theta}_n$ 이 $E[\hat{\theta}_n] = \theta$ 를 만족하면 $\hat{\theta}_n$ 은 모수 $\theta$ 에 대하여 불편추정량(unbiased estimator)이다. 만약

$$\lim_{n \to \infty} E\left[\hat{\theta}_n\right] = \theta$$

이면 통계량 $\hat{\theta}_n$ 은 $\theta$ 에 대하여 점근적(asymptotically) 불편추정량이다. 모수 $\theta$ 에 대하여 추정량 $\hat{\theta}$ 의 편의(bias)는 $bias(\hat{\theta}) = E[\hat{\theta}] - \theta$ 로 정의한다.

명백하게 $\overline{X}$ 는 평균 $\mu = E[X]$ 의 불편추정량이다. 표본분산 $S^2$ 는 $\sigma^2$ 의 불편추정량이기 때문에 $E[S^2] = \sigma^2 = Var(X)$ 임을 보일 수 있다. 분산의 최대우도추정량은

$$\hat{\sigma}^2 = \frac{1}{n} \sum_{i=1}^{n} (X_i - \overline{X})^2$$

이고, 이는 $\sigma^2$ 의 불편추정량이 아니다. $n \to \infty$ 일 때 편의 $-\sigma^2/n$ 는 0으로 수렴하기 때문에 $\hat{\sigma}^2$ 은 $\sigma^2$ 의 점근적 불편추정량이다.

모수 $\theta$ 의 추정량 $\hat{\theta}$의 평균제곱오차(mean squared error; MSE)는

$$MSE(\hat{\theta}) = E\left[(\hat{\theta} - \theta)^2\right]$$

이다. 이는 다음과 같이 두 부분으로 분할할 수 있고,

$$MSE(\hat{\theta}) = Var(\hat{\theta}) + (E[\hat{\theta}] - \theta)^2 \quad ,$$

MSE는 분산과 편의의 제곱의 합으로 해석할 수 있다. 즉,

$$MSE(\hat{\theta}) = Var(\hat{\theta}) + \left[bias(\hat{\theta})\right]^2$$

이다. 따라서 불편추정량의 MSE는 추정량의 분산과 동일한 반면, $\hat{\theta}$ 이 $\theta$ 에 대하여 편의가 존재할 경우에는 MSE는 추정량의 분산보다 더 크게 된다.

추정량 $\hat{\theta}$의 표준오차는 분산의 제곱근으로 $se(\hat{\theta}) = \sqrt{Var(\hat{\theta})}$ 와 같이 표현할 수 있다. 중요한 예로서 표본평균의 표준오차는 다음과 같이 주어진다.

$$se(\overline{X}) = \sqrt{Var(\overline{X})} = \sqrt{\frac{Var(X)}{n}} = \frac{\sigma_X}{\sqrt{n}} \quad .$$

표본비율 $\hat{p}$ 은 모비율 $p$ 의 불편추정량이다. 표본비율의 표준오차는 $\sqrt{p(1-p)/n}$ 이다. 따라서 $se(\hat{p}) \le 0.5/\sqrt{n}$ 이다.

고정된 $x \in R$ 에 대해 ecdf $F_n(x)$는 cdf $F(x)$의 불편추정량이다. $F_n(x)$ 의 표준오차는 $\sqrt{F(x)(1-F(x))/n} \le 0.5/\sqrt{n}$ 이다.

$f$ 가 표본이 추출된 분포의 밀도함수라 하면, $q$ 표본 분위수, $\hat{x}_q$의 분산은

$$Var(\hat{x}_q) = \frac{q(1-q)}{nf(x_q)^2} \tag{2.12}$$

이다. 분위수가 추정될 때 밀도 $f$는 보통 알려지지 않지만, 식 (2.14)는 밀도가 0에

가까운 받침집합(support set)의 일부분에서 분위수를 추정하기 위해서는 대표본이 필요하다는 것을 보여 준다.

### 적률추정법

$r$번째 표본적률 $m'_r = \frac{1}{n}\sum_{i=1}^{r} X_i^r,\ r = 1, 2, \ldots$ 은 $r$번째 모적률 $E[X^r]$의 불편 추정량이다. 만약 $X$가 밀도 $f(x;\theta_1, \ldots, \theta_k)$ 를 가지면, $\theta = (\theta_1, \ldots, \theta_k)$ 의 적률 추정량은 아래에 주어진 연립방적식의 해 $\hat{\theta} = (\hat{\theta}_1, \ldots, \hat{\theta}_k)$ 이다.

$$E[X^r] = m'_r(x_1, \ldots, x_n) = \frac{1}{n}\sum_{i=1}^{n} x_i^r, \quad r = 1, \ldots, k \quad .$$

### 우도함수

표본 관측값이 밀도함수 $f(X|\theta)$로부터의 확률표본이라고 가정하자. 여기서 $\theta$는 모수이다. 우도함수는 $\theta$가 주어졌을 때 표본 관측값들의 조건부확률이며, 아래와 같이 주어진다.

$$L(\theta) = \prod_{i=1}^{n} f(x_i|\theta) \quad . \tag{2.13}$$

모수 $\theta$는 모수들의 벡터 $\theta = (\theta_1, \ldots, \theta_p)$ 를 나타내기도 한다. 우도함수는 데이터를 모수(들) $\theta$의 함수로 간주한다. $L(\theta)$는 곱이므로, 흔히 로그 우도함수라고 불리는 $L(\theta)$의 로그를 사용하는 것이 훨씬 다루기 쉽다.

$$l(\theta) = \log(L(\theta)) = \sum_{i=1}^{n} \log f(x_i|\theta) \quad . \tag{2.14}$$

### 최대우도추정법

최대우도추정법은 우도함수 $L(\theta)$를 최대로 하는 $\theta$ 값을 찾는다. 즉, 표본 데이터가 주어졌을 때 $\theta$ 의 가장 가능성이 높은 값을 찾는 추정법이다. $\theta$의 모든 가능한 값을 모은 모수공간(parameter space)을 $\Theta$라 하자. 만약 $L(\theta)$의 최댓값이 존재하고 그

것이 유일한 점 $\hat{\theta} \in \Theta$에서 생기면, $\hat{\theta}$을 $L(\theta)$의 최대우도추정량(maximum likelihood estimator; MLE)이라고 한다. $L(\theta)$의 최댓값이 존재하지만 유일하지 않으면, 최댓값에 도달하도록 하는 점들 중 어떤 점이라도 $\theta$의 MLE가 된다. 많은 문제에서 MLE를 이론적으로 구할 수 있다. 그러나 최적화가 이론적으로 풀리지 않는 경우에는 주로 수치적 방법을 이용한다.

최대우도추정량은 불변성(invariance property)을 가진다. 만약 $\hat{\theta}$이 $\theta$의 MLE이고 $\tau$가 $\theta$의 함수이면, $\tau(\hat{\theta})$ 은 $\tau(\theta)$의 MLE이다.

예제 2.5 (2-모수 지수분포의 최대우도추정)

2-모수 지수분포에서 $\theta = (\lambda, \eta)$ 의 최대우도추정량을 구하고자 한다. $x_1, \ldots, x_n$ 이 $\text{Exp}(\lambda, \eta)$ 분포로 부터의 확률표본이라고 하자. 이 경우 우도함수는

$$L(\theta) = L(\lambda, \eta) = \prod_{i=1}^{n} \lambda e^{-\lambda(x_i - \eta)} I(x_i \geq \eta)$$

이다. 만약 $x_{(1)} = \min\{x_1, \ldots, x_n\}$ 이면,

$$L(\theta) = L(\lambda, \eta) = \lambda^n \exp\left\{-\lambda \sum_{i=1}^{n} (x_i - \eta)\right\}, \qquad x_{(1)} \geq \eta$$

이고 로그 우도함수는 아래와 같다.

$$l(\theta) = l(\lambda, \eta) = n\log\lambda - \lambda \sum_{i=1}^{n} (x_i - \eta), \qquad x_{(1)} \geq \eta \quad .$$

$l(\theta)$는 모든 고정된 $\lambda$에 대하여 $\eta$의 증가함수이고, $\eta \leq x_{(1)}$ 이므로 $\hat{\eta} = x_{(1)}$ 이다. 다음으로 $\lambda$에 대하여 $l(\theta)$의 최댓값을 찾기 위해서 아래의 방정식을 풀고

$$\left.\frac{\partial\, l(\lambda, \eta)}{\partial\, \lambda}\right|_{\eta = \hat{\eta}} = \frac{n}{\lambda} - \sum_{i=1}^{n} (x_i - \hat{\eta}) = 0 \quad ,$$

해 $\lambda = 1/(\bar{x} - \hat{\eta})$ 를 찾는다. 따라서 $\theta = (\lambda, \eta)$ 의 MLE는 다음과 같다.

$$(\hat{\lambda}, \hat{\eta}) = \left( \frac{1}{\bar{x} - x_{(1)}}, x_{(1)} \right).$$

**예제 2.6** (MLE의 불변성)

$\text{Exp}(\lambda, \eta)$ 분포에서 $\alpha$-분위수의 최대우도추정량을 구하고자 한다. $\text{Exp}(\lambda, \eta)$ 분포의 cdf는 아래와 같이 주어진다.

$$F(x) = 1 - e^{-\lambda(x-\eta)}, \qquad x \geq \eta \ .$$

따라서 $F(x_\alpha) = \alpha$ 를 만족하는 $\alpha$-분위수 $x_\alpha$를 구하면 다음과 같다.

$$x_\alpha = -\frac{1}{\lambda}\log(1-\alpha) + \eta$$

MLE의 불변성에 의해서 $x_\alpha$의 MLE는

$$\hat{x}_\alpha = -(\bar{x} - x_{(1)})\log(1-\alpha) + x_{(1)}$$

이다.

## 2.6 베이즈 정리와 베이지안 추론

### 전확률의 법칙

만약 사건 $A_1, \ldots, A_k$ 가 상호배반이며 전체를 이루는 사건들로서 표본공간 $S$를 분할한다면, 어떤 사건 B의 확률은 아래와 같이 주어진다.

$$\begin{aligned} P(B) &= P(A_1 B) + P(A_2 B) + \cdots + P(A_k B) \\ &= P(B|A_1)P(A_1) + P(B|A_2)P(A_2) + \cdots + P(B|A_k)P(A_k) \\ &= \sum_{j=1}^{k} P(B|A_j)P(A_j) \ . \end{aligned}$$

이를 전확률의 법칙(Law of Total Probability)이라고 한다.

연속확률변수 $X$와 $Y$에 대하여 전확률의 법칙에 대응하는 분포형태 표현은 다음

과 같다.

$$f_Y(y) = \int_{-\infty}^{\infty} f_{Y|X=x}(y) f_X(x)\, dx \quad .$$

이산확률변수 $X$와 $Y$에 대해 전확률의 법칙에 대응하는 분포 형태는 다음과 같다.

$$f_Y(y) = P(Y=y) = \sum_x P(Y=y \mid X=x) P(X=x) \quad .$$

## 베이즈 정리

베이즈 정리는 조건부확률에 대한 역계산을 제공한다. 가장 간단한 형태의 베이즈 정리는 다음과 같다. 사건 $A$와 $B$에 대해 $P(B) > 0$ 이면,

$$P(A \mid B) = \frac{P(B \mid A) P(A)}{P(B)}$$

이다. 흔히 전확률의 법칙은 분모 $P(B)$를 계산하는데 사용된다.

연속확률변수에 대하여 베이즈 정리를 분포형태로 표현하면 다음과 같다.

$$f_{X|Y=y}(x) = \frac{f_{Y|X=x}(y) f_X(x)}{f_Y(y)} = \frac{f_{Y|X=x}(y) f_X(x)}{\int_{-\infty}^{\infty} f_{Y|X=x}(y) f_X(x)\, dx} \quad .$$

이산확률변수에 대한 베이즈 정리의 분포형태 표현은 아래와 같다.

$$f_{X|Y=y}(x) = P(X=x \mid Y=y) = \frac{P(Y=y \mid X=x) P(X=x)}{\sum_x P(Y=y \mid X=x) P(X=x)}$$

## 베이지안 추론

고전적 추론(classical inference)에서는 분포의 알려지지 않은 모수를 고정된 상수로 보는 반면, 베이지안 추론(Bayesian inference)에서는 알려지지 않은 모수 또한 분포를 가진 확률변수로 간주한다. 따라서 베이지안 분석에서는 통계량뿐만 아니라 모수

에 대해서도 확률을 계산할 수 있다.

베이지안 사고에서는 $\theta$에 대한 과거의 경험이나 사전 지식과 같은 사전정보를 분포로 수량화하는데, 이를 $\theta$의 사전분포(prior distribution)라고 한다. 이를 $f_\theta(\theta)$라 표기하자. 사전분포는 관측된 자료를 사용하기 이전에 결정되며, 과거의 경험이나 자료의 충분한 이해를 통해 정해진다.

베이즈 정리를 사용하여 관측된 자료를 근거로 알려지지 않은 모수에 대한 사전정보를 업데이트한다. $\theta$가 주어졌을 때 관측된 자료 $X$에 대한 밀도함수를 $f(x|\theta)$ 라고 하자. 표본 관측값 $x_1, \ldots, x_n$ 이 주어졌을 때 $\theta$의 조건부 분포를 사후분포(posterior distribution)라고 하고, 다음과 같이 정의한다.

$$f_{\theta|x}(\theta) = \frac{f(x_1, \ldots, x_n|\theta) f_\theta(\theta)}{\int f(x_1, \ldots, x_n|\theta) f_\theta(\theta) d\theta}.$$

여기서 $f_{\theta|x}(\theta)$는 $\theta$의 사후분포이며, 우변의 분모는 $\theta$에 관하여 적분을 함으로써 더 이상 $\theta$ 에 의존하지 않는 정규화 상수(normalizing constant)이다. 흔히 이를 구하는 것이 매우 복잡하거나 혹은 적분이 닫힌 형태로 얻어지지 않는 경우가 있다. 그러나 몬테칼로 방법을 이용하면 사후분포로부터 표본을 추출하고 사후통계량을 계산하는 데에 정규화 상수를 알아야 할 필요가 없다. 따라서 정규화 상수를 생략하여 사후분포를 다음과 같이 표현할 수 있다.

$$f_{\theta|x} \propto f(x_1,\ldots,x_n|\theta) \times f_\theta(\theta).$$

즉, 사후분포는 관측된 데이터(우도함수)를 고려하여 알려지지 않은 모수에 대한 사전정보(사전분포)를 업데이트한 결과이며, $\theta$ 에 대한 베이지안 추론은 이러한 사후분포에 근거한다. 즉, 사후분포를 이용하여 사후 요약통계량으로 사후평균, 사후중앙값, 사후최빈값, 사후표준편차 등을 계산할 수 있다.

## 2.7 마르코프 연쇄

마르코프 연쇄(Markov chain)에 대한 기본적인 이해는 통계계산의 중요한 주제 중 하나인 마르코프 연쇄 몬테칼로(Markov chain Monte Carlo; MCMC) 방법의 이해를 위해 반드시 필요한 배경지식이다.

마르코프 연쇄는 시간 $n$에 따라 움직이는 확률과정 $\{X_n\}$이다. 통계계산에서 우리의 목표는 모의실험에 의해 난수의 연쇄를 생성하는 것이며, 주로 이산시간(discrete time) 마르코프 연쇄 $\{X_n, n \geq 0\}$를 고려한다. 즉, 시간 $n$은 음이 아닌 정수이며, 확률과정은 초기상태 $X_0$에서 시작해서 $X_1, X_2, \ldots, X_n, X_{n+1}, \ldots$ 으로 계속 전이하게 된다. 이때 $X_n$의 가능한 값들의 집합을 상태공간(state space)이라고 한다.

마르코프 연쇄의 상태공간이 유한하거나 셀 수 있다고 가정하자. 그러면, 일반성을 잃지 않고 상태를 0, 1, 2, ... 라 둘 수 있다. 만약 $n \geq 0$ 이고, 모든 상태의 짝 $(i, j)$ 에 대해 다음의 성질

$$P(X_{n+1} = j | X_0 = i_0, X_1 = i_1, \ldots, X_{n-1} = i_{n-1}, X_n = i) = P(X_{n+1} = j | X_n = i)$$

을 만족하면 $\{X_n, n \geq 0\}$ 을 마르코프 연쇄라 부르며, 이 성질을 마르코프 성질(Markov property)이라 한다. 즉, 마르코프 성질이란 "과거와 현재에 관한 정보가 주어질 때 미래에 관한 조건부분포는 현재의 정보에만 의존하며, 과거의 정보와는 무관하다"는 것이다.

한편, $p_{ij} = P(X_{n+1} = j \mid X_n = i)$ 는 상태 $i$ 에서 한 단계 후에 상태 $j$ 로 전이할 조건부확률이며, 이를 전이확률(transition probability)이라고 한다. 이는 다음의 성질을 만족한다.

$$p_{ij} \geq 0, \quad i, j \geq 0; \qquad \sum_{j=0}^{\infty} p_{ij} = 1, \quad i = 0, 1, 2, \ldots$$

$P = (p_{ij})$ 는 $p_{ij}$를 원소로 가지는 행렬로 1-단계 전이확률행렬이라 부른다. 이는 전이확률을 통해 마르코프 연쇄의 단일 단계에서 모든 상태간의 전이 가능성을 설명한다. 전이확률행렬의 각 행의 합은 반드시 1이다.

예제 2.7 (날씨)
내일 비가 올 가능성이 오늘 비가 오느냐 오지 않느냐에만 의존하고, 과거의 날씨와는 무관하다고 가정하자.(즉, 이는 마르코프 성질을 만족한다.) 오늘 비가 내렸을 때 내일 비가 올 확률을 $\alpha$ 라 하고, 오늘 비가 내리지 않았을 때 비가 올 확률을 $\beta$ 라고 한다면, 이 마르코프 연쇄의 전이확률행렬은 아래와 같이 주어진다.

$$P=\begin{pmatrix}\alpha & 1-\alpha \\ \beta & 1-\beta\end{pmatrix}$$

예제 2.8 (유한상태 확률보행)

어떤 사람이 술에 만취되어 1, 2, 3, 4, 5, 6 값의 직선상에서 무의식적으로 걷는다고 하자. 술에 취한 보행자의 확률보행(random walk)을 다음과 같이 가정한다.

a) 현재 내부의 값(2, 3, 4, 또는 5)에 머물러 있을 경우, 다음 보행에서 현재에 머무르거나 혹은 인접한 값으로 이동할 확률은 동일하다. 만일 이동했다면, 오른쪽이나 왼쪽으로 이동할 확률 또한 동일하다.

b) 현재 양 끝 값(1 또는 6)에 머물러 있을 경우, 다음 보행에서 머무르거나 혹은 인접한 값으로 이동할 확률 역시 동일하다.

이 문제에서 보행자의 이동 가능한 위치에 해당하는 1부터 6까지가 6개의 상태를 구성한다. 보행자가 다른 위치로 이동할 확률은 오직 현재의 위치에만 의존하고 이전에 방문한 다른 위치에는 영향을 받지 않는다. 따라서 이 보행자의 확률보행은 마르코프 연쇄이며 전이확률행렬은 아래와 같이 주어진다.

$$P=\begin{bmatrix} .50 & .50 & 0 & 0 & 0 & 0 \\ .25 & .50 & .25 & 0 & 0 & 0 \\ 0 & .25 & .50 & .25 & 0 & 0 \\ 0 & 0 & .25 & .50 & .25 & 0 \\ 0 & 0 & 0 & .25 & .50 & .25 \\ 0 & 0 & 0 & 0 & .50 & .50 \end{bmatrix}$$

여기서 전이확률행렬 $P$의 첫 번째 행은 위치 1에서 한 단계 만에 1에서 6까지의 모든 상태로 이동할 확률을 제공한다. 두 번째 행은 위치 2에서 한 단계 만의 전이확률을 제공한다. 다른 행의 의미도 마찬가지이다.

상태 $i$에서 출발한 마르코프 연쇄가 $k$ 단계를 거쳐 상태 $j$로 이동할 확률을 $k$-단계 전이확률이라고 부르고, 이를 $p_{ij}^{(k)}$으로 표기하자. 즉, $p_{ij}^{(k)} = P(X_{m+k}=j \mid X_m=i)$이다. $p_{ij}^{(k)}$를 원소로 갖는 행렬을 $P^{(k)}=(p_{ij}^{(k)})$로 나타내고, 이를 $k$-단계 전이확률행렬이라고 한다. 채프만-콜모고로프(Chapman-Kolmogorov) 방정식에 의하면 $k$-단계 전이확률은 행렬 $P^k$의 원소이다. 즉, $P^{(k)}=(p_{ij}^{(k)}) = P^k$ 이다.

마르코프 연쇄는 어떤 특정한 성질을 만족하느냐에 따라 다음과 같은 형태로 구분할 수 있다.

### 기약 마르코프 연쇄

어떤 정수 $n(\geq 0)$에 대하여 $p_{ij}^{(n)} > 0$ 이면 상태 $i$ 에서 상태 $j$ 로 도달가능하다고 하고, $i \to j$로 표기한다. 만일 상태 $i$ 에서 상태 $j$로 도달가능하고($i \to j$) 상태 $j$ 에서 상태 $i$로 도달가능하다면($j \to i$), 상태 $i$ 와 상태 $j$ 는 상호도달가능하다고 정의하고 $i \leftrightarrow j$ 로 표기한다.

전이확률의 정의에 의해 $p_{ii}^{(0)} = P\{X_m = i \mid X_m = i\} = 1$이 성립하므로 어떤 상태 $i$ ($i = 0, 1, 2, \ldots$ )는 항상 자기 자신과 상호도달가능이다. 마르코프 연쇄는 상호도달 관계에 대해 다음과 같은 세 가지 성질을 만족한다.

i ) 모든 $i \geq 0$ 에 대하여, 상태 $i$ 는 상태 $i$ 와 상호도달가능하다.
ii) 상태 $i$ 가 상태 $j$ 와 상호도달가능이면, 상태 $j$ 와 상태 $i$ 도 상호도달가능이다.
iii) 만약 상태 $i$ 가 상태 $j$ 와 상호도달가능이고, 상태 $j$ 가 상태 $k$ 와 상호도달가능이면, 상태 $i$ 와 상태 $k$ 는 상호도달가능이다.

만약 두 상태 $i$ 와 $j$ 가 서로 상호도달가능하면 같은 집단(class)에 속한다고 하며, 마르코프 연쇄에서 모든 상태에 대해 오직 하나의 집단이 존재하면, 즉, 모든 상태가 서로 상호도달가능이면 이를 기약(irreducible) 마르코프 연쇄라 한다. 예를 들어, 상태 0, 1, 2에 대해 다음과 같은 전이확률을 가지는 마르코프 연쇄를 고려해 보자.

$$P = \begin{bmatrix} 1/2 & 1/2 & 0 \\ 1/2 & 1/4 & 1/4 \\ 0 & 1/3 & 2/3 \end{bmatrix}$$

마르코프 연쇄가 기약 마르코프 연쇄임을 보이기 위해서는, 상호도달 관계에 대한 성질 i )과 정의된 전이확률에 의해, $0 \leftrightarrow 2$ 만 보이면 된다. $0 \to 1 \to 2$ 이므로 성질 iii)에 의해 $0 \to 2$ 이며, 반대도 성립하므로, 위의 마르코프 연쇄는 기약이라 할 수 있다.

### 재귀적 마르코프 연쇄

상태 $i$ 에서 출발하는 마르코프 연쇄는 다시 상태 $i$ 로 되돌아올 때 마다, 그 시점까지의 결과와는 독립적으로, 상태 $i$ 에서 출발하는 원래의 마르코프 연쇄와 같은 분포를 따른다. 이러한 성질을 마르코프 연쇄의 무기억성(memoryless property)이라 하며, 이는 마르코프 성질에 의해 설명된다.

상태 $i$ 에서 출발하는 마르코프 연쇄가 처음으로 상태 $i$로 되돌아올 확률을 $f_{ii}$ 라 하자. 마르코프 연쇄의 무기억성에 의해서, 상태 $i$로 되돌아온 후에 다시 상태 $i$로 되돌아올 확률 또한 $f_{ii}$ 이다.

만약 $f_{ii}=1$ 이면, 상태 $i$를 출발하는 마르코프 연쇄는 상태 $i$에 무한번 다시 되돌아온다는 것을 의미한다. $f_{ii}=1$ 인 상태 $i$를 재귀적(recurrent)이라 하며, 모든 상태가 재귀적이면 이를 재귀적 마르코프 연쇄라 한다. $f_{ii}<1$ 인 경우에는 상태 $i$ 를 출발하는 마르코프 연쇄가 상태 $i$ 에 유한번만 다시 되돌아온다는 것을 의미하며, 다시 말해, 어느 시점이 되면 다시는 상태 $i$ 에 되돌아오지 않는다. 이와 같은 의미에서 $f_{ii}<1$ 인 상태 $i$ 를 일시적(transient)이라 한다.

이 정의에 따라, 상태 $i$ 가 재귀적이라는 것은 상태 $i$ 에서 출발하는 마르코프 연쇄가 상태 $i$ 에 방문하는 기대횟수가 무한이라는 것과 동치이다. 이를 식으로 표현하면 다음과 같다. 시간 $n$에 대해서 다음과 같은 지시함수 $I_n$을 고려하자.

$$I_n=\begin{cases}1, & \text{if } X_n=i\\ 0, & \text{if } X_n\neq i\end{cases}$$

즉, $\sum_{n=0}^{\infty} I_n$는 마르코프 연쇄가 상태 $i$ 를 방문한 횟수를 의미하며, 상태 $i$ 에서 출발하는 마르코프 연쇄가 상태 $i$ 에 방문하는 기댓값은 다음과 같다.

$$\begin{aligned} E[\sum_{n=0}^{\infty} I_n \mid X_0=i] &= \sum_{n=0}^{\infty} E[I_n \mid X_0=i] \\ &= \sum_{n=0}^{\infty} P\{X_n=i \mid X_0=i] \\ &= \sum_{n=0}^{\infty} p_{ii}^{(n)}. \end{aligned}$$

따라서 $\sum_{n=0}^{\infty} p_{ii}^{(n)}=\infty$ 이면 재귀적이고, $\sum_{n=0}^{\infty} p_{ii}^{(n)}<\infty$ 이면 일시적이다.

일시적 상태는 유한번 방문된다는 것을 알고 있다. 이는 유한상태(finite-state)의 마르코프 연쇄에서는 모든 상태가 일시적일 수는 없음을 의미한다. 상태 0, 1, 2, ..., $M$을 가지는 마르코프 연쇄에 대해 모든 상태가 일시적이라고 가정하자. 그러면, 유한번의 시간(이산시간이므로), $T_0$ 후에 상태 0은 다시는 방문되지 않을 것이며, 그 다음의 유한번의 시간, $T_1$ 후에 상태 1은 다시는 방문되지 않을 것이며, 같은 일이 반복되어 일어난다고 가정할 수 있다. 그러면 유한번의 시간, $T = \max\{T_0, T_1, ..., T_M\}$ 후에는 어떠한 상태도 방문되지 않을 것이다. 그러나 마르코프 연쇄는 유한번의 시간 $T$ 후에 반드시 어떠한 상태에 도달해야하므로 이는 모순이며, 따라서 유한 상태의 마르코프 연쇄에서는 적어도 하나의 상태는 반드시 재귀적이라는 결론을 내릴 수 있다.

한편, 마르코프 연쇄가 상태 $j$에 도달하는 첫 방문시간(first visit time)을 $N_j$라 하자. 즉, $N_j = min\{n \geq 1: X_n = j\}$ 이다. 특히 마르코프 연쇄가 상태 $i$에서 출발하는 경우 $N_i$를 상태 $i$로 되돌아오는 첫 귀환시간(first return time)이라 부른다. 만약 재귀적 상태 $i$의 첫 귀환시간에 대한 기댓값이 유한하다면, 양의 재귀(positively recurrent) 상태라 부른다. 유한상태 마르코프 연쇄에서 모든 재귀적 상태는 양의 재귀적이다.

다음으로 재귀성(recurrence)에 관해 알아두면 유용한 보조정리를 소개한다.

**보조정리**: 상태 $i$가 재귀적이고 상태 $i$와 상태 $j$가 상호도달가능이면, 상태 $j$도 재귀적이다.

이는 재귀적 성질이 집단 성질임을 나타낸다. 즉, 같은 집단에 속하는 상태는 같은 재귀적 성질을 가진다. 이러한 성질을 이용하여 상태 0, 1, 2, 3에 대해 다음과 같은 전이행렬을 가지는 마르코프 연쇄에서 어떤 상태가 재귀적이고 어떤 상태가 일시적인지 알아보자.

$$P = \begin{bmatrix} 0 & 0 & 1/2 & 1/2 \\ 1 & 0 & 0 & 0 \\ 0 & 1 & 0 & 0 \\ 0 & 1 & 0 & 0 \end{bmatrix}$$

모든 상태가 상호도달가능이므로 위의 마르코프 연쇄에는 하나의 집단이 존재한다. 즉, 보조정리에 의해 하나의 상태가 재귀적이면 모든 상태가 재귀적임을 알 수 있고, 유한 상태의 마르코프 연쇄이므로, 이 마르코프 연쇄는 모든 상태에서 재귀적임을 알 수 있다.

### 비주기적 마르코프 연쇄

주어진 상태 $i$에 대하여, $p_{ii}^{(n)} > 0$를 만족하는 자연수 $n$들의 최대공약수를 상태 $i$의 주기(period)라 한다. 즉, 상태 $i$의 주기는 상태 $i$에서 시작해서 상태 $i$에서 끝나는 경로 길이의 최대공약수이다. 기약 마르코프 연쇄에서는 모든 상태의 주기가 동일하며, 만약 모든 상태가 주기 1을 가진다면 비주기적(aperiodic) 마르코프 연쇄라 한다.

### 마르코프 연쇄의 정상분포

마르코프 연쇄가 양의 재귀적이고 비주기적이면 에르고딕(ergodic)이라 부른다. 기약 에르고딕 마르코프 연쇄에서 전이확률은 정상분포(stationary distribution) $\pi$로 수렴하고, 이는 연쇄의 초기 상태와 무관하다. 즉, 모든 상태 $j$에 대하여

$$\pi_j = \lim_{n \to \infty} p_{ij}^{(n)}$$

를 만족하는 $\pi_j$가 존재하고 이는 초기 상태 $i$에 무관하다. 이러한 확률분포 $\pi = \{\pi_j\}$는 정상분포이며, $\pi$는 아래 방정식 시스템의 유일한 양의 해이다.

$$\pi_j = \sum_{i=0}^{\infty} \pi_i p_{ij}\,,\ j \ge 0; \quad \sum_{j=0}^{\infty} \pi_j = 1 \quad . \tag{2.15}$$

여기서 $\pi_j$를 연쇄가 상태 $j$에 머무는 시간의 (극한)비율로 해석할 수 있다.

**예제 2.9** (유한상태 확률보행, 계속)
직선상의 점 1, 2, 3, 4, 5, 6 사이를 움직이는 확률보행이 아래와 같은 전이확률 행렬을 가지는 경우를 다시 고려하자.

$$P = \begin{bmatrix} .50 & .50 & 0 & 0 & 0 & 0 \\ .25 & .50 & .25 & 0 & 0 & 0 \\ 0 & .25 & .50 & .25 & 0 & 0 \\ 0 & 0 & .25 & .50 & .25 & 0 \\ 0 & 0 & 0 & .25 & .50 & .25 \\ 0 & 0 & 0 & 0 & .50 & .50 \end{bmatrix} \tag{2.16}$$

주어진 확률보행은 유한상태 마르코프 연쇄이며, 다음의 성질을 만족한다. 한번 또는

그 이상의 보행에서 모든 상태에서 모든 상태로 이동 가능하므로 확률보행은 기약적이다. 또한 보행자가 특정한 상태에 있고, 만약 그 사람이 정기적으로 이 상태로 돌아올 수 있다면 이는 주기적이지만, 이 확률보행은 그렇지 않기 때문에 비주기적 마르코프 연쇄이다. 유한상태 마르코프 연쇄는 양의 재귀적이다.

보행자의 현재 상태에 대한 확률을 다음의 행벡터 형태로 표현할 수 있다.

$$p = (p_1, p_2, p_3, p_4, p_5, p_6)$$

여기서 $p_i$ 는 보행자가 현재 상태 $i$ 에 있을 확률을 나타낸다. 만약 $p^{(j)}$ 가 $j$ 번 보행 후 보행자의 상태를 나타낸다면, $(j+1)$번 보행 후 보행자의 상태는 아래의 행렬 곱으로 표현된다.

$$p^{(j+1)} = p^{(j)}P$$

(2.15)를 행렬로 표현한 $\pi = \pi P$ 를 만족하는 확률벡터 $\pi$ 를 찾을 수 있다고 가정하자. 여기서 $\pi$ 가 정상분포이다. 만약 마르코프 연쇄가 기약이고 비주기적이면 연쇄는 유일한 정상분포를 갖는다. 마르코프 연쇄의 극한분포는 보행의 수가 무한대로 커짐에 따라 정상분포와 같게 된다.

다음은 모의실험을 통해 마르코프 연쇄의 정상분포의 존재를 경험적으로 예시하고자 한다. 전이행렬 $P$를 사용하여 상태 3에서 출발하는 마르코프 연쇄의 보행을 많이 반복 생성한다. 보행 후, 6개의 각 상태에 머문 보행자의 상대도수는 정상분포 $w$ 로 수렴할 것이다.

먼저 R에서 전이행렬 **P**를 입력한 후 확률보행에서 보행자의 상태를 저장하기 위해 array() 함수를 이용하여 객체 **s**를 할당한다.

```
> P <- matrix(c(.5,.5,0,0,0,0,.25,.5,.25,0,0,0,0,.25,.5,.25,0,0,
+ 0,0,.25,.5,.25,0,0,0,0,.25,.5,.25,0,0,0,0,.5,.5),
+ nrow=6,ncol=6,byrow=TRUE)
> P
     [,1] [,2] [,3] [,4] [,5] [,6]
[1,] 0.50 0.50 0.00 0.00 0.00 0.00
[2,] 0.25 0.50 0.25 0.00 0.00 0.00
[3,] 0.00 0.25 0.50 0.25 0.00 0.00
[4,] 0.00 0.00 0.25 0.50 0.25 0.00
```

```
[5,] 0.00 0.00 0.00 0.25 0.50 0.25
[6,] 0.00 0.00 0.00 0.00 0.50 0.50
> s <- array(0,c(50000,1))
```

보행자의 시작 위치를 상태 3으로 지정한 후 마르코프 연쇄로 부터 50,000개의 관측값을 생성하기 위한 루프(loop)를 수행한다. 단일 보행을 수행하기 위해 **sample()** 함수를 사용한다. 이 함수의 인수는 전이행렬 P의 $s^{j-1}$ 행에 주어진 확률로 집합 $\{1, 2, 3, 4, 5, 6\}$ 에서 한 개의 값을 추출함을 나타낸다. 여기서 $s^{j-1}$ 은 보행자의 현재 위치이다.

```
> s[1] <- 3
> for(j in 2:50000){
+ s[j] = sample(1:6,size=1,prob=P[s[j-1],])}
```

**table()** 명령어를 이용하면 연쇄의 500번, 2,000번, 8,000번, 50,000번 후 6개의 각 상태에 대한 방문 빈도수를 요약할 수 있다. 도수들을 총 보행의 수로 나눔으로써 상대도수로 변환하였다.

```
> m <- c(500,2000,8000,50000)
> for(i in 1:4)
+ print(table(s[1:m[i]])/m[i])
    1     2     3     4     5     6
0.136 0.200 0.224 0.166 0.192 0.082
     1      2      3      4      5      6
0.1100 0.2095 0.2160 0.1905 0.1870 0.0870
       1        2        3        4        5        6
0.104625 0.214250 0.205125 0.198250 0.189500 0.088250
      1       2       3       4       5       6
0.10494 0.21186 0.20474 0.19536 0.19138 0.09172
```

출력결과로 부터 각 상태별 상대도수가 정상분포 $\pi = (0.1, 0.2, 0.2, 0.2, 0.2, 0.1)$ 로 수렴함을 알 수 있다. 구한 $\pi$ 벡터를 전이행렬 $P$와 곱해봄으로써 이 연쇄의 정상분포가 실제로 $\pi$임을 확인할 수 있다.

```
> w <- matrix(c(.1,.2,.2,.2,.2,.1), nrow=1, ncol=6)
> w%*%P
     [,1] [,2] [,3] [,4] [,5] [,6]
[1,]  0.1  0.2  0.2  0.2  0.2  0.1
```

예제 2.10 (DNA 돌연변이)

DNA의 돌연변이에 대한 마르코프 연쇄 모형을 예제로 살펴보자. DNA 뉴클레오티드(nucleotide)는 4개의 가능한 값을 갖는다. 이 모형은 뉴클레오티드가 현재 상태에서 다른 상태로 변할 확률을 $3\alpha\,(0<\alpha<1/3)$로 가정하며, 만약 다른 상태로 변한다면 나머지 세 개의 상태로 변할 확률이 모두 같다고 가정한다. 상태에 1부터 4까지 번호를 부여하면, 전이확률은 $p_{ii}=1-3\alpha$ 이고 $p_{ij}=3\alpha/3=\alpha,\ i\neq j$ 이고, 전이행렬은 다음과 같다.

$$P=\begin{bmatrix}1-3\alpha & \alpha & \alpha & \alpha\\ \alpha & 1-3\alpha & \alpha & \alpha\\ \alpha & \alpha & 1-3\alpha & \alpha\\ \alpha & \alpha & \alpha & 1-3\alpha\end{bmatrix}. \tag{2.17}$$

여기서 $p_{ij}$는 상태 $i$로부터 상태 $j$로의 돌연변이의 확률이다. 전이행렬의 $i$번째 행은 연쇄가 현재 상태 $i$에 있다고 할 때 상태 $j$로 전이할 조건부확률분포 $P(X_{n+1}=j\,|\,X_n=i),\ j=1,2,3,4$ 이다. 따라서 각 행은 합이 1이 되어야 한다. (즉, 행렬은 행 확률적(row stochastic)이다.) 이 행렬은 열의 합 역시 1이기 때문에 이중 확률적(doubly stochastic)이다. 일반적으로 전이행렬은 행 확률적이며, 반드시 이중 확률적인 것은 아니다.

$\alpha=0.1$로 가정하자. 그러면 2-단계와 16-단계 전이행렬은

$$P^2=\begin{bmatrix}0.52 & 0.16 & 0.16 & 0.16\\ 0.16 & 0.52 & 0.16 & 0.16\\ 0.16 & 0.16 & 0.52 & 0.16\\ 0.16 & 0.16 & 0.16 & 0.52\end{bmatrix},\qquad P^{16}\doteq\begin{bmatrix}0.2626 & 0.2458 & 0.2458 & 0.2458\\ 0.2458 & 0.2626 & 0.2458 & 0.2458\\ 0.2458 & 0.2458 & 0.2626 & 0.2458\\ 0.2458 & 0.2458 & 0.2458 & 0.2626\end{bmatrix}$$

이다. 3-단계 전이행렬은 $P^2 P = P^3$ 이다. 두 단계 만에 상태 1에서 상태 4로의 전이확률 $p_{14}^{(2)} = 0.16$ 이고, 16 단계 만에 상태 2에서 상태 2로 되돌아올 확률은

$$p_{22}^{(16)} = 0.2626$$

이다.

$P$의 모든 원소들이 양수이므로 모든 상태들은 상호도달가능하고, 또한 양의 재귀적이고 비주기적이므로 이 연쇄는 기약 에르고딕 마르코프 연쇄이다. 따라서 이 연쇄의 전이확률이 수렴하는 정상분포 $\pi = \{\pi_j\}$ 를 찾을 수 있다. 정상분포는 연쇄의 초기 상태와 무관하므로, 모든 행($i = 1, 2, 3, 4$)에 있는 전이확률 $p_{ij}$은 상태 $j$에 대해 같은 정상분포 $\pi_j$로 수렴한다. 식 (2.15)을 이용하여 정상분포를 구해 보면 $\pi_j = 1/4$ ($j = 1, 2, 3, 4$)이며, 이는 $\alpha$에 의존하지 않는다는 것을 알 수 있다. 참고로 $p_{jj}^{(n)} = 1/4 + 3/4\,(1 - 4\alpha)^n$ 이며, 정상분포의 정의에 따라 $n \to \infty$일 때, $p_{jj}^{(n)}$은 1/4로 수렴하므로 이를 이용하여 정상분포를 구할 수도 있다.

## 연습문제

2.1 R 함수 dbinom()을 사용하여 $n=20$; $p=0.2, 0.5, 0.8$ 인 경우 이항분포의 pmf를 그림으로 나타내어 비교해보라. 이때 R 함수 par(mfrow=c(3,1))을 사용하여 $3\times1$ 그림을 작성하라.

2.2 R 함수 dpois()를 사용하여 $\lambda=6$ 인 포아송 분포의 pmf를 그림으로 나타내보라.

2.3 R 함수 dgamma()를 사용하여 $r=1,2,4$, 그리고 $\lambda=1$ 인 감마 분포의 pdf를 하나의 그림으로 표현하여 비교해보라.

2.4 R 함수 dbeta()를 사용하여 아래 주어진 8가지 경우에 대해 베타 분포의 pdf를 그림으로 나타내어 비교해보라. 이때 R 함수 par(mfrow=c(4,2))를 사용하여 $4\times2$ 그림을 작성하라.

(a) $\alpha=\beta=2$ ; (b) $\alpha=2, \beta=1$ ; (c) $\alpha=\beta=3$ ; (d) $\alpha=2, \beta=3$ ;

(e) $\alpha=\beta=5$ ; (f) $\alpha=3, \beta=7$ ; (g) $\alpha=\beta=0$ ; (h) $\alpha=\beta=1$ .

2.5 아래 R 프로그램을 실행하면 이변량 정규밀도함수의 투시도(surface plot)와 등고선 그림(contour plot)을 작성할 수 있다. 그림이 상관계수의 변화에 따라 어떻게 변하는지를 확인고자 한다.

```
> mu1 <- mu2 <- 0
> sigma11 <- sigma22 <- 10
> rho <- 0.5
> x1 <- seq(-10,10,length=41)
> x2 <- x1
> f <- function(x1,x2){
+  term1 <- 1/(2*pi*sqrt(sigma11*sigma22*(1-rho^2)))
+  term2 <- -1/(2*(1-rho^2))
+  term3 <- (x1-mu1)^2/sigma11
```

```
+  term4 <- (x2-mu2)^2/sigma22
+  term5 <- 2*rho*((x1-mu1)*(x2-mu2))/(sqrt(sigma11)*sqrt(sigma22))
+  term1*exp(term2*(term3+term4-term5))
+ }
> z <- outer(x1,x2,f)
> persp(x1,x2,z,main="Two dimensional Normal Distribution", theta=30)
+  contour(x1,x2,z,xlab="x1",ylab="x2",main="contour plot")
```

위 R 프로그램을 이용하여 다음에 주어진 4가지 경우에 대하여 각각 $2\times2$ 형태로 투시도와 등고선 그림을 그려서 비교해보라.

(a) $BVN(0,0,1,1,0)$;  (b) $BVN(0,0,1,1,0.8)$;

(c) $BVN(1,2,1,4,0)$;  (d) $BVN(1,2,1,4,-0.8)$.

2.6 $y$는 $\theta$가 주어졌을 때 평균이 $\theta$이고 분산이 $\sigma^2$인 정규분포를 따른다고 한다. $P(\theta=2)=P(\theta=10)=0.5$라고 가정하자.

(a) $\sigma^2=4$일 때, $y$의 주변확률밀도함수를 계산하고, R을 이용하여 그림으로 표현하라.

(b) 사후확률 $P(\theta=2|y=1)$과 $P(\theta=10|y=1)$을 계산하라.

(c) $\sigma^2$이 1, 5, 10, 100일 때, (b)에서 계산한 사후확률의 형태가 각각 어떻게 변하는지를 R을 이용하여 그림으로 설명하라.

2.7 오늘 비가 내렸을 때 내일 비가 올 확률이 0.7이고, 오늘 비가 오지 않았을 때 내일 비가 올 확률을 0.4이다. 비가 올 가능성은 하루 전날의 날씨에만 의존한다고 가정하자. 만일 오늘 비가 왔다면 이틀 뒤 비가 오지 않을 확률은 얼마인가?

2.8 상태공간이 $\{0, 1\}$ 이고, 전이행렬이

$$P = \begin{bmatrix} \frac{1}{2} & \frac{1}{2} \\ \frac{1}{4} & \frac{3}{4} \end{bmatrix}$$

으로 주어지는 마르코프 연쇄를 고려하자.

(a) R을 사용하여 $P^{(n)}$의 극한값을 구해보라.

(b) 주어진 마르코프 연쇄의 정상분포를 구하라.

2.9 다음 행렬은 정수 $\{1, 2, 3, 4, 5\}$ 에서의 확률보행을 위한 전이행렬을 나타낸다.

$$P = \begin{bmatrix} .2 & .8 & 0 & 0 & 0 \\ .2 & .2 & .6 & 0 & 0 \\ 0 & .4 & .2 & .4 & 0 \\ 0 & 0 & .6 & .2 & .2 \\ 0 & 0 & 0 & .8 & .2 \end{bmatrix}$$

(a) 위치 1에서 보행을 시작한다고 가정하자. R 명령어 sample()을 사용하여 전이행렬에 주어진 확률을 이용한 마르코프 연쇄의 1,000번의 보행을 생성하고, 보행의 위치를 벡터로 저장하라.

(b) 생성된 결과들로부터 5가지 상태에 대한 보행자의 상대빈도를 계산하라. 또한 정상분포 $\pi$의 값을 추측하라.

(c) 행렬연산을 사용하여 추측한 분포가 정말 정상분포인지를 확인하라.

2.10 무한 상태공간을 가지는 마르코프 연쇄의 예로서, 다음과 같은 일차원 확률보행을 고려하자. 일차원 확률보행이란 직선상에서 상태 $i$ 로부터 단위시간에 따라 좌우로 한 단위만을 옮겨갈 수 있는 마르코프 연쇄를 말한다.

$$p_{i,i+1} = p, \qquad i = 0, \pm 1, \pm 2, \ldots,$$
$$p_{i,i-1} = 1-p, \qquad i = 0, \pm 1, \pm 2, \ldots,$$
$$p_{i,j} = 0, \qquad j \notin \{i-1, i+1\}.$$

이 확률보행 모형에서 단위시간의 각 전이 단계는 확률 $p$로 오른쪽 혹은 확률 $1-p$로 왼쪽을 랜덤으로 선택한다.

(a) 이 확률보행 모형이 기약 마르코프 연쇄임을 보여라.

(b) 상태 0에서 보행을 시작한다고 가정하자. 다시 상태 0으로 되돌아오는 확률 및 상태 0을 방문하는 기댓값을 구하라.

(c) 이 확률보행 모형이 재귀적 마르코프 연쇄가 되기 위한 조건을 구하라.

# 제3장

# 균일난수 생성과 모의실험

이 장에서는 난수생성의 기본이 되는 균일난수 생성을 위한 알고리즘과 난수가 제대로 생성하는지를 검증하기 위한 절차를 소개한다. 균일난수의 생성을 이용한 확률 문제의 계산을 통해 몬테칼로 모의실험의 원리를 이해하고자 한다.

## 3.1 균일난수의 생성

난수(random number)란 어떤 방법으로도 예측될 수 없는 일련의 숫자를 일컫는다. 암호통신에서 흔히 이용되는 난수표는 단지 난수들을 늘어놓은 표이다. 통계적 의미에서 난수는 특정 범위 [0, 1]을 갖는 균일분포에서 추출된 표본들의 관측값이다. 어떤 특정 확률분포를 따르는 확률변수는 $[0,1]$에서의 균일분포를 따르는 확률변수로부터 적절한 변환을 통하여 얻을 수 있으므로 확률변수의 생성에서 가장 중요한 부분은 균일난수의 생성이라 할 수 있다.

컴퓨터에서 난수를 생성하는 생성기(generator)는 어떤 알고리즘(algorithm)을 필요로 하며, 이는 주어진 알고리즘을 따르게 되면 생성될 값을 항상 알 수 있다는 의미가 되므로 컴퓨터에서 생성되는 난수는 엄밀한 의미에서 난수라 할 수 없다. 즉, 난수생성기는 실제의 난수를 생성하는 것이 아니라 난수와 매우 비슷한 성질을 갖는 유사난수(pseudo random number)를 생성하는 것이다.

일반적으로 유사난수의 생성을 위한 알고리즘은 여러 가지 측면에서 평가되어야 한다. 첫째, 발생된 값이 난수로서의 임의성(randomness)이 있어야 한다. 둘째, 실제 모의실험 과정에서는 상상을 초월할 정도로 많은 수의 난수를 필요로 하는 경우가 많기 때문에 알고리즘 자체가 간단하면서 복잡한 연산을 포함하지 않아야 한다. 만약 난수 생성과정이 복잡하고 난수발생이 느리다면 모의실험에서 사용될 이유가 없다. 그러므로 난수생성을 위한 효율적인 알고리즘이 되려면 간단한 연산에 의해 빠른 속도로 난수를 생성할 수 있어야 한다. 이를 요약하면 효율적인 유사난수 생성 알고리즘은 다음과 같은 성질을 가져야 한다.

1. 난수로서의 임의성이 있어야 한다. 발생된 난수들은 서로 독립이며, 구간 [0, 1]에서의 균일분포를 따라야 한다.
2. 난수의 생성은 간단한 연산에 의해 수행되어야 한다.
3. 난수는 빠른 속도로 생성할 수 있어야 한다.

일반적으로 구간 $[0,1]$의 균일분포를 따르는 유사난수를 생성하는 방법은 구간

$[0,M)$ 에 속하는 정수 $X$를 선택한 후 $U=X/M$이라 두는 것이다. 컴퓨터에 의해 발생될 정수 $X$의 수열 형태는 $X_j=f(X_{j-1},\ldots,X_{j-k})$ 이다. 여기서 $f$ 는 어떤 알고리즘에 해당하는 함수이다. 만약 $X_j$가 $X_{j-1}$ 에만 종속되면(즉, $X_j=f(X_{j-1})$) 난수 발생이 빨라진다. 이런 형태의 수열은 결정적(deterministic)이므로 엄밀한 의미에서 iid는 아니지만, 그 성질은 어떤 측면에서 랜덤수열과 아주 유사하다. $X_j$ 는 $M$보다 작은 정수이며, 유한개의 $X_i$ $(i=j-1, j-2, \ldots, j-k)$에만 종속되어 있기 때문에, 이러한 형태의 수열은 주기적(periodic)이다. 좋은 난수생성기는 긴 주기를 가진다.

### 선형합동법

선형합동법(linear congruential method)은 현재 가장 널리 사용되고 있는 유사난수 생성 방법 중 하나이다. 이는 간단한 연산에 의한 난수발생에 주안점을 둔 것으로, 다른 여러 가지 알고리즘과 비교하면 난수로서의 임의성은 다소 뒤지지만 대개의 경우 큰 무리 없이 사용될 수 있다. 초깃값 $X_0$ 가 주어지면 유사난수를 발생하는 함수를 호출할 때마다 다음과 같은 반복식에 의해 새로운 유사난수를 발생한다.

$$X_j=aX_{j-1}+c \ [\mathrm{mod\ M}],\ j=1,2,\ldots \tag{3.1}$$

여기서 $a$, $c$, $M$은 임의의 양의 정수이다. 구체적으로 $a$는 승수(multiplier), $c$는 증분(increment) 또는 이동(shift), $M$은 임의의 양의 정수이고, mod는 modulus로서 $M$으로 나눈 후의 나머지를 의미한다. 이로부터 $U_j=X_j/M$를 구한다.

예제 3.1 (선형합동법)

$a=c=7$, $M=10$ 일 때 초깃값이 $X_0=7$로 주어지면,

$X_0=7$,

$X_1=7\times7+7\ [\mathrm{mod}\ 10]=6$,

$X_2=7\times6+7\ [\mathrm{mod}\ 10]=9$,

$X_3=7\times9+7\ [\mathrm{mod}\ 10]=0$,

$X_4=7\times0+7\ [\mathrm{mod}\ 10]=7$

과 같이 0과 9(=$M-1$)사이의 값을 갖는 일련의 정수를 구할 수 있다. 이 후의 값들은 6, 9, 0, 7이 반복되어, 위와 같은 초깃값 설정에 따른 유사난수의 생성기는 4의 주기를 갖는다.

식 (3.1)을 이용한 난수생성기가 좋은 난수생성기가 되기 위해서는 $X_0$, $a$, $c$, $M$의 선택이 매우 중요하다. 이들 각각의 선택에 관해 살펴보자.

유사난수와 실제난수와의 중요한 차이 중 하나는 일련의 유사난수는 항상 주기가 있어서 일정 주기가 지나면 같은 값을 반복하게 된다는 것이다. 그러나 난수를 이용한 문제를 다룰 때에는 대부분 무수히 많은 수의 난수를 사용하므로, 난수의 임의성을 위해 가능한 긴 반복 주기를 가져야 한다.

선형합동법에 주어진 반복식은 최대 $M$ 주기를 가진다. 따라서 가능한 $M$의 값이 크도록 설정하는 것이 바람직한데 연산속도를 고려하여 컴퓨터의 특성에 맞추는 것이 좋다. 컴퓨터 연산에서 정수들의 연산을 가장 빠른 속도로 수행하므로 식 (3.1)의 변수를 정수형으로 지정하는 것이 바람직하다. 따라서 $M$은 컴퓨터에서 취급할 수 있는 최대의 정수값에 의해 결정되도록 한다. 예를 들면, 이진(binary) 컴퓨터에서 정수를 취급하는 단위가 최대 4바이트(BYTE)라고 하면 부호 비트(bit)를 제외한 31비트가 유효숫자를 표현하게 되므로, 표현할 수 있는 정수는 $[-2^{31}, 2^{31}-1]$ 사이에 있다. 그러므로 표현가능한 정수의 수는 총 $2^{32}$이 되어 $M=2^{32}$로 설정하는 것이 바람직하다. 또한 이렇게 $M$의 값을 크게 잡으면 비록 $X_j$가 0과 $M-1$ 사이에서 발생되는 이산형 값들이지만 $U_j=X_j/M$로 정해지는 $U_j$는 $[0, 1]$ 사이의 연속형 값으로 보아도 크게 무리가 없다고 할 수 있다.

이론적으로 선형합동법에 의해 생성된 난수들의 완전주기(full period)는 $M$이지만, 예제에서 보았듯이 모든 선형합동법에 의한 난수생성기가 완전주기를 갖는 것은 아니다. 선형합동법에 의한 난수생성기가 완전주기 $M$을 가지기 위한 필요충분조건은 아래와 같다.

(a) $M$과 $c$는 서로 소수(relatively prime)이다.(즉, 최대공약수가 1이다.)
(b) 만약 $P$가 $M$의 소인수(prime factor)이면 $a-1$은 $P$로 나누어진다.
(c) $M$이 4로 나누어지면 $a-1$도 4로 나누어진다.

이 조건은 완전주기를 갖기 위한 조건일 뿐 난수의 임의성을 보장하는 것은 아니다. 예를 들어 $a$와 $c$가 위의 조건을 만족하는 작은 값이라고 가정하자. 이때 생성되는 일련의 값들은 증가하는 추세를 갖다가 $M$에 가까워지면 다음 생성값들이 다시 작은 값부터 증가하는 현상을 반복하게 된다. 이와는 반대로 $a$를 너무 크게 설정하면($M$의 값과 비슷한 크기의 값인 경우) 앞에서와는 달리 감소되는 추세가 반복되는 현상이 나타나게 된다. 따라서 임의성을 확보하기 위해서 $a$는 완전주기를 위한 조건을 만족하는 값들 중 비교적 큰 값으로 설정하는 것이 바람직하다.

$a$와 $c$의 바람직한 값을 선택하기 위한 절대적인 조건은 없다. $a = 1664525$ 가 제안되기도 했고, 혹은 이 값과 더불어 $(\sqrt{5}-2)M$에 가까운 소수(prime number)인 $c = 1013904223$ 이 제안되기도 했다. 흔히 초깃값 $X_0$는 0이 아닌 임의의 정수로 선택한다.

좋은 난수생성기를 위한 $X_0$, $a$, $c$, $M$에 관한 여러 제안에 근거한 R 프로그램은 다음과 같다.

```
> # random number generator based on the linear congruential method
> random_uni1 <- function()
+     {
+     seed <- (1013904223+1664525*seed)%%4294967296
+     return(seed/4294967296)                    # 4294967296=2^32
+     }
> seed <- 7
> random_uni1()
[1] 0.2387808
```

### 승산합동법

선형합동법에서 $c = 0$ 이면 하나의 연산이 생략되어 시간을 절약할 수 있으므로 최근에 사용되는 많은 난수생성기가 이러한 설정값을 사용하고 있다. 이 경우 유사난수를 발생하기 위한 반복식은 아래와 같다.

$$X_j = aX_{j-1}[\mathrm{mod\ M}]\ ,\ j = 1, 2, \ldots \tag{3.2}$$

이를 승산합동법(multiplicative congruential method)이라고 한다.

승산합동법은 선형합동법과 비교하여 연산의 효율성을 증대시키는 측면이 있지만 앞에서 소개한 완전주기를 갖기 위한 필요충분조건 중 첫 번째 조건에 부합되지 않으므로 완전주기를 갖지는 못한다. 그러나 $M$이 소수인 경우 $a$의 값에 따라 최대주기가 $M-1$이 될 수 있다. 승산합동법에서 일반적으로 많이 사용되고 있는 $M$과 $a$의 값은 $M=2^{31}-1$과 $a=7^5=16807$로, 이 경우 난수생성기의 주기는 $M-1=2^{31}-2\approx 2.1\times 10^9$이다.

승산합동법에서 $a$와 $M$에 관한 적절한 선택에 근거한 난수생성기의 R 프로그램은 다음과 같다.

```
>#randomnumbergeneratorbasedonthemultiplicativecong               ruential
+method
> random_uni2 <- function(){
+     seed <- (16807*seed)%%2147483647              # 16807=7^5
+     return(seed/2147483647)                       # 2147483647=2^31-1
+     }
> seed <- 7777
> random_uni2()
[1] 0.06086567
```

합동법에 의한 난수 생성은 간단한 연산에 의해 매우 빠른 속도로 난수를 생성할 수 있다는 장점을 갖는 반면, 반복주기가 상대적으로 작고, 또 난수 사이에 상관관계가 존재하여 임의성에 문제가 될 수 있다. 그러나 상관계수의 값이 그리 크지 않으므로 대개의 경우 합동법에 의해 생성된 난수의 임의성은 크게 문제가 되지는 않는다. 하지만 난수의 임의성이 대단히 중요하다고 판단되면 합동법에 의한 난수의 생성을 고려하지 않는 것이 좋다.

### R의 균일난수 생성

R에서는 모두 6종류의 난수생성기(random number generator; RNG)를 내장하고 있는데, 이는 합동법과 비교하여 임의성은 개선되었지만 연산속도에 있어서 합동법과는 차이가 있다고 할 수 있다. 또한 R에서는 필요하다면 사용자가 난수생성기를 직접 작성하여 사용할 수 있다.

R에 내장된 6종류의 난수생성기는 RNGkind() 함수를 이용하여 사용자가 필요한 난수생성기를 선택할 수 있도록 되어 있다. RNGkind() 함수를 사용하여 난수생성기

를 선택하는 형식은 아래와 같다.

RNGkind(kind="난수생성기 이름“, normal.kind="정규난수생성기 이름”)

디폴트 난수발생기는 Marsaglia-Multicarry이고, 사용자는 다음과 같은 난수생성기를 선택할 수 있다.

1) Wichmann-Hill: 위치만(Wichmann)과 힐(Hill)에 의해서 제안된 것으로 $6.9536 \times 10^{12}$ 의 주기를 가진다.
2) Marsaglia-Multicarry: 마사글리아(Marsaglia)에 의해 제안된 것으로 $2^{16}$ 이상의 주기를 가진다.
3) Super-Duper: 마사글리아에 의해 제안된 것으로 $4.6 \times 10^{18}$ 의 주기를 가진다.
4) Mersenne-Twister: GFSR(Generalized Feedback Shift Register) 알고리즘을 이용한 것으로 마추모토(Matsumoto)와 니시무라(Nishimura)에 의해 제안되었으며, 주기는 $2^{19937}-1$ 이다.
5) Knuth-TAOCP: GFSR을 이용한 것으로 커누쓰(Knuth)에 의해 제안되었으며, 약 $2^{129}$ 의 주기를 가진다,
6) Knuth-TAOCP-2002: Knuth-TAOCP를 수정한 것이다.

참고로 난수생성기 선택에 관한 온라인 도움말을 위해 R 콘솔에서 help(RNGkind)를 입력하기 바란다. R에서 RNGkind() 함수를 실행한 몇 가지 예시가 아래에 주어져 있다.

```
> RNGkind()
[1] "Marsaglia-Multicarry" "Inversion “
> RNGkind("Super")
> RNGkind()
[1] "Super-Duper" "Inversion"
```

각 난수생성기에서 필요한 씨앗값(seed)의 개수는 다르지만 선택된 난수생성기에서 필요로 하는 만큼의 씨앗값이 정수형 벡터인 .Random.seed에 저장된다. 난수를 생성하면 .Random.seed에 저장된 씨앗값이 변하게 되므로 만약 일련의 같은 난수가 필

요한 경우 먼저 .Random.seed를 저장해 두었다가 필요한 경우 다시 .Random.seed로 복사하면 된다. 아래에 주어진 R 출력결과를 살펴보라. 여기서 **runif(5)**는 균일분포를 따르는 5개의 난수를 생성하는 난수생성기이다.

```
> .Random.seed
[1] 1 455908354 1019046173
> save.seed <- .Random.seed
> runif(5)
[1] 0.21871971 0.18431633 0.91354023 0.33694490 0.01951010
> runif(5)
[1] 0.1126645 0.7773562 0.6846406 0.5747932 0.5509529
> .Random.seed <- save.seed
> runif(5)
[1] 0.21871971 0.18431633 0.91354023 0.33694490 0.01951010
```

사용자가 난수생성기의 특성을 잘 파악하고 있다면, R을 이용하여 난수에 근거한 몬테칼로 모의실험을 효율적으로 잘 수행할 수 있다.

## 3.2 난수의 경험적 검정

난수생성기를 사용하여 균일난수를 생성할 때 사용된 난수생성기가 난수를 제대로 생성하는지를 확인하는 절차가 필요하며, 이를 난수의 경험적 검정(empirical test)이라 한다. 여러 가지 통계적 가설검정 절차를 사용하여 생성된 난수가 균일성(uniformity)과 독립성(independence)을 만족하는지에 대한 경험적 검정을 수행한다.

### $\chi^2$ 적합도 검정

$U_i\,(i=1,2,\ldots)$가 $[0,1]$에서 균일분포를 따른다는 가설을 검정하고자 한다. 여기서 $\{U_i\}$는 서로 독립이라고 가정한다. 주어진 난수생성기로부터 $n$개의 연속적인 난수 $U_1, U_2, \ldots, U_n$을 생성하였다고 하자. $[0,1]$ 구간을 길이 $1/k$의 $k$개 부분구간으로 나눈 후, 생성된 $n$개 난수들 중에서 $j$번째 구간에 속하는 난수의 수를 $X_j$라 하자.

이 경우 가설은 아래와 같다.

$H_0$: 난수가 $U[0, 1]$ 분포를 따른다.

$H_1$: $H_0$ 가 아니다.

이는 적합도 검정(goodness-of-fit test) 문제이며 검정통계량은 다음과 같다.

$$X^2 = \sum_{j=1}^{k} \frac{(X_j - n/k)^2}{n/k} = \frac{k}{n}\sum_{j=1}^{k} X_j^2 - n.$$

귀무가설 하에서 $n$ 이 충분히 큰 경우 $X^2$ 은 자유도가 $k-1$ 인 카이제곱 분포를 따른다. $X^2$ 의 값이 클수록 난수의 균일성에서 벗어남을 의미한다.

이 카이제곱 적합도 검정의 단점은 전 단계에서 먼저 난수의 독립성 검정 수행이 필요하다는 것이다. 그리고 난수를 충분히 길게 생성하여 적합도 검정을 수행하게 되면 적합이 너무 좋게 될 가능성이 크다.

전체 $N = n \times m$ 개의 난수를 생성하여, 크기 $n$ 의 $m$ 개 난수 세트에 대해 각각 $X^2$ 을 계산한 후 $X^2$ 의 분포를 살펴보는 것도 한 방법이다. 즉, $X_1^2, \ldots, X_m^2$ 이 $\chi^2_{k-1}$ 분포로부터의 표본인지를 확인하는 것이다.

지금까지 주변분포에 대한 $\chi^2$ 적합도 검정을 살펴보았으나, 결합분포에 대한 $\chi^2$ 적합도 검정을 고려해 볼 수 있다. 단위면적($[0,1] \times [0,1]$)을 $k$ 개의 동일한 면적의 구역으로 나눈 후 각 구역에 속하는 난수의 짝을 헤아려 보자. 다시 말해, $(U_1, U_2), (U_3, U_4), \ldots, (U_{2n-1}, U_{2n})$ 의 각 구역에 대한 빈도수를 구하고 위와 같이 $X^2$ 을 계산함으로써 적합도 검정을 수행할 수 있다.

### 콜모고로프-스미르노프 검정

생성된 난수가 $U[0, 1]$ 분포를 따른다는 귀무가설을 검정하기 위한 다른 통계적 가설 검정 방법으로 콜모고로프-스미르노프 검정(Kolmogorov-Smirnov test)을 고려한다. 이 검정은 균일 cdf와 생성된 난수의 경험적 cdf와의 불일치 정도를 측정한다.

주어진 난수생성기로부터 $n$ 개의 연속적인 균일난수 $U_1, U_2, \ldots, U_n$ 을 생성하였다고 하면, 경험적 cdf는 다음과 같이 표현된다.

$$F_n(u) = \frac{1}{n}\sum_{i=1}^{n} I(U_i \le u) \,.$$

여기서 $I(U_i \le u)$는 지시함수로, $U_i \le u$이면 1, 그렇지 않으면 0이다. 한편, 균일 cdf는 $F(u) = u$이다. 콜모고로프-스미르노프 검정은 다음과 같은 검정통계량을 사용한다.

$$D_n = max_u \,|F_n(u) - F(u)| \,.$$

만약 검정통계량 $D_n$의 값이 크다면 이는 균일 cdf와 생성된 난수의 경험적 cdf와의 불일치 정도가 크다는 것을 의미하므로 귀무가설을 기각하게 된다. 콜모고로프-스미르노프 검정은 R 함수 ks.test()로 실행할 수 있다.

### 런 검정

생성된 난수들이 독립이라는 가설을 검정하기 위한 런 검정(run test)은 난수값들의 증감 형태에 근거한 비모수적 검정이다. 런(run) 이란 같은 성질을 가진 연속된 수들의 집합을 뜻하며, 런의 길이는 하나의 런에 포함된 수들의 개수를 말한다. 난수 값이 직전 값보다 증가하면 +로, 감소하면 −로 표시하였을 때 연속된 +들의 집합 또는 연속된 −들의 집합이 런이 된다.

예를 들어, 아래에 주어진 난수 수열에 대한 런을 구해보자.

| 0.33 | 0.65 | 0.15 | 0.47 | 0.73 | 0.91 | 0.26 | 0.18 |
|---|---|---|---|---|---|---|---|
| | + | − | + | + | + | − | − |
| | ---- | ---- | ------------- | | | -------- | |

이 경우 런의 개수는 4가 되며 각 런의 길이는 앞에서부터 1, 1, 3, 2이다. 이렇게 정의된 런에 의한 검정을 Up-and-Down 검정이라 한다.

런 검정에서 가설은 아래와 같다.

$H_0$: 생성된 난수들이 독립이다.

$H_1$: $H_0$ 가 아니다.

귀무가설 하에서 $N$개의 난수에 대한 런의 개수를 $R$이라고 하면 $E(R) = (2N-1)/3$, $Var(R) = (16N-29)/90$이다. 따라서 런 검정의 검정통계량은 다음과 같다.

$$Z = \frac{R-(2N-1)/3}{\sqrt{(16N-29)/90}} .$$

귀무가설 하에서 $N$이 충분히 큰 경우 ($N \geq 20$), $Z$는 근사적으로 표준정규분포를 따른다. $R$의 값이 너무 크거나 작다면 이는 난수의 독립성에서 벗어남을 의미한다. 런 검정은 R 함수 runs.test()로 실행할 수 있다.

### 기타 방법

적합도 검정은 표본추출이 이루어진 모집단의 이론적 분포와 생성된 표본의 수치적 비교를 포함한다. 적합도 검정뿐만 아니라 비교를 통해 난수가 제대로 생성되었는지를 경험적으로 확인하는 여러 가지 다른 방법이 있다. 히스토그램, 분포곡선 또는 Q-Q 그림을 그려보거나, 표본적률, 표본백분율 또는 경험적 분포와 같은 요약통계량들을 계산하여 이들과 대응되는 이론적 값들과 비교한다. 이런 방법들은 난수를 생성하는 알고리즘의 수행을 경험적으로 검증하기 위한 비공식적 접근 방법이다.

독립성 검정에는 런 검정 외에도 포커(poker) 검정, 자기상관(autocorrelation) 검정, 간격(gap) 검정 등 다수의 다른 검정 방법이 있다.

## 3.3 확률 모의실험

다음과 같은 확률 문제를 고려하자.

- Q1. 동전을 10번 던진다고 하자. 연속적으로 3번 이상 앞면 혹은 뒷면이 나타날 확률은 얼마나 될까?
- Q2. 어느 부부가 딸을 가질 때까지 자녀를 낳고자 하는데 자녀를 4명까지만 갖고 싶다고 한다. 이 부부가 자녀 중 딸을 가질 확률은 얼마인가?
- Q3. 어느 항공사는 과거의 경험에 의해 항공권을 구입한 고객 중 몇 퍼센트는 항공기에 탑승하지 않는 것을 알고 있다. 만일 항공사가 어느 비행기에 대해 "예약을 너무 많이 받았다면" (즉, 좌석수보다 항공권을 더 많이 팔았다면), 항공사가 좌석에 앉을 수 있는 승객보다 더 많은 승객이 항공권을 지참하고 탑승을 하고자 하는 경우에 직면할 확률은 얼마인가?

이와 같은 확률에 관련된 질문에 대답하기 위해 사용할 수 있는 방법은 아래와 같은 3가지가 있다.

1. 실험을 실제로 많이 반복하여 수행한 후 결과의 상대도수를 계산함으로써 확률을 추정한다. 이 방법은 시간이 걸리고, 때로는 비용이 많이 발생하며, 흔히 비현실적이거나 논리적인 어려움이 있을 수 있다.
2. 확률이론에 근거하여 수학적으로 답을 계산한다. 이 방법은 확률법칙에 대한 상당한 이해를 필요로 하며 복잡한 상황이 주어지면 답을 구하기가 쉽지 않다.
3. 고려중인 실험을 정확히 반영하는 믿을만한 모형을 설정한 후 실험의 많은 반복을 모방하는 절차를 개발한다. 이 방법은 실험을 실제로 반복하는 것보다 빠르며, 공식에 근거한 수학적 분석을 수행하기에 어려운 문제를 쉽게 해결할 수 있다.

예제 3.2 (부부의 출산계획)

부부가 딸을 가질 때까지 자녀를 낳고자 하되 자녀를 4명까지만 갖고 싶은 경우 딸을 낳을 가능성을 추정하는 문제를 고려하자. 동전 던지기를 출생으로 간주하고, 앞면은 딸을 나타내고 뒷면은 아들을 나타낸다고 하자. 그러면 아들과 딸이 출생할 가능성이 동일하므로, 동전 던지기는 출생에 대한 정확한 모방이다. 동전을 4번까지 던지되 앞면이 나타날 때까지 던진다고 하자. 첫 4번의 동전 던지기에서 앞면이 나타나는 것은 부부가 첫 4명의 자녀 중 딸을 낳는 것에 대응된다.

많은 가정에서의 출생을 고려하기 위해, 4번의 동전 던지기 절차를 많이 반복한다면 첫 4번의 동전 던지기에서 앞면이 나타나는 비율이 부부가 딸을 가질 가능성의 좋은 추정값이 될 수 있다.

주사위 던지기 또한 아들・딸의 출생을 모방하는 실험에 사용될 수 있다. 이 경우 짝수가 나타나면 딸로 간주하고 홀수가 나타나면 아들로 간주하면 된다.

**모의실험**(Simulation) : 고려중인 실험을 정확히 반영하는 모형에 근거한 확률행동(chance behavior)을 모방하는 것을 모의실험이라 한다.

**모의실험의 기초**(Simulation Basic) : 일단 우리가 믿을만한 모형을 가지게 되면 모의실험은 결과가 일어날 가능성을 찾을 수 있는 효과적인 도구이다. 특히 난수를 사용하여 많은 반복의 모의실험을 빠르게 수행할 수 있다. 많은 반복으로부터 결과가 일어나는 비율은 궁극적으로 그 결과가 일어나는 가능성의 참값에 가까워질 것이다. 따라서 모의실험은 확률의 좋은 추정값을 제공한다.

예제 3.3 (모의실험의 단계)
동전을 10번 던진다. 적어도 3번 연속으로 앞면 혹은 3번 연속으로 뒷면이 나올 가능성은 얼마인가?

1단계: **가정을 서술한다.**
가정을 설정한다.

- 각 동전던지기에서 앞면 또는 뒷면이 나타날 가능성이 동일하다.
- 각 동전던지기는 서로 독립이다. 즉, 먼저 던진 동전의 결과는 다음 동전던지기에 영향을 주지 않는다.

2단계: **생성된 균일난수에 결과를 할당한다.**
균일난수를 생성한 후, 동전던지기에 대한 결과를 다음과 같이 할당한다.

- 하나의 생성된 균일난수는 하나의 동전던지기를 모방한다.
- 생성된 균일난수가 만약 $0 < u \leqq 1/2$ 이면 앞면을 할당하고 $1/2 < u < 1$ 이면 뒷면을 할당한다.

연속으로 생성된 균일난수는 독립적인 동전던지기를 모방한다.

3단계: **단일반복을 정의하고, 필요하면 성공을 정의한다.**
균일난수 10개를 생성한 후 그 값에 따라 앞면 혹은 뒷면을 할당하면 하나의 단일반복이 된다. 여기서 10개의 균일난수 중 적어도 3번 연속으로 앞면 혹은 뒷면을 할당하면 실험은 성공이다.

4단계: **모의실험을 수행한다.**
만약 모의실험을 1,000번 반복하고 싶다면 균일난수 10개씩 한 그룹으로 1,000번 반복해서 균일난수를 생성하면 된다. 각 반복에서 우리의 관심인 성공사건(연속으로 3번 앞면 또는 뒷면이 나타남)이 발생했는지를 확인한다. 만약 1,000번 반복에서 적어도 3번 이상 앞면 혹은 뒷면이 나오는 사건이 826번 발생했다면, 이 사건의 확률 추정값은 다음과 같다.

$$\text{추정된 확률} = \frac{826}{1000} = 0.826.$$

R을 이용한 모의실험은 다음과 같다. 모의실험을 통해 추정된 확률은 0.823이다.

```
> k <- 0
```

```
> n <- 1000
> for(i in 1:n) {
+     u <- runif(10)
+     C <- as.numeric(u > 1/2)
+     for(j in 2:9) {
+         if(C[j-1]==C[j] & C[j]==C[j+1])
+         {k <- k+1
+         break}
+     }
+ }
> p <- k/n
> k
[1] 823
> p
[1] 0.823
```

이론적 확률값은 여사건을 이용하면 계산이 가능하다. 기껏해야 연속 2번 같은 면이 나올 경우의 수는 모두 178가지이다. (피보나치 수열을 이용하면 계산가능하다.) 따라서 적어도 3번 연속으로 같은 면이 나올 확률은 $1-178/2^{10}=0.8261719$ 이다. 이 값은 R을 이용한 모의실험의 결과값 0.823과 아주 가까운 값이다.

실제 실험에서 이론적 해답을 계산하는 것은 쉽지 않을 수 있다. 하지만 모의실험을 이용하면 실제값에 근사한 답을 쉽게 추정할 수 있다. 다음의 예제들을 통하여 여러 상황에서 R을 이용한 모의실험을 어떻게 수행하는지 알아보도록 하자.

『R 노트』 & 연산자는 요소별 AND 비교를 수행한다. && 연산자는 논리적 결과를 얻을 때까지 왼쪽에서 오른쪽으로 계산한다. 즉, 두 조건을 모두 만족하면 TRUE, 아니면 FALSE 이다. 예를 들면 다음과 같다.

```
> x <- 1:5
> 1 < x & x < 5
[1] FALSE  TRUE  TRUE  TRUE  FALSE
> 1 < x && x < 5
```

```
[1] FALSE
> any(1 < x & x < 5)
[1] TRUE
> any(1 < x && x < 5)
[1] FALSE
> any(1 < x) && any(x < 5)
[1] TRUE
> all(1 < x) && all(x < 5)
[1] FALSE
```

유사하게, |는 요소별 OR 비교를 수행하고, ||는 논리적 결과를 얻을 때까지 왼쪽에서 오른쪽으로 계산한다.

예제 3.4 (예제 3.1 계속)
부부가 딸을 가질 때까지 자녀를 낳고자 하되 자녀를 4명까지만 갖고 싶은 경우 딸을 낳을 가능성을 추정하는 문제를 다시 고려하자.

1단계: 가정을 설정한다.

- 각 출산에서 딸 또는 아들이 나타날 가능성은 동일하다.
- 각 출산은 서로 독립이다.

2단계: 자녀 출산에 대한 균일 난수 생성은 예제 3.2와 동일하다.

- 생성된 균일난수가 만약 $0 < u \leq 1/2$ 이면 0(아들)을 할당하고 $1/2 < u < 1$ 이면 1(딸)을 할당한다.

3단계: 균일난수 4개를 생성한 후 그 값에 따라 0(아들) 혹은 1(딸)을 할당한다. 각 반복에서 적어도 한 번 1(딸)이 나타났는지를 확인한다. 4개의 균일난수 중 1(딸)이 적어도 한 번 할당되면 실험은 성공이다.

4단계: 균일난수 4개씩 한 그룹으로 1,000번을 반복해서 균일난수를 생성하면 된다. 1,000번의 반복에서 1(딸)이 적어도 한 번 나타난 경우가 921번이므로 이 사건의 확률 추정값은 0.921이다.

```
> k <- 0
```

```
> n <- 1000
> for(i in 1:n) {
+     u <- runif(4)
+     B <- as.numeric(u > 1/2)
+     if(sum(B) > 0) k <- k+1
+     }
> p <- k/n
> k
[1] 921
> p
[1] 0.921
```

이 실험에서 실제 성공 확률은

$$P(\text{성공}) = 1 - P(4\text{명 모두 아들}) = 1 - (1/2)^4 = 0.9375$$

이고, 이 값은 추정된 확률 0.921과 근사하다.

예제 3.5 (자유투 시합)
자유투 성공률이 0.2인 농구선수가 5번의 자유투에서 적어도 2골 이상 성공할 확률을 계산하고자 한다. 1,000번의 모의실험을 통해 이 성공확률을 추정하라.

1단계: 가정을 설정한다.

- 각 자유투에서 성공확률은 0.2이다.
- 각 자유투는 서로 독립이다.

2단계: 생성된 균일난수가 만약 $0 < u < 0.2$이면 1(성공)를 할당하고 $0.2 \le u < 1$이면 0(실패)을 할당한다.

3단계: 연속적으로 생성된 5개의 균일난수는 5번의 독립적인 자유투를 모방한다. 균일난수 5개를 생성한 후 그 값에 따라 0(실패) 혹은 1(성공)을 할당하면 하나의 단일반복이 된다. 5개의 균일난수 중 2개 이상이 1을 할당하면 실험은 성공이다.

4단계: 균일난수 5개씩 한 그룹으로 1,000번을 반복해서 균일난수를 생성하면 된다. 1,000번의 반복에서 1(성공)이 적어도 2번 이상 나타난 경우가 260번이므로 이 사건의 확률 추정값은 0.260 이다.

```
> k <- 0
> n <- 1000
> for(i in 1:n) {
+    u <- runif(5)
+    B <- as.numeric(u < 0.2)
+    if(sum(B) > 1) k <- k+1
+    }
> p <- k/n
> k
[1] 260
> p
[1] 0.26
```

이 실험에서 이론적으로 계산한 성공확률은 아래와 같다.

$$P(\text{적어도 2번 성공}) = 1 - P(0 \text{ 또는 } 1\text{번 성공}) = 1 - (0.8)^5 - 5(0.8)^4(0.2) = 0.263.$$

예제 3.6 (더블 엑셀 점프)

피겨 스케이트 금연아 선수는 10 번의 점프 중 7 번의 더블 엑셀 점프를 성공할 수 있다고 한다. 그녀는 연속 4 회 더블 엑셀 점프를 성공할 때까지 연습하기로 결심했다. 1,000 번의 모의실험을 통하여 그녀가 평균 몇 번을 연습해야 하는지 알아보아라.

1단계: 가정을 서술한다.

- 각 점프의 성공확률은 0.7 이다.
- 각 점프는 서로 독립이다.

2단계: 생성된 균일난수가 만약 $0 < u < 0.7$ 이면 1(성공)을 할당하고 $0.7 \le u < 1$ 이면 0(실패)을 할당한다.

3단계: 연속으로 생성된 균일난수는 독립적인 점프를 모방한다. 균일난수를 생성한 후 그 값에 따라 0(실패) 혹은 1(성공)을 할당하고 1 이 연속하여 4 번 할당되면 하나의 단일반복이 된다. 균일난수가 1(성공)이 연속 4 번 할당할 때까지 실험은 계속된다.

4단계: 이러한 실험을 한 그룹으로 1,000번을 반복해서 균일난수를 생성하면 된다. 1,000번의 반복에서 1(성공)이 4번 나타날 때까지 평균 연습 횟수는 7.042이다.

```
> k <- 0
> n <- 1000
> m <- numeric(1000)
> for(j in 1:n) {
+     u <- runif(100)
+     C <- as.numeric(u < 0.7)
+     for(i in 1:(100-3)) {
+         if((C[i]*C[i+1]*C[i+2]*C[i+3])==1)
+           { k <- k+1
+             break }
+         }
+     m[j] <- i+3
+ }
> mean(m)
[1] 10.772
```

이 실험에서 4번 성공할 때까지의 연습횟수를 $X$라 두면, 이론적 평균연습 횟수는 $E(X)=\sum_{i=1}^{4}(\frac{1}{p})^{i}=10.54977$이다. 이 값은 모의실험을 통해 추정된 평균값 10.772와 매우 비슷하다.

예제 3.7 (조깅 여론조사)

한 여론조사가 1,500명의 성인들에게 "조깅을 합니까?"라는 질문을 하였다. 전체 인구 중 조깅하는 사람의 비율이 $p=0.15$라고 가정하자. $p$를 추정하기 위하여 우리는 "예"라고 대답한 사람의 표본비율 $\hat{p}$을 이용하고자 한다. 통계량 $\hat{p}$은 근사적으로 평균 $\mu=0.15$이고 표준편차 $\sigma=0.0092$인 정규분포를 따르는 확률변수이다.

$P(\hat{p} \geq 0.16)$ 을 모의실험을 통하여 추정하라.

1 단계: 가정을 설정한다.

- 각 선택에서 $p = 0.15$ 이다.
- 각 선택은 서로 독립이다.

2 단계:

2-1단계) "예"라고 대답한 사람의 표본비율 $\hat{p}$ 에 대응하는 균일난수를 생성한다.

- 생성된 균일난수가 만약 $0 < u < 0.15$ 이면 1을 할당하고 $0.15 \leq u < 1$ 이면 0을 할당한다.
- 생성된 1개의 균일난수는 한 번의 독립적인 선택을 모방한다. 균일난수 1개를 생성한 후 그 값에 따라 0 혹은 1을 할당하면 하나의 단일반복이 된다.
- 균일난수 1개씩 1,500번을 반복해서 균일난수를 생성하여 한 그룹으로 설정한다. 총 할당된 1의 개수를 반복수 1,500으로 나누면 $\hat{p}$ 이 된다.

2-2단계) 생성된 균일난수가 만약 $0 < u < 0.16$ 이면 $0(\hat{p} < 0.16)$을 할당하고 $0.16 \leq u < 1$ 이면 $1(\hat{p} \geq 0.16)$을 할당한다.

3 단계: 생성된 1개의 균일난수는 한 번의 독립적인 선택을 모방한다. 균일난수 1개를 생성한 후 그 값에 따라 $0(\hat{p} < 0.16)$ 혹은 $1(\hat{p} \geq 0.16)$을 할당하면 하나의 단일반복이 된다.

4 단계: 균일난수 1개씩 한 그룹으로 5,000번을 반복해서 균일난수를 생성한다. 5,000번의 반복에서 $1(\hat{p} \geq 0.16)$이 나타난 경우가 692번이므로 $P(\hat{p} \geq 0.16)$ 의 추정값은 0.1384이다.

```
> m <- 5000
> k <- 0
> for(i in 1:m) {
+   n <- 1500
+   u <- runif(n)
+   sum.p <- sum(as.numeric(u < 0.15))
+   h.p <- sum.p/n
```

```
+    if(h.p > 0.16) k <- k+1
+    }
> p <- k/m
> k
[1] 692
> p
[1] 0.1384
```

R을 이용한 모의실험 결과 추정된 값은 0.1384이다. 이것은 이론적으로 계산한 값 $1-\Phi((0.16-0.15)/0.0092)=0.1835$와 근사하다.

예제 3.8 (장난감 실험)
어린이의 행동에 대한 실험에서 각 대상자들은 5개의 장난감을 가지고 있다. 이 연구는 아이들이 가지고 노는 장난감의 수에 관심이 있다. 많은 대상자들이 참여한 지난 실험에서 아이들이 가지고 노는 장난감의 수 $X$의 분포는 다음과 같았다.

| 장난감의 수 $x_i$ | 0 | 1 | 2 | 3 | 4 | 5 |
|---|---|---|---|---|---|---|
| 확률 $p_i$ | 0.03 | 0.16 | 0.30 | 0.23 | 0.17 | 0.11 |

위의 확률분포에서 평균 $\mu_x$와 표준편차 $\sigma_x$을 계산하면 평균과 표준편차는 아래와 같다.

$$\mu_x = 0\times 0.03+\cdots+5\times 0.11 = 2.68;$$
$$\sigma_x = \sqrt{(0^2\times 0.03+\cdots+5^2\times 0.11)-2.68^2} = 1.3106.$$

이제 장난감의 수의 평균 $\mu_x$와 표준편차 $\sigma_x$를 모의실험을 통해 추정해 보자. 모의실험을 위한 절차는 다음과 같다.

1단계: 가정을 설정한다.

- 각 아이들이 0~5개의 장난감을 가지고 놀 확률은 각각 0.03, 0.16, 0.30, 0.23, 0.17, 0.11이다.
- 각 아이들이 가지고 노는 장난감의 개수는 서로 독립이다.

2단계: 생성된 균일난수가 만약 $0<u<0.03$이면 0(장난감 0개), ... ,$0.89\le u<1$

이면 5(장난감 5개)를 할당한다.

3단계: 생성된 1개의 균일난수는 1명의 아이가 가지고 있는 장난감의 수를 모방한다. 균일난수 1개를 생성한 후 그 값에 따라 0(장난감 0개), ... , 5(장난감 5개)를 할당하면 하나의 단일반복이 된다.

4단계: 균일난수 1개씩 한 그룹으로 1,000번을 반복해서 균일난수를 생성하면 된다. 1,000번의 반복에서 할당한 값들의 평균과 표준편차는 장난감의 평균과 표준편차의 추정값이 된다.

```
> n <- 1000
> x <- numeric(n)
> u <- runif(n)
> for(i in 1:n) {
+     if(u[i] < 0.03) x[i] <- 0
+     else if(0.03 < u[i] & u[i] < 0.19) x[i] <- 1
+     else if(0.19 < u[i] & u[i] < 0.49) x[i] <- 2
+     else if(0.49 < u[i] & u[i] < 0.72) x[i] <- 3
+     else if(0.72 < u[i] & u[i] < 0.89) x[i] <- 4
+     else x[i] <- 5
+     }
> mean(x)
[1] 2.703
> sd(x)
[1] 1.332128
```

R을 이용한 모의실험 결과 추정된 값은 각각 2.703, 1.332128로 추정되었다. 이것은 실제값 2.68, 1.3106과 아주 근사한 값이다.

예제 3.9 (평균 자녀수)
예제 3.1의 문제에서는 딸을 낳을 확률에 관심이 있었다. 이번 문제에서는 예제 3.1에서 주어진 조건 하에서 딸을 낳을 때까지 출산할 경우 출산한 평균 자녀수를 알아보자. 단, 최대 4명의 자녀를 출산한다. 출산한 평균 자녀수를 추정하기 위한 모의실험은 다음과 같이 설계될 수 있다.

1단계: 가정을 설정한다.

- 각 출산에서 딸 또는 아들을 낳을 가능성은 동일하다.
- 각 출산은 서로 독립이다.

2단계: 생성된 균일난수가 만약 $0 < u \le 1/2$ 이면 0(아들)을 할당하고 $1/2 < u < 1$ 이면 1(딸)을 할당한다.

3단계: 균일난수 4개를 생성한 후 그 값에 따라 0(아들) 혹은 1(딸)을 할당한다. 4개의 균일난수 1(딸)이 할당되면 할당될 때까지의 실험횟수를 저장한다. 만일 한번도 1이 할당되지 않았다면 4를 저장한다.

4단계: 균일난수 4개씩 한 그룹으로 1,000번을 반복해서 균일난수를 생성하면 된다. 1,000번의 반복에서 저장된 실험횟수의 평균을 구하면 출산한 평균 자녀수의 추정값이 된다.

```
> k <- 0
> n <- 1000
> m <- numeric(n)
> for(i in 1:n) {
+    for(j in 1:4) {
+         u <- runif(1)
+         if(u > 1/2) break
+         }
+    m[i] <- j
+    }
> mean(m)
[1] 1.872
```

자녀의 수를 확률변수 $X$로 둘 때, $X$의 확률분포는 아래와 같다.

| $X$ | 1 | 2 | 3 | 4 |
|---|---|---|---|---|
| 확률 | 1/2 | 1/4 | 1/8 | 1/8 |

이를 이용하여 $X$의 기댓값을 계산하면 $E(X) = 1.875$ 이다. 따라서 추정값 1.872는 실제값 1.875와 근사함을 알 수 있다.

지금까지의 예제에서는 모집단 비율이 고정되어 있었다. 예를 들어, 예제 3.3의 경우, 매 출산마다 딸을 낳을 확률은 언제나 0.5로 고정되어 있었다. 즉, 첫 번째 출산에서 딸을 낳을 확률과 네 번째 출산에서 딸을 낳을 확률은 변하지 않는다. 하지만 유한모집단의 경우 문제는 달라진다. 표본을 뽑을 때마다 모비율이 달라지기 때문에 단일반복 속에서 모비율은 계속해서 변해야 한다. 따라서 기존의 균일난수를 이용하여 모의실험을 실시할 경우 R 코드가 매우 복잡해질 수 있다. 이 경우 유한모집단으로부터의 표본추출 방법인 sample() 함수를 이용함으로써 이 문제를 해결할 수 있다.

### 유한모집단으로부터의 표본추출

sample() 함수를 사용하여 유한모집단으로부터 복원 또는 비복원으로 표본을 추출할 수 있다. 몇 가지 예를 살펴보면 아래와 같다.

```
> sample(0:1, size=10, replace=TRUE)
[1] 0 1 0 1 1 1 1 1 0 1
> sample(1:100, size=6, replace=TRUE)
[1] 96 48 85 21 51 35
> x <- sample(1:3, size=100, replace=TRUE, prob=c(.2,.3,.5))
> table(x)
x
 1  2  3
22 25 53
```

예제 3.10 (공 뽑기)
항아리에 빨간공 8개, 흰공 5개 그리고 노란공 7개가 들어있다. 만약 3개의 공을 뽑을 때, 2개의 빨간공과 1개의 흰공을 뽑을 확률을 구하고자 한다.

처음 빨간공, 흰공, 노란공을 뽑을 확률은 각각 8/20, 5/20, 7/20이다. 만일 첫 번째 시행에서 빨간공이 선택된다면 두 번째 시행에서 선택확률은 각각 7/19, 5/19, 7/19로 변한다. 하지만 sample() 함수를 이용하면 총 20개의 공에서 3개의 공을 한꺼번에 비복원으로 추출할 수 있다.

sample() 함수에서 생성된 난수가 1이면 빨간공, 2이면 흰공, 그리고 3이면 노란공을 할당하고, 3개의 난수를 생성하도록 인수를 정의하자. 생성된 3개의 난수는 3번의 연속으로 공 뽑기를 모방하며, 이는 하나의 단일반복이 된다. 3개의 난수 중 2개가 1(빨간공)을 그리고 1개가 2(흰공)를 할당하면 실험은 성공이다. 이러한 단일반복을 여러 번 반복하면 하나의 모의실험이 된다. 1,000번 반복하는 모의실험을 위한 R 코드는 아래와 같다.

```
> k <- 0
> n <- 1000
> for(i in 1:n) {
+     B <- sample(c(rep(1,8),rep(2,5),rep(3,7)), size=3, replace=F)
+     t <- tabulate(B)
+     if(t[1]==2 & t[2]==1) k <- k+1
+     }
> p <- k/n
> k
[1] 128
> p
[1] 0.128
```

1,000번의 반복에서 1(빨간공)이 두 번, 2(흰공)가 한 번 나타난 경우가 128번 이므로 이 사건의 확률추정값은 0.128이다. 이 값은 이론적으로 계산한 값 $\binom{8}{2}\binom{5}{1}/\binom{20}{3}=0.1228$과 아주 가까운 값이다.

『R 노트』 tabulate() 함수는 양의 정수를 저장하므로 로그 분포의 표본에 사용될 수 있다. 만약 데이터가 양의 정수가 아니라면, tabulate() 함수는 실수는 절단하여 정수 부분만 저장하고 1보다 작은 정수는 경고 없이 무시해 버린다.

## 3.4 뷔퐁의 바늘실험

뷔퐁의 바늘문제(Buffon's needle problem)는 그림 3.1과 같이 간격이 $d$ 인 평행선이 여러 개 그려진 책상 위에 길이 $l$ 인 바늘을 랜덤으로 던졌을 때 바늘이 책상 위에 그려진 선에 걸쳐질 확률을 알아보는 실험이다.

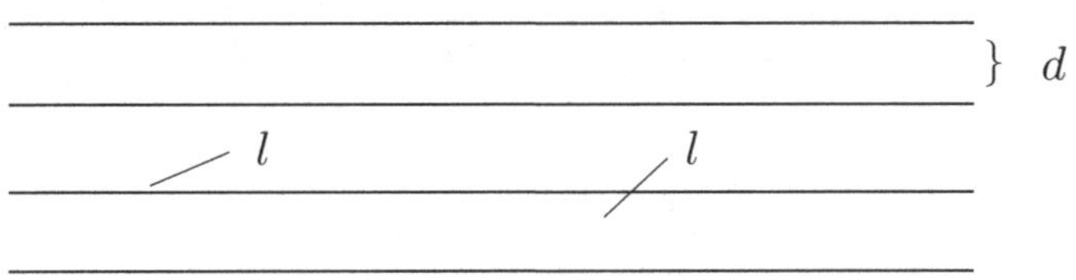


그림 3.1: 뷔퐁의 바늘

여기서 문제를 단순화하기 위해 $l \leq d$ 이라고 가정한다. 따라서 바늘이 두 선에 동시에 걸쳐질 수는 없게 된다.

이제 뷔퐁의 바늘문제를 기하학적으로 더욱 자세히 살펴보자.

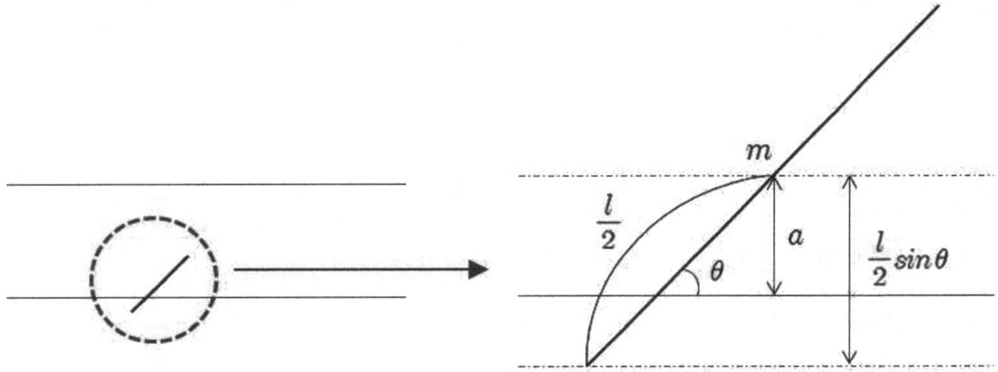


그림 3.2: 뷔퐁의 바늘실험에 대한 기하학적 표현

그림 3.2에서 $m$ 은 바늘의 중앙점이고, $a$는 두 평행선 중 $m$과 가까운 평행선에서 $m$ 까지의 직선거리라 두면 $a$는 $m$과 가까운 평행선과의 직선거리이므로 $0 \leq a \leq d/2$ 를 만족한다. $\theta$를 바늘과 평행선이 이루는 각도라 하면 바늘 끝에서 그어진 평행선과 $m$ 과의 직선거리는 $\frac{l}{2}sin\theta$가 된다. 따라서 $\frac{l}{2}sin\theta \geq a$ 이면 바늘

이 선에 걸쳐지게 된다. 즉, 바늘이 선에 걸쳐질 확률은 다음과 같다.

$$p = P[a \le \frac{l}{2} sin\theta].$$

여기서 $a \sim U(0, d/2)$ 이고, $\theta \sim U(0, \pi)$ 이다. 이론적인 확률값을 구하면 아래와 같고,

$$P[a \le \frac{l}{2} sin\theta] = \int_0^{\pi} \int_0^{(l/2)\sin\theta} \frac{2}{\pi d} da d\theta = \int_0^{\pi} \frac{l\sin\theta}{\pi d} d\theta$$

$$= \frac{-l\cos\theta}{\pi d}\Big|_0^{\pi} = \frac{2l}{\pi d}.$$

여기서 만약 $l = d$ 이면 $p = 2/\pi$가 된다.

이제 몬테칼로 모의실험으로 $\pi$ 값을 추정해 보자. 바늘을 던지는 실험을 $N$번 반복 실행한 후 바늘이 선 위에 놓인 횟수 $N_s$를 구한 다음, 전체 실험횟수 $N$으로 나누면 바늘이 선 위에 놓일 확률 $p$를 추정할 수 있다. 즉, $\hat{p} = N_s/N$이다. 따라서 $\pi$의 추정값은 다음과 같다.

$$\hat{\pi} = \frac{2l}{\hat{p}d}.$$

뷔퐁의 바늘문제에 대한 몬테칼로 모의실험을 수행하는 알고리즘은 다음과 같다.

1) $U[0, 1]$으로부터 균일난수 $U_1$과 $U_2$를 생성한다.

2) $a \leftarrow d/2 \times U_1$와 $\theta \leftarrow \pi \times U_2$를 계산한다.

3) $count = 0$으로 설정한 후, 만약 $a \le \frac{l}{2} sin\theta$을 만족하면

   $count = count + 1$으로 둔다.

4) 필요한 횟수만큼 1)-3)을 반복한다.($N = 5,000$)

5) $\hat{p} = \frac{count}{N}$와 $\hat{\pi} = \frac{2l}{\hat{p}d}$을 계산한다.

다음은 $l=15$ 이고, $d=20$ 일 때, 위의 알고리즘을 R 코드로 정리하여 $\hat{\pi}$를 계산한 것이다.

```
> Buffon <- function(n, l, d){
+ l <- l/2
+ d <- d/2
+ K <- 0
+ for(i in 1:n){
+  if(runif(1)*d < l*sin(runif(1)*pi)) K <- K+1
+  }
+ prob <- K/n
+ hatpi <- 2*l/(prob*d)
+ return(hatpi)
+ }
> Buffon(50000,15,20)
[1] 3.145709
```

다음으로 추정량 $\hat{\pi}$에 대한 표준오차(SE)를 이론적으로 구해보고, 이를 몬테칼로 모의실험을 이용한 결과와 비교해 보자. 먼저, 중심극한정리(CLT)에 의해 $N\to\infty$ 일 때, $\sqrt{N}(\hat{p}-p)$는 $N(0,p(1-p))$로 분포수렴한다. $g(p)=2l/pd$라고 두면, 델타 방법에 의해 $N\to\infty$ 일 때, $\sqrt{N}(g(\hat{p})-g(p))$는 $N[0,(g'(p))^2p(1-p)]$에 분포수렴한다. 이를 정리하면

$$\sqrt{N}\left(\frac{2l}{\hat{p}d}-\frac{2l}{pd}\right)\approx N\left(0,\ \frac{4l^2}{p^3d^2}(1-p)\right)$$

와 같다. 여기서 $l=15$ 이고, $d=20$ 이라 가정하자. 그러면, $\hat{\pi}=2l/\hat{p}d$ 의 표준오차는 $N=5{,}000$ 일 때, $se(\hat{\pi})\approx(2l/d)\sqrt{(1-p)/(Np^3)}=0.04647848$ 임을 알 수 있다. 이에 대한 몬테칼로 모의실험을 수행하는 R 코드는 다음과 같다.

```
> v.hatpi <- numeric(1000)
> for(i in 1:1000){
+ v.hatpi[i]<-Buffon(5000,15,20)
```

```
+ }
> sd(v.hatpi)
[1] 0.04613551
```

이 값은 이론적으로 계산한 값 $se(\hat{\pi}) \approx 0.04647848$ 에 근사한다.

참고로 뷔퐁의 바늘문제에 대한 모의실험을 위한 자바 애플릿(Java Applet)은 아래에 주어져 있다.

http://www.mste.uiuc.edu/reese/buffon/buffon.html

문제의 이해를 위해 위 웹 사이트를 방문하여 실행해보고 $\pi$ 값을 직접 추정해 보기 바란다.

# 연습문제

3.1 승산합동법을 이용하여 $U[0,2]$ 분포로 부터 난수 100개를 생성하라. 생성된 난수들이 과연 [0,2]에서의 균일분포를 따르는지를 확인하라.

3.2 M과 K는 유명한 성형외과 의사이다. 이들이 운영하는 성형외과 병원에서는 매일 5번의 수술을 실시한다. 수술 환자 중 30%는 수술의 복잡성 때문에 환자가 병원에 하룻밤 동안 머물러야 한다. 하루에 적어도 2명의 환자가 하루 밤 동안 병원에 머물 확률을 알아보고자 한다. 1,000번의 모의실험을 통하여 이 확률을 추정하라.

3.3 미용학교에서 22명의 학생들은 각 1번의 무료 이발을 실시할 수 있다. 과거에 무료 이발의 예약손님 중 10%는 나타나지 않았다. 미용학교에서 25명을 예약하였다면, 적어도 1명의 손님이 무료 이발을 받지 못할 확률을 1,000번의 모의실험을 통하여 추정하라.

3.4 총 6개의 전구가 한 줄에 걸려있다. 모든 전구 중 1개 이상이 고장 나면 줄의 전구는 모두 꺼진다. 각 전구의 고장확률이 0.2일 때 줄의 전구가 모두 꺼질 확률을 1,000번의 모의실험을 통하여 추정하라. 또한 이론적으로 정확한 답을 구하여 비교해 보아라.

3.5 어느 회사의 10명의 직원의 나이는 25, 33, 25, 28, 48, 55, 55, 55, 56, 64이다. 10명의 직원 중 3명을 임의로 선택하여 해고할 때 가장 어린 5명의 직원들이 아무도 포함되지 않을 확률을 1,000번의 모의실험을 통하여 구하라.

3.6 민수와 철수는 자유투 대결을 펼친다. 두 사람 모두 슛에 능숙하지 못하다. 민수의 자유투 성공률은 1/10이고 철수의 성공률은 1/5이다. 민수는 이 대회가 불공평하다고 생각했다. 공평성을 위해 철수는 민수가 먼저 공을 던지고 그 후 번갈아 가면서 1번씩 공을 던지기를 제안했다. 먼저 공을 넣는 사람이 승자가 된다. 1,000번의 모의실험을 통해 누가 승자일지를 추정하라.

3.7 새로 태어난 아기 중 48%는 딸로 예상되어진다. 또한 각 가정에서 출생자녀의 성별은 독립이다. 우리는 한 가정의 5명의 아이 중 적어도 4명이 딸일 확률을 구하고자한다. 균일난수를 이용하여 모의실험을 어떻게 계획해야하는지 서술하고, 1,000번의 모의실험을 실시하라.

3.8 패스트푸드 체인점에서 인기 만화영화 캐릭터 6개중 1개를 공짜로 어린이 메뉴에 넣어 주는 행사를 실시하고 있다. 10개의 어린이 메뉴를 구입했을 때 6개의 캐릭터 중 적어도 5개의 다른 캐릭터를 얻을 확률을 추정하기 위한 모의실험을 설계하고, 1,000번의 모의실험을 실시하라.

3.9 영국의 사회유동성 연구에서 저소득 가정의 자녀들의 사회적 계층을 조사하였다. 사회적 계층은 1(아주 낮음)부터 5(아주 높음)까지 점수가 부여되었다. 이 연구에서 임의로 뽑힌 저소득 가정의 자녀의 사회적 계층을 확률변수 $X$로 정의하였고, $X$에 대한 분포는 다음과 같았다.

| 자녀의 사회적 계층 | 1 | 2 | 3 | 4 | 5 |
|---|---|---|---|---|---|
| 확 률 | 0.48 | 0.38 | 0.08 | 0.05 | 0.01 |

(a) $P(X \leq 3)$ 은 얼마인가?

(b) (a)에 대한 수치적 답하기 위하여 어떻게 몬테칼로 모의실험을 실시하는지 간략히 서술하고, R 코드를 작성해 보라.

3.10 뷔퐁의 바늘문제 몬테칼로 모의실험에서 반복횟수를 각각 10, 50, 100, 1,000, 5,000으로 실시한 후 추정값과 이론적으로 계산한 확률과의 차이를 R을 이용하여 그래프로 나타내어라.

# 제4장
# 확률변수의 생성

확률변수의 생성은 통계계산을 이해하기 위해 반드시 알아두어야 할 기본 배경지식이다. 확률분포로부터 난수를 발생하는 일반적인 방법으로 역변환법, 채택-기각법, 변환법, 합성 및 혼합법을 소개한다. 구체적인 단변량 분포와 다변량 분포로부터의 난수 생성에 대해 이해하고자 한다.

## 4.1 기본개념

통계계산을 수행하기 위해 필요한 기본지식 중 하나는 구체적인 확률분포로부터 확률변수를 생성하는 것이다. 주어진 확률분포로부터 확률변수를 생성하는 여러 가지 방법들을 소개하고자 한다.

일반적으로 어떤 확률분포로부터 확률변수를 생성하는 방법들은 모두 균일난수생성기(generator)를 사용한다. R에서 항상 사용 가능한 균일난수생성기는 runif()이다. 예를 들면, 균일분포$(a, b)$를 따르는 $n$개의 난수 벡터를 생성하기 위해 runif(n, a, b)를 사용한다. 만약 $0$과 $1$사이의 난수들의 $n \times m$행렬을 생성하고자 한다면, matrix(runif(n*m), nrow=n, ncol=m) 또는 matrix(runif(n*m), n, m)을 사용한다.

이 장에서 연속 또는 이산확률분포로부터 확률변수를 생성하기 위한 여러 가지 함수들을 구체적으로 소개한다. 대부분의 확률분포에 대한 생성기는 R에서 직접 이용 가능하지만 (예를 들면, rbeta(), rgeom(), rchisq() 등), 보다 일반적인 여러 가지 방법들이 많은 다른 형태의 분포에 적용될 수 있다. 이러한 일반적인 방법들의 이해는 외부 라이브러리(library) 및 독립 프로그램의 작성 또는 비표준 확률분포를 사용하는 문제를 해결하기 위해 필요하다.

예제의 대부분은 표본추출이 이루어진 모집단의 이론적 분포와 생성된 표본의 비교를 포함한다. 일부 예제에서는 히스토그램, 분포곡선 또는 Q-Q 그림을 그려보고, 다른 예제에서는 표본적률, 표본백분율 또는 경험적 분포와 같은 요약 통계량을 계산하여 이들과 대응되는 이론적 값들과 비교한다. 이런 방법들은 확률변수를 생성하는 알고리즘의 수행을 검증하기 위한 비공식적 접근 방법이다.

### R의 표준 확률분포에 대한 난수생성기

다음 절에서는 특정한 확률분포로부터 확률변수를 생성하는 여러 방법들이 소개된다. 그러나 이러한 방법들을 논의하기 전에, R에서 사용 가능한 확률함수를 이해할 필요가 있다. R에서는 흔히 사용되는 표준 확률분포에 대해 확률질량함수, 확률밀도함수,

누적분포함수, 분위수함수 그리고 난수생성기를 바로 사용할 수 있다. 예를 들어, R에서 help(Binomial)을 입력하면 다음과 같은 네 가지 함수가 소개된다.

```
dbinom(x, size, prob, log=FALSE)
pbinom(q, size, prob, lower.tail=TRUE, log.p=FALSE)
qbinom(p, size, prob, lower.tail=TRUE, log.p=FALSE)
rbinom(n, size, prob)
```

다른 확률분포에 대해서도 동일한 양식이 그대로 적용된다. 각 경우 분포이름 앞에 생략된 단어 형태인 pdf나 pmf에 대한 d, cdf에 대한 p, 분위수에 대한 q, 난수생성기에 대한 r이 결합된다.

R에서 이용 가능한 확률분포들의 일부 목록과 모수가 표 4.1에 주어져 있다.

표 4.1: R에서 이용 가능한 표준 단변량 확률함수 목록

| 분포 | 누적분포함수 | 난수생성기 | 모수 |
|---|---|---|---|
| 베타 분포 | pbeta | rbeta | shape1, shape2 |
| 이항분포 | pbinom | rbinom | size, prob |
| 카이제곱 분포 | pchisq | rchisq | df |
| 지수분포 | pexp | rexp | rate |
| F분포 | pf | rf | df1, df2 |
| 감마 분포 | pgamma | rgamma | shape, rate or scale |
| 기하분포 | pgeom | rgeom | prob |
| 로그 정규분포 | plnorm | rlnorm | meanlog, sdlog |
| 음이항분포 | pnbinom | rnbinom | size, prob |
| 정규분포 | pnorm | rnorm | mean, sd |
| 포아송 분포 | ppois | rpois | lambda |
| 스튜던트-t분포 | pt | rt | df |
| 균일분포 | punif | runif | min, max |

## 4.2 역변환법

확률변수를 생성하기 위한 역변환법(inverse transformation method)은 아래에 주어진 확률적분변환(probability integral transformation)에 근거한다.

**확률적분변환**: 만약 $X$가 cdf $F_X(x)$를 가지는 연속확률변수라면, $U = F_X(X)$는 $U(0, 1)$을 따른다.

역변환법은 확률적분변환을 이용하여 확률변수를 생성하는 방법이다. 역변환은 다음과 같이 정의한다.

$$F_X^{-1}(u) = inf\{x : F_X(x) = u\}, \quad 0 < u < 1.$$

만약 $U \sim U(0, 1)$이면, 모든 $-\infty < x < \infty$에 대해 다음이 성립한다.

$$P(F_X^{-1}(U) \leq x) = P(U \leqq F_X(x)) = F_U(F_X(x)) = F_X(x).$$

결국 $F_X^{-1}(U)$는 $X$와 동일한 분포를 가지므로, 난수 $X$를 생성하기 위해서는 먼저 $U(0, 1)$을 따르는 변량 $u$를 생성한 후 역변환 값인 $F_X^{-1}(u)$를 계산하면 된다. 만약 $F_X^{-1}$를 계산하기 쉽다면 이 방법은 적용하기가 매우 간단하며, 연속 또는 이산확률변수 생성에 모두 적용될 수 있다. 이 방법을 요약하면 다음과 같다.

1. 역함수 $F_X^{-1}(u)$를 유도한다.
2. $F_X^{-1}(u)$를 계산하기 위한 명령어나 함수를 고려한다.
3. 각 난수에 대해 다음이 요구된다:
   (a) $U(0, 1)$으로부터 난수 $u$를 생성한다.
   (b) $x = F_x^{-1}(u)$를 계산한다.

연속분포의 역변환법

예제 4.1

확률밀도함수 $f_X(x) = 3x^2$, $0 < x < 1$을 가지는 분포로부터 난수를 생성하기 위해 역변환법을 고려하자. 여기서 $F_X(x) = x^3$ (단, $0 < x < 1$)이며, $F_X^{-1}(u) = u^{1/3}$ 이다.

균일분포를 따르는 $n$개의 난수를 생성하여 벡터 $u$를 형성하자. 그러면 $u^{1/3}$은 주어진 분포를 따르는 표본 $x_1, ..., x_n$으로 구성된 길이 $n$의 난수 벡터가 된다.

```
> n <- 1000
> u <- runif(n)
> x <- u^(1/3)
> # density histogram of sample
> hist(x, prob=TRUE, main=bquote(f(x)==3*x^2))
> y <- seq(0, 1, .01)
> lines(y, 3*y^2)     # density curve f(x)
```

그림 4.1은 경험적 분포와 이론적 분포가 대략적으로 일치함을 보여 주는 히스토그램과 확률밀도함수 그림이다.

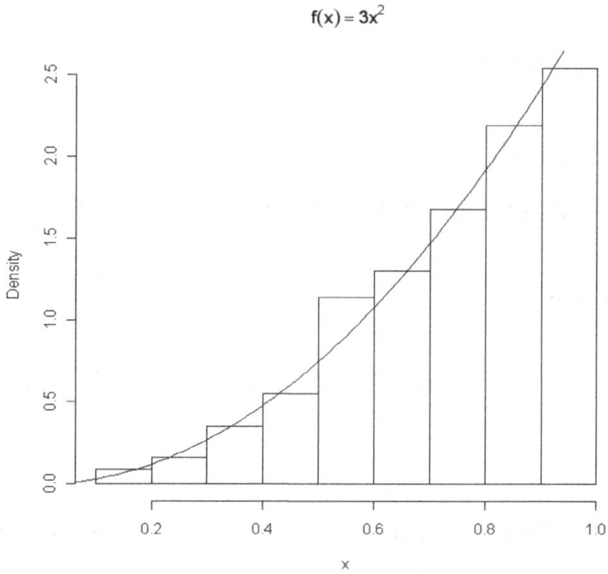


그림 4.1: 확률밀도함수 $f(x)=3x^2$ 그림과 역변환법에 의해 생성된 표본의 확률밀도 히스토그램

『R 노트』 그림 4.1에서 제목이 수식을 포함한다. 이런 형태의 제목은 main 옵션에서 expression() 함수를 사용하여 주제목(main title)을 구체적으로 지정함으로써 만들 수 있다.

```
> hist(x, prob = TRUE, main=expression(f(x)==3*x^2))
```

다른 방법으로, main=bquote(f(x)==3*x^2))을 사용하여 동일한 제목을 만들 수 있다. 수식 주석은 help(plotmath)에 설명되어 있다. 또한 help(text)와 help(axis)를 참고하기 바란다.

예제 4.2 (지수분포)

평균 $1/\lambda$을 가지는 지수분포로부터 확률변수를 생성하기 위해 역변환법을 적용하자. 만약 $X \sim \text{Exp}(\lambda)$이면, $x > 0$에 대해 $X$의 cdf는 $F_X(x) = 1 - e^{-\lambda x}$이다. 따라서 역변환은 $F_X^{-1}(u) = -\log(1-u)/\lambda$ 이다. 한편, $U$와 $1-U$는 동일한 분포를 가지므로 $x = -\log(u)/\lambda$를 사용하는 것이 더 간단하다. 모수 lambda를 가지는 크기 $n$의 지수난수를 생성하기 위해 아래의 R 코드를 사용한다.

```
> -log(runif(n))/lambda
```

R에서의 지수난수생성기 rexp()도 사용할 수 있다. 그러나 이 알고리즘은 C 프로그램과 같은 다른 계산 환경에서의 난수발생에 매우 유용하게 사용될 수 있다.

이산분포에서 역변환법

역변환법은 이산형 분포에도 적용할 수 있다. 만약 $X$가 이산확률변수이고

$$\cdots < x_{i-1} < x_i < x_{i+1} < \cdots$$

가 $F_X(x)$의 불연속점이라면, $F_X(x_{i-1}) < u \le F_X(x_i)$일 때 역변환은 $F_X^{-1}(u) = x_i$이다. 각 난수에 대해 다음이 요구된다.

1. $U(0,1)$로부터 난수 $u$를 생성한다.
2. $F(x_{i-1}) < u \le F_X(x_i)$를 만족하는 $x_i$를 구한다.

위의 단계 (2)에서 $F(x_{i-1}) < u \leq F(x_i)$의 해를 구하는 것이 어떤 분포에 대해서는 어려울 수도 있다.

예제 4.3 (베르누이 분포)

$Bernoulli(p=0.4)$ 표본을 생성하기 위해 역변환법을 적용하자. R에서 베르누이 분포를 따르는 난수를 생성하는 보다 쉬운 방법이 있지만, 이 예제에서는 가장 간단한 경우의 이산확률변수의 역누적확률분포 계산을 예시하고자 한다.

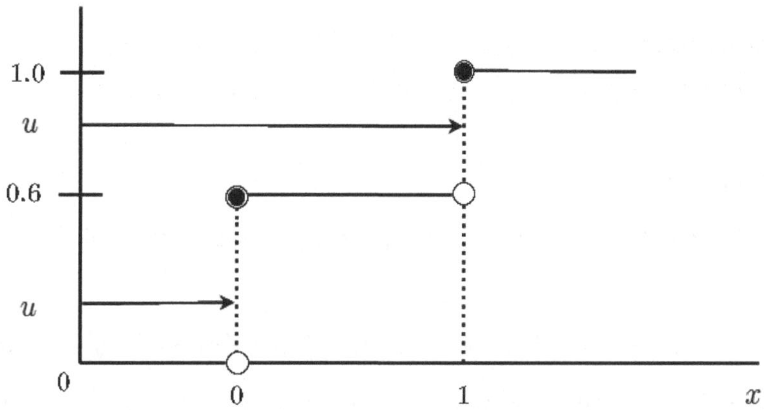


그림 4.2: 베르누이 분포의 역누적확률분포 계산

그림 4.2에서 $F_X(0)=0.6$이고 $F_X(1)=1$이므로 $u>0.6$ 인 경우 $F_X^{-1}(u)=1$이고, $u \leqq 0.6$인 경우는 $F_X^{-1}(u)=0$ 이다. 그러므로 난수생성기는 논리식 $u>0.6$의 수치적 값을 유도해야 한다.

```
> n <- 1000
> p <- 0.4
> u <- runif(n)
> x <- as.integer(u > 0.6)             # (u > 0.6) is a logical vector
> mean(x)
[1] 0.41
> var(x)
[1] 0.2421421
```

베르누이 분포의 이론적 적률을 계산하여 표본통계량과 비교해 보자. 생성된 표본의 표본평균은 $p=0.4$이며, 표본분산은 $p(1-p)=0.24$가 되어야 한다. 표본통계량은 $\overline{x}=0.41(se=\sqrt{0.24/1000} \doteq 0.0155)$이며, $s^2 \doteq 0.242$ 이다.

『R 노트』 R에서 베르누이 표본을 생성하기 위하여 크기 1의 rbinom() 함수를 사용할 수 있다. 다른 방법은 확률 $(1-p, p)$를 가지는 벡터 $(0, 1)$로부터 표본을 뽑는 것이다.

```
> rbinom(n, size=1, prob=p)
> sample(c(0,1), size=n, replace=TRUE, prob=c(.6,.4))
```

예제 4.4 (기하분포)
모수 $p=1/4$을 가지는 기하분포로부터 확률표본을 생성하기 위하여 역변환법을 고려하자.

$q=1-p$로 두면, $x=0,1,2,\ldots$에 대해 확률질량함수(pmf)는 $f(x)=pq^x$이다. 불연속점 $x=0,1,2,\ldots$에 대한 누적분포함수(cdf)는 $F(x)=1-q^{x+1}$이다. 역변환을 사용하여 기하분포를 따르는 난수를 생성하기 위해, 균일난수 $u$를 생성하여 다음 식을 풀어야 한다.

$$1-q^x < u \leqq 1-q^{x+1}.$$

이 부등식은 $x<\log(1-u)/\log(q)\leqq x+1$로 단순화된다. $\lceil t \rceil$를 상한함수(ceiling function: t보다 작지 않은 수 중 가장 작은 정수)라고 정의할 때, 이 식의 해는 $x+1=\lceil \log(1-u)/\log(q) \rceil$이다.

```
> n <- 1000
> p <- 0.25
> u <- runif(n)
> k <- ceiling(log(1-u)/log(1-p))-1
```

$U$와 $1-U$가 동일한 분포를 가지기 때문에 $\log(1-u)$ 대신 $\log(u)$를 사용할 수 있다. 또한, $\log(1-u)/\log(1-p)$가 정수가 될 확률은 0과 같으므로 마지막 단계는 다음과 같이 단순화 된다.

```
> k <- floor(log(u)/log(1-p))
```

위에서 살펴본 바와 같이 기하분포는 각 $u$를 모든 가능한 값 $F(x)$와 비교하는 것보다 부등식 $F(x-1) < u \leqq F(x)$를 푸는 것이 더 쉽기 때문에 역변환법에 의한 난수발생이 쉽다. 그러나 포아송 분포의 경우 $F(x-1) < u \leqq F(x)$를 만족하는 $x$값에 대한 명확한 공식이 없기 때문에 역변환법을 적용하는 것이 더 복잡하다.

R 함수 rpois()는 포아송 확률표본을 생성한다. $Poisson(\lambda)$ 변량을 생성하는 기본적 방법은 다음과 같다. 먼저 점화식에 따라 누적분포함수를 생성하고 저장하는 것이다.

$$f(x+1) = \frac{\lambda f(x)}{x+1}; \quad F(x+1) = F(x) + f(x+1).$$

그리고 균일난수 $u$를 발생한 후, $F(x-1) < u \leqq F(x)$의 해를 찾기 위해 누적분포함수 벡터의 탐색이 필요하다.

## 4.3 채택-기각법

$X$와 $Y$가 각각 확률밀도함수 또는 확률질량함수 $f$와 $g$를 가지는 확률변수이며, $f(t) > 0$을 만족하는 모든 $t$에 대해 다음을 만족하는 상수 $M$이 존재한다고 가정하자.

$$\frac{f(t)}{g(t)} \leqq M \ (\text{혹은} \ \frac{f(t)}{Mg(t)} \leqq 1).$$

따라서 $f(t) \leq Mg(t)$이며 $Mg(t)$를 흔히 포괄함수(envelop function) 또는 비교함수(comparison function)이라 한다. 채택-기각법(또는 기각법)은 확률변수 $X$를 생성하는 데 적용될 수 있다.

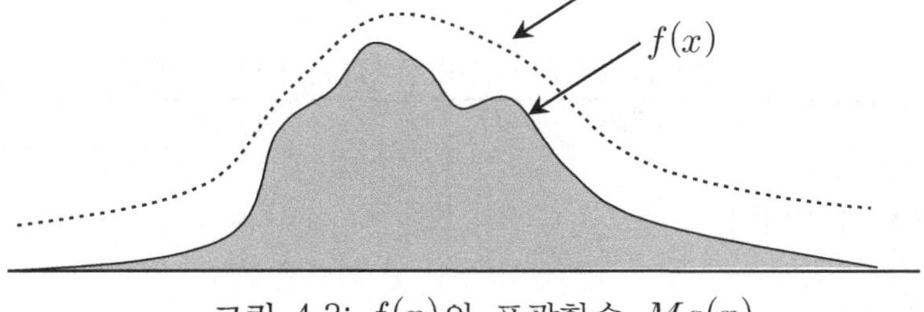


그림 4.3: $f(x)$와 포괄함수 $Mg(x)$

채택-기각법

1. $f(t)>0$ 를 만족하는 모든 $t$ 에 대해, $f(t)/g(t) \leq M$ 을 만족하는 확률밀도함수 $g$ 를 가지는 확률변수 $Y$ 를 찾는다. 이때 확률변수 $Y$ 를 생성하는 방법이 알려져 있다고 가정하자.
2. 확률변수 $X$ 를 다음과 같이 생성한다.
   (a) 확률밀도함수 $g$ 를 가지는 분포로부터 후보난수 $y$ 를 생성한다.
   (b) $U(0,1)$ 으로부터 난수 $u$ 를 생성한다.
   (c) 만약 $u < f(y)/(Mg(y))$ 면 $y$ 를 채택하여 $x=y$ 로 두고, 그렇지 않으면 $y$ 를 기각하고(버리고) 단계 (a)부터 다시 반복한다.

단계 2-(c)에서 다음 식을 구할 수 있다.

$$P(accept \mid Y) = P\left(U < \frac{f(Y)}{Mg(Y)} \mid Y\right) = \frac{f(Y)}{Mg(Y)} .$$

마지막 등식은 $U$ 의 누적분포함수를 간단하게 구한 것이다. 따라서 어떤 반복에 대해 채택의 확률은 전확률의 법칙에 따라 다음과 같이 구할 수 있다.

$$P(accept) = \sum_y P(accept \mid y) P(Y=y) = \sum_y \frac{f(y)}{Mg(y)} g(y) = \frac{1}{M}.$$

여기서 채택까지의 반복의 수는 평균이 $M$ 인 기하분포를 따른다. 그러므로 평균적으로 $X$ 의 각 표본값을 생성하기 위해 $M$ 번의 반복을 필요로 한다. 난수생성의 효율성을 위해서 $Y$ 는 생성하기 쉬워야 하며, $M$ 은 작은 값이어야 한다.

채택된 표본이 $X$ 와 같은 분포를 가짐을 보이기 위해 베이즈 정리를 적용한다. 이산형의 경우, $f(k)>0$ 을 만족하는 각 $k$ 에 대해 다음을 만족한다.

$$P(k \mid accepted) = \frac{P(accepted \mid k) g(k)}{P(accepted)} = \frac{[f(k)/(Mg(k))] g(k)}{1/M} = f(k) .$$

연속형의 경우도 유사하다.

예제 4.5 (채택-기각법)

베타 분포에서의 난수 발생을 채택-기각법을 사용하여 예시하고자 한다. 평균적으로 채택-기각법으로 $Beta(2,2)$ 분포를 따르는 1,000개의 변량을 생성하기 위해 얼마나 많은 난수를 발생해야 할까? 이는 $f(x)/g(x)$의 상계 $M$ 또는 함수 $g(x)$의 선택에 따라 달라진다.

$Beta(2,2)$ 확률밀도함수는 $f(x)=6x(1-x)$(단, $0<x<1$)이다. $g(x)$는 $U(0,1)$의 분포를 따른다고 하자. 그러면 모든 $0<x<1$에 대해 $f(x)/g(x) \le 6$ 이므로 $M=6$ 이다. 만약

$$\frac{f(x)}{Mg(x)}=\frac{6x(1-x)}{6(1)}=x(1-x)>u$$

이면, $g(x)$로부터의 후보난수 $x$는 채택된다. 평균적으로 표본 크기 1,000개의 난수를 생성하기 위해 $Mn=$ 6,000번의 반복(후보난수와 기각-채택을 결정짓는 난수를 포함한 12,000개 난수)이 요구될 것이다. 다음의 모의실험에서 반복을 위한 카운터(counter) $j$는 필요하지 않지만, 1,000개의 베타 변량을 생성하기 위해 얼마나 많은 반복이 정확히 요구되는지에 대한 기록을 살펴보고자 한다.

```
> n <- 1000
> k <- 0                              # counter for accepted
> j <- 0                              # iterations
> y <- numeric(n)
> while (k < n) {
+    u <- runif(1)
+    j <- j+1
+    x <- runif(1)                    # random variate from g
+    if (x*(1-x) > u) {
+        k <- k+1                     # we accept x
+        y[k] <- x
+    }
+ }
> j
[1] 5873
```

이 모의실험에서 1,000개의 베타 변량을 생성하기 위해 5,873번 반복(11,746개의

난수 발생)이 요구되었다. 생성된 난수의 경험적 백분율과 이론적 백분율을 비교해 보자.

```
> # compare empirical and theoretical percentiles
> p <- seq(.1,.9,.1)
> Qhat <- quantile(y,p)                    # quantiles of sample
> Q <- qbeta(p,2,2)                        # theoretical quantiles
> se <- sqrt(p*(1-p)/(n*dbeta(Q,2,2)))     # see (2.14)
```

표본 백분율(첫번째 줄)은 qbeta()에 의해 계산된 $Beta(2,2)$의 백분율(두번째 줄)과 거의 비슷하게 대응되며, 분포의 중앙에서 가장 근접하다. 확률밀도함수가 0에 가까운 백분율의 추정을 위해서는 보다 큰 반복수가 요구된다.

```
> round(rbind(Qhat,Q,se),3)
       10%   20%   30%   40%   50%   60%   70%   80%   90%
Qhat 0.188 0.272 0.345 0.410 0.480 0.547 0.617 0.711 0.798
Q    0.196 0.287 0.363 0.433 0.500 0.567 0.637 0.713 0.804
se   0.010 0.011 0.012 0.013 0.013 0.013 0.012 0.011 0.010
```

반복수 $n=10{,}000$인 모의실험을 수행하면 더 정확한 추정값을 얻을 수 있다.

```
> round(rbind(Qhat,Q,se),3)
       10%   20%   30%   40%   50%   60%   70%   80%   90%
Qhat 0.200 0.287 0.366 0.433 0.501 0.567 0.635 0.710 0.805
Q    0.196 0.287 0.363 0.433 0.500 0.567 0.637 0.713 0.804
se   0.003 0.004 0.004 0.004 0.004 0.004 0.004 0.004 0.003
```

참고로 예제 4.7에 주어진 감마 변량의 비를 사용한 베타 생성기가 더 효율적인 것으로 알려져 있다.

예제 4.6 (정규분포)

채택-기각법을 이용한 정규난수의 생성을 고려해보자. $N(\mu,\sigma^2)$으로부터 생성된 확률변수 $X$는 $Z\sim N(0,1)$일 때 $X=\sigma Z+\mu$와 같으므로, 이 예제에서는 표준정규난수를 생성하기로 한다.

표준정규분포의 확률밀도함수는 0을 중심으로 좌우대칭이다. 따라서 절댓값 $|Z|$를 생성한 후, 1/2의 확률로 $X$를 $Z$ 또는 $-Z$로 정의한다면 $X$는 정규분포를 따르게 된다. 따라서 채택-기각법을 이용하여 정규난수를 생성하기 위해 다음과 같은 확률밀도함수를 고려한다.

$$f(x) = \frac{2}{\sqrt{2\pi}} e^{-x^2/2}, \qquad x \ge 0.$$

이는 채택-기각법을 위해 다음과 같이 분해될 수 있다.

$$\begin{aligned} f(x) &= \frac{2}{\sqrt{2\pi}} exp\{-\frac{(x^2-2x+1)+2x-1}{2}\} \\ &= \frac{2}{\sqrt{2\pi}} exp\{-\frac{(x-1)^2}{2}\} \exp(-x+\frac{1}{2}) \\ &= \sqrt{\frac{2e}{\pi}}\, e^{-x} \exp\{-\frac{(x-1)^2}{2}\} \\ &= M \cdot g(x) \cdot h(x). \end{aligned}$$

단, $M = \sqrt{2e/\pi}$, $g(x) = e^{-x}$, $h(x) = \exp\{-(x-1)^2/2\} \le 1$ 이다.

$g(x)$는 평균이 1인 지수분포의 밀도함수이므로, 역변환법을 이용하면 예제 4.2에서와 같이 $y = -\ln u_1$ 에 의해 후보난수를 구할 수 있다. 여기서, $u_1 \sim U(0,1)$ 이다. 또한, 후보난수의 채택 조건인 $u_2 \le f(y)/(Mg(y))$ 는

$$u_2 \le \exp\{-\frac{(y-1)^2}{2}\} \rightarrow -\ln u_2 \ge \frac{(y-1)^2}{2}$$

으로 표현될 수 있다. 이때, $y = -\ln u_1$ 과 $-\ln u_2$는 각각 평균이 1인 지수분포를 따르는 확률난수이다.

위의 채택 조건을 고려하여 표준정규난수의 생성을 위한 알고리즘을 정리하면 다음과 같다.

1. 평균이 1인 두 개의 지수난수 $E_1$과 $E_2$를 구한다.
2. $E_2 \ge (E_1-1)^2/2$ 이면 $y = E_1$이고, 그렇지 않으면 단계 1.에서 다시 시작한다.
3. 균일난수 $u_3$가 0.5보다 크면 $x = y$이고, 그렇지 않으면 $x = -y$ 이다.

이를 실행하기 위한 R 코드는 다음과 같다.

```
> n <- 1000
> x <- numeric(n)
> for (i in 1:n) {
+ repeat {
+ u1 <- runif(1); u2 <- runif(1); u3 <- runif(1)
+ E1 <- -log(u1); E2 <- -log(u2)
+ if(E2 > ((E1-1)^2)/2) {
+  x[i] <- E1
+  if(u3 < 0.5) x[i] <- -x[i]
+  break
+   }
+  }}
> hist(x, freq=F)
```

생성된 1,000 개의 정규난수에 대한 히스토그램이 그림 4.4에 제시되어 있다.

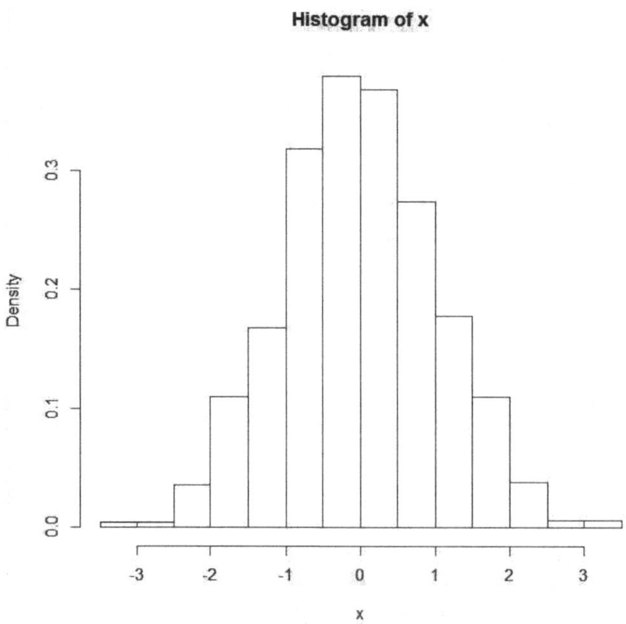


그림 4.4: 생성된 표준정규난수의 히스토그램

## 4.4 변환법

역변환법과는 다른 많은 종류의 변환(transformation)들이 확률변수의 생성에 적용될 수 있다. 다음의 예제를 살펴보자.

1. 만약 $Z \sim N(0,1)$면, $V = Z^2 \sim \chi^2(1)$이다.
2. 만약 $U \sim \chi^2(m)$와 $V \sim \chi^2(n)$이 독립이면, $F = \frac{U/m}{V/n}$는 자유도 $(m, n)$을 가지는 $F$ 분포를 따른다.
3. $Z \sim N(0,1)$과 $V \sim \chi^2(n)$이 독립이면, $T = \frac{Z}{\sqrt{V/n}}$은 자유도 $n$을 가지는 스튜던트 $t$ 분포를 따른다.
4. 만약 $U$, $V \sim U(0,1)$가 독립이면, 다음 $Z_1$과 $Z_2$는 독립인 표준정규변량이 된다.

$$Z_1 = \sqrt{-2\log U}\, cos(2\pi V),$$

$$Z_2 = \sqrt{-2\log U}\, sin(2\pi V).$$

5. 만약 $U \sim Gamma(r, \lambda)$와 $V \sim Gamma(s, \lambda)$가 독립이면, $X = U/(U+V)$는 $Beta(r, s)$ 분포를 따른다.

변환 (5)에 기초한 생성기는 예제 4.7에서 구체적으로 구현한다. 변환의 특별한 형태인 합와 혼합은 4.5절에서 논의한다.

예제 4.7 (베타 분포)
베타 분포와 감마 분포의 관계는 또 다른 베타 생성기를 제공한다. 만약 $U \sim Gamma(r, \lambda)$와 $V \sim Gamma(s, \lambda)$가 독립이면, $X = U/(U+V)$는 $Beta(r, s)$분포를 따른다. 이 변환이 $Beta(a, b)$ 난수를 생성하는 알고리즘을 결정한다.

1. $Gamma(a, 1)$로부터 난수 $u$를 생성한다.
2. $Gamma(b, 1)$로부터 난수 $v$를 생성한다.
3. $x = u/(u+v)$를 계산한다.

이 방법은 $Beta(3,2)$의 확률표본을 생성하기 위해 다음과 같이 적용된다.

```
> n <- 1000
> a <- 3; b <- 2
> u <- rgamma(n, shape=a, rate=1)
> v <- rgamma(n, shape=b, rate=1)
> x <- u/(u+v)
```

이 표본 자료는 Q-Q 그림을 사용하여 $Beta(3,2)$ 분포와 비교할 수 있다. 만약 표본 분포가 $Beta(3,2)$이면, Q-Q 그림은 직선에 가까워야 한다.

```
> q <- qbeta(ppoints(n),a,b)
> qqplot(q, x, cex=0.25, xlab="Beta(3,2)", ylab="Sample")
> abline(0,1)
```

직선 $x=q$는 참조선으로 추가되었다. 그림 4.5의 순서화된 표본 대 $Beta(3,2)$ 분위수의 Q-Q 그림은 직선에 매우 가깝다. 이는 생성된 표본이 사실상 $Beta(3,2)$의 표본임을 말해 준다.

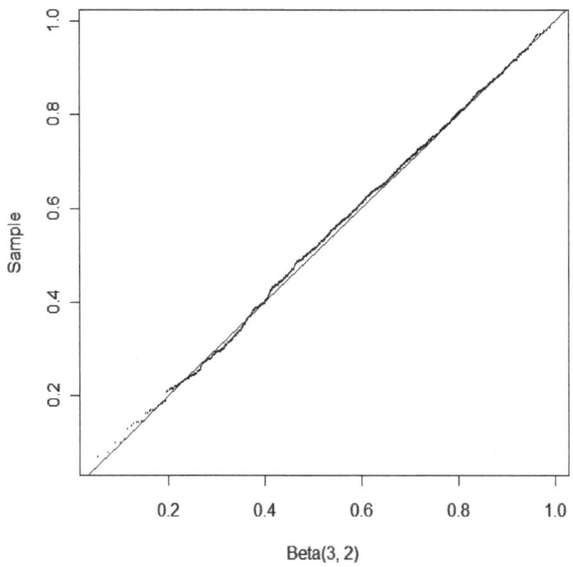


그림 4.5: 변환법을 이용하여 생성된 표본과 $Beta(3,2)$ 분포를 비교하는 Q-Q 그림

예제 4.8 (스튜던트 t 분포)
표준정규분포와 카이제곱 분포를 따르는 확률변수를 이용하여 스튜던트 t 분포로부터의 난수생성기를 만들 수 있다. 만약 $Z \sim N(0,1)$ 과 $V \sim \chi^2(m)$ 이 독립이면, $T = \dfrac{Z}{\sqrt{V/m}}$ 는 자유도 $m$ 을 가지는 스튜던트 t 분포를 따른다. $t(m)$ 으로부터 난수를 생성하는 알고리즘은 다음과 같다.

1. $N(0,1)$ 로부터 난수 $z$ 를 생성한다.
2. $\chi^2(m)$ 으로부터 난수 $v$ 를 생성한다.
3. $x = \dfrac{z}{\sqrt{v/m}}$ 를 계산한다.

다음은 $t(2)$ 의 확률표본을 생성하는 R 코드이다.

```
> n <- 1000
> m <- 2
> z <- rnorm(n,0,1)
> v <- rchisq(n,m)
> x <- z/sqrt(v/m)
```

예제 4.7과 같이 생성한 표본의 분포가 $t(2)$ 인지 확인하기 위해 Q-Q 그림을 그리면 그림 4.6과 같다. Q-Q 그림이 직선에 가까우므로 변환법을 이용하여 생성한 표본이 사실상 $t(2)$ 의 표본임을 알 수 있다. Q-Q 그림을 그리는 R 코드는 다음과 같다.

```
> q <- qt(ppoints(n),m)
> qqplot(q,x,cex=0.25, xlab="t(2)", ylab="Sample")
> qqline(q,col=2)
```

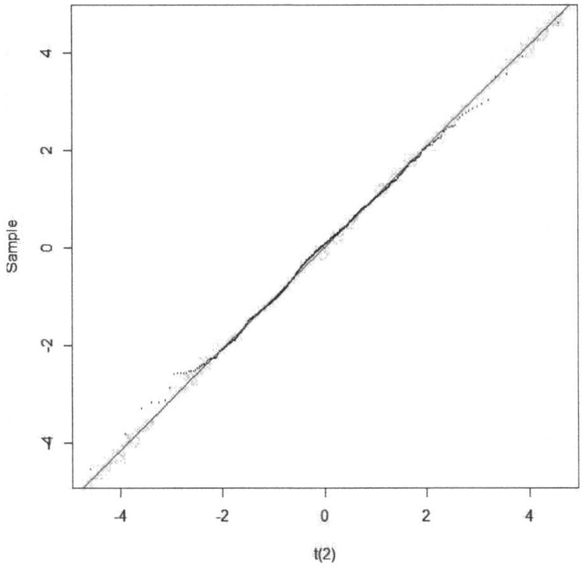


그림 4.6: 변환법을 이용하여 생성된 표본과 $t(2)$ 분포를 비교하는 Q-Q 그림

## 4.5 합과 혼합

확률변수의 합과 혼합은 변환의 특별한 유형이다. 이 절에서 우리는 독립인 확률변수의 합과 이산 및 연속 혼합을 살펴보고자 한다.

### 합성곱

$X_1, \ldots, X_n$ 은 독립이고 같은 분포 $X_j \sim F$를 따른다 하고, $S = X_1 + \cdots + X_n$ 이라 하자. 합 $S$의 분포함수를 $X$의 $n$배 합성곱(convolution)이라 하고 $F_X^{*(n)}$으로 나타낸다. 직접 $X_1, \ldots, X_n$ 를 생성한 후 그 합을 계산하여 합성곱을 모의실험하는 것은 쉽다.

여러 분포들은 합성곱과 관계가 있다. 만약 $\nu > 0$이 정수라면, 독립이며 같은 표준정규분포를 따르는 변량의 제곱 $\nu$개의 합성곱이 자유도 $\nu$의 카이제곱 분포이다. 독립이며 같은 $Geom(p)$ 확률변수 $r$개의 합성곱이 음이항분포 $NegBin(r,p)$이다. 독립인 $Exp(\lambda)$ 확률변수 $r$개의 합성곱은 $Gamma(r,\lambda)$를 따른다.

물론 R에서 카이제곱 분포, 기하분포와 음이항분포의 확률표본을 생성하기 위해 R 함수 rchisq(), rgeom() 그리고 rbinom()를 사용하는 것이 더 쉽다. 다음 예제는 합성곱에 관련된 분포라면 무엇이든 적용될 수 있는 일반적인 방법을 설명한다.

예제 4.9 (카이제곱 분포)

이 예제에서는 정규분포의 제곱의 $\nu$개 합성곱으로 카이제곱 $\chi^2(\nu)$ 확률변수를 생성하고자 한다. 만약 $Z_1, \ldots, Z_\nu$ 가 $N(0,1)$ 로부터의 확률표본이라면, $V = Z_1^2 + \cdots + Z_\nu^2$ 는 $\chi^2(\nu)$ 분포를 따른다. $\chi^2(\nu)$ 로부터 크기 $n$ 의 확률표본을 생성하기 위한 절차는 아래와 같다.

1. $n\nu$개의 $N(0,1)$ 확률변량으로 $n \times \nu$ 행렬을 채운다.
2. 행렬 각 원소를 제곱한다.
3. 제곱한 정규변량의 행 합계를 계산한다. 각 행의 합은 $\chi^2(\nu)$ 분포를 따르는 난수이다.
4. 행의 합계를 원소로 하는 벡터로 바꾼다.

다음으로 $n = 1{,}000$ 이고 $\nu = 2$ 인 예제를 고려해 보자.

```
> n <- 1000
> nu <- 2
> X <- matrix(rnorm(n*nu),n,nu)^2    # matrix of sq. normals
> # method 1: sum the squared normals across each row
> y <- rowSums(X)
> # method 2
> y <- apply(X,MARGIN=1,FUN=sum)     # vector of length n
> mean(y)
[1] 2.061616
> mean(y^2)
[1] 8.719911
```

$\chi^2(\nu)$ 를 따르는 확률변수는 평균 $\nu$ 와 분산 $2\nu$ 를 가진다. 계산된 표본통계량은 이론적 적률 $E[Y] = \nu = 2$ 와 $E[Y^2] = 2\nu + \nu^2 = 8$ 에 매우 근사한다. 여기서 표본적률의 표준오차는 각각 0.063과 0.089이다.

『R 노트』 이 예제는 apply() 함수를 소개한다. apply() 함수는 배열의 주변(margin)에 대해 어떤 함수를 적용한다. 행렬 $X$의 행을 가로질러 합하기 위해, 함수($FUN=sum$)를 행($MARGIN=1$)에 적용한다. 여기서 행의 합을 계산하기 위해 루프가 사용될 필요가 없음에 주목하라. 일반적으로 R에서 효율적인 프로그래밍을 위해 불필요한 루프의 사용은 피해야 한다. (행과 열의 합을 계산하기 위해 rowSums()와 colSums()를 사용하는 것이 더 쉽다.)

### 혼합

확률변수의 수열 $X_1, X_2, \ldots$ 와 $\sum_i \theta_i = 1$를 만족하는 $\theta_i > 0$에 대해 확률변수 $X$의 분포가 가중합 $F_X(x) = \sum_i \theta_i F_{X_i}(x)$이면 $X$는 이산혼합(discrete mixture)이다. 이때 상수 $\theta_i$는 혼합가중(mixing weights) 또는 혼합확률(mixing probability)이라고 불린다.

$\int_{-\infty}^{\infty} f_Y(y)dy = 1$을 만족하는 밀도함수 $f_Y$와 실수 $y$에 대해 확률변수 $X$의 분포가 $F_X(x) = \int_{-\infty}^{\infty} F_{X|Y=y}(x) f_Y(y)dy$이면 $X$는 연속혼합(continuous mixture)이다. 이때 $f_Y$는 혼합밀도함수(mixing density)라고 불린다.

예제 4.10 (정규변수의 합성곱과 혼합)
정규 확률변수를 사용하여 합성곱과 혼합에 의한 모의실험을 살펴보자. $X_1 \sim N(0,1)$과 $X_2 \sim N(3,1)$가 독립이라고 가정하자. $S = X_1 + X_2$는 $X_1$과 $X_2$의 합성곱을 나타낸다. 이때 $S$의 분포는 평균 $\mu_1 + \mu_2 = 3$이고, 분산 $\sigma_1^2 + \sigma_2^2 = 2$인 정규분포이다. 이 합성곱을 모의실험하기 위한 알고리즘은 아래와 같다.

1. $x_1 \sim N(0,1)$을 생성한다.
2. $x_2 \sim N(3,1)$을 생성한다.
3. $s = x_1 + x_2$를 계산한다.

위의 합성곱 알고리즘을 R에서 구현하면 다음과 같다.

```
> n <- 5000
> x1 <- rnorm(n,mean=0,sd=1)
> x2 <- rnorm(n,mean=3,sd=1)
> s <- x1+x2
> plot(density(s), xlim=c(-5,10), ylim=c(0,.4), lty=1, xlab="x", main="")
> lines(density(x1), lty=3)
> lines(density(x2), lty=2)
> legend(7, 0.4, c("X1","X2","X1+X2"), lty=3:1)
```

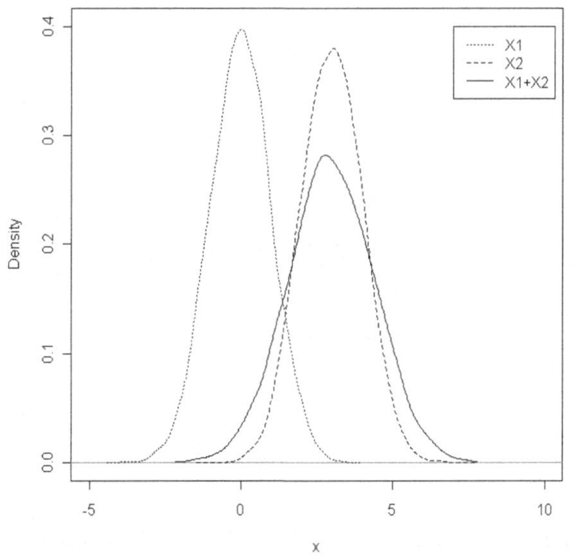


그림 4.7: $N(0,1)$와 $N(3,1)$를 사용하여 모의실험한 합성곱 그림

한편, 50% 정규혼합 $X$는 $F_X(x)=0.5F_{X_1}(x)+0.5F_{X_2}(x)$로 나타낼 수 있다. 이 혼합을 모의실험하기 위한 알고리즘은 아래와 같다.

1. $k \sim Bernoulli(1/2)$를 생성한다.
2. 만약 $k=1$이면 $N(0,1)$로부터 난수 $x$를 생성하고, $k=0$이면 $N(3,1)$로부터 난수 $x$를 생성한다.

위의 50% 정규혼합 알고리즘을 R에서 구현하면 아래와 같다.

```
> n <- 5000
> x1 <- rnorm(n,mean=0,sd=1)
> x2 <- rnorm(n,mean=3,sd=1)
> k <- sample(c(0,1), size=n, replace=TRUE)
> x <- k*x1+(1-k)*x2
> plot(density(x), xlim=c(-5,12), ylim=c(0,.4), lty=1, xlab="x", main="")
> lines(density(rnorm(n,0,1)), lty=3)
> lines(density(rnorm(n,3,1)), lty=2)
> legend(6, 0.4, c("X1","X2","(0.5)X1+(0.5)X2"), lty=3:1)
```

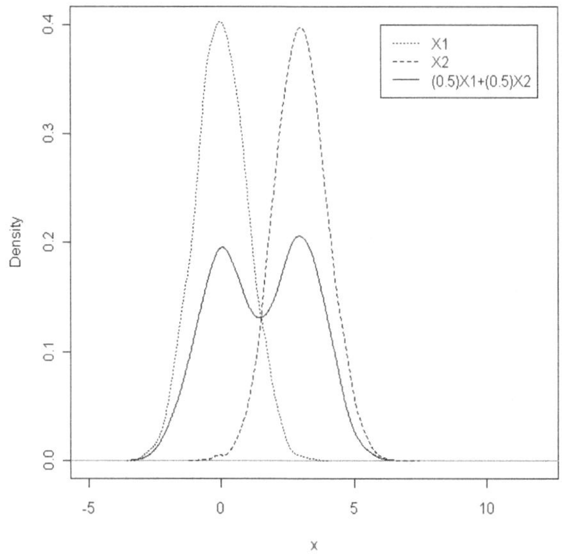


그림 4.8: $N(0,1)$와 $N(3,1)$를 사용하여 모의실험한 50% 정규혼합 그림

그림 4.7에 주어진 합성곱은 정규분포이지만 그림 4.8에 주어진 혼합 $X$의 분포는 이봉(bimodal)분포이다.

다음의 예제에서 감마 확률변수의 합성곱과 혼합에 의한 모의실험 분포를 비교하고자 한다.

**예제 4.11** (감마 변수의 합성곱과 혼합)
$X_1 \sim Gamma(2,2)$와 $X_2 \sim Gamma(2,4)$가 독립이라고 하자. 합성곱 $S = X_1 + X_2$에

의해 생성된 표본의 히스토그램과 혼합 $F_X = 0.5F_{X_1} + 0.5F_{X_2}$에 의해 생성된 표본의 히스토그램을 비교해 보자.

```
> n <- 1000
> x1 <- rgamma(n, 2, 2)
> x2 <- rgamma(n, 2, 4)
> s <- x1+x2                          # the convolution
> u <- runif(n)
> k <- as.integer(u > 0.5)            # vector of 0's and 1's
> x <- k*x1+(1-k)*x2                  # the mixture
> par(mfcol=c(1,2))                   # two graphs per page
> hist(s, prob=TRUE)
> hist(x, prob=TRUE)
> par(mfcol=c(1,1))                   # restore display
```

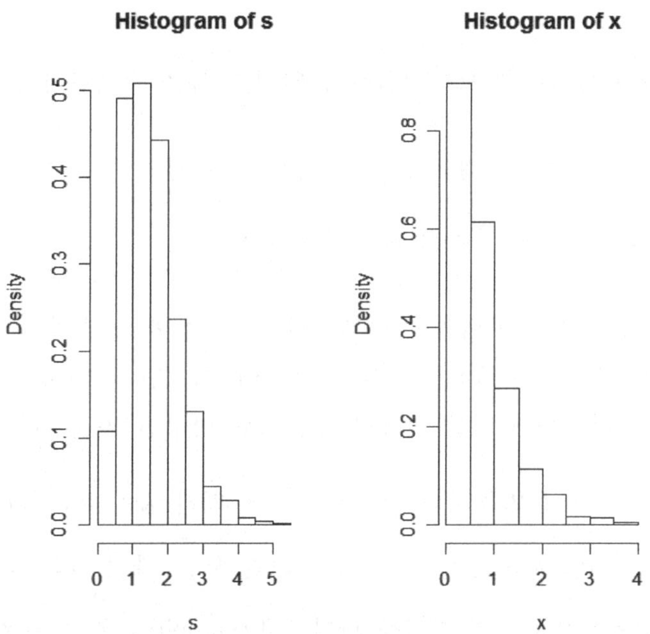


그림 4.9: $Gamma(2,2)$와 $Gamma(2,4)$를 사용하여 모의실험한 합성곱(왼쪽)과 50% 혼합(오른쪽)의 히스토그램

그림 4.9에서 보여 주는 합성합 $S$와 혼합 $X$의 히스토그램은 명백히 다르다.

『R 노트』 par() 함수는 일정한 그래프 모수들을 설정(또는 조회)하는데 사용될 수 있다. 모든 그래프 모수들의 목록은 par()에 의해 출력된다. par(mfcol=c(n,m)) 명령어는 한 화면에서 n개의 행과 m개의 열에 nm개의 그림을 한꺼번에 출력하는 그래프 장치를 구성한다.

이 예제에서 살펴본 혼합 생성을 위한 방법은 두 분포의 혼합에 대해서는 간단하나, 임의의 혼합에 대해선 그렇지 않다. 다음 예제에서는 임의의 혼합확률을 가지는 여러 분포들의 혼합을 생성하는 방법을 설명한다.

예제 4.12 (여러 감마 분포의 혼합1)
이 예제는 앞의 예제와 유사하나, 혼합을 구성하는 여러 개의 성분이 존재하고 혼합 가중치가 동일하지 않은 경우이다. $X_j \sim Gamma(r=3, \lambda_j = 1/j)$가 독립이고 혼합확률이 $\theta_j = j/15,\ j=1,\dots,5$ 일 때 혼합은 다음과 같다.

$$F_X = \sum_{j=1}^{5} \theta_j F_{X_j}.$$

혼합 $F_X$로부터의 확률변량을 모의실험하기 위해 다음을 수행한다.

1. 정수 $k \in \{1,2,3,4,5\}$를 생성한다. 단, $P(k) = \theta_k (k=1,\dots,5)$ 이다.
2. $Gamma(r, \lambda_k)$으로부터 확률변량을 생성한다.

표본크기 $n$을 생성하기 위해서는 단계 (1)과 (2)를 $n$번 반복한다. 위의 알고리즘을 반복 수행하기 위해서는 for 루프를 사용해야 하지만, R에서 for 루프는 상당히 비효율적이다. 알고리즘을 벡터를 사용한 접근으로 바꾸면 편리하다.

1. 정수 $k_1, \dots, k_n \in \{1, 2, 3, 4, 5\}$ 를 생성하여 벡터 $k = (k_1, \dots, k_n)$ 를 구성한다. 여기서 $P(k) = \theta_k,\ k = 1, \dots, 5$ 이다. 그러면 $k_i$는 다섯 개의 감마 분포 중 어느 것이 $i$ 번째 표본으로 뽑혀질지를 나타낸다.(sample() 함수 사용)
2. $rate$를 길이 $n$의 벡터 $\lambda = (\lambda_k)$와 같게 놓는다.
3. 형상모수 $r$과 비율벡터 $rate$를 가지는 크기 $n$의 감마 표본을 생성한다.(rgamma() 함수 사용)

R에서 이 알고리즘을 수행하는 효율적인 방법은 다음과 같다.

```
> n <- 5000
> k <- sample(1:5, size=n, replace=TRUE, prob=(1:5)/15)
> rate <- 1/k
> x <- rgamma(n, shape=3, rate=rate)
> # plot the density of the mixture
> plot(density(x), xlim=c(0,40), ylim=c(0,.3), lwd=3, xlab="x", main="")
> for (i in 1:5) {lines(density(rgamma(n, 3, 1/i)))}
```

그림 4.10은 각 $X_j$의 확률밀도함수와 혼합 확률밀도함수(굵은 선)를 보여 준다.

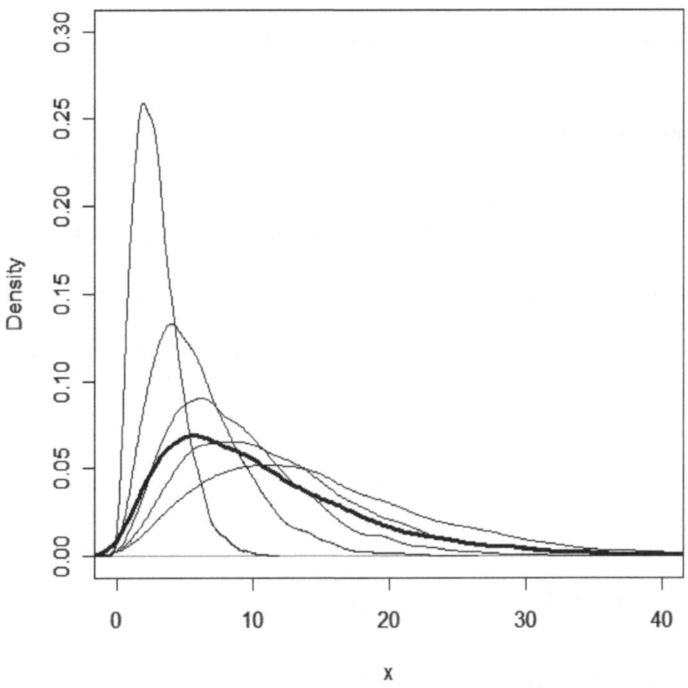


그림 4.10: 여러 감마 분포(가는 선)와 혼합(굵은 선)

예제 4.13 (여러 감마 분포의 혼합2)

독립인 $X_j \sim Gamma(3,\lambda_j)$, $j=1,\ldots,5$ 의 혼합을 고려하자.

$$F_X = \sum_{j=1}^{5} \theta_j F_{X_j}.$$

여기서 비율 $\lambda = (1, 1.5, 2, 2.5, 3)$와 혼합확률 $\theta = (0.1, 0.2, 0.2, 0.3, 0.2)$가 주어져 있다고 하자.

앞의 예제에서 설명한 바와 같이, 길이 $n$의 벡터, $k$를 얻기 위해 확률 가중값 $\theta$를 가지는 1:5로부터 표본을 추출한다. 이 벡터의 $i$번째 위치는 표본의 $i$번째 성분을 얻기 위해 추출된 5개의 감마 분포를 나타낸다. 이 벡터는 벡터 $\lambda$로부터 정확한 비율모수를 선택하기 위해 사용된다.

```
> n <- 5000
> p <- c(.1,.2,.2,.3,.2)
> lambda <- c(1,1.5,2,2.5,3)
> k <- sample(1:5, size=n, replace=TRUE, prob=p)
> rate <- lambda[k]
> x <- rgamma(n, shape=3, rate=rate)
```

여기서 lambda[k]는 벡터 $k$와 같은 길이의 벡터로써, lambda의 성분은 벡터 $k$에 의해 색인된다. 이를 수학적으로 표현하면 lambda[k]는 $(\lambda_{k_1}, \lambda_{k_2}, \ldots, \lambda_{k_n})$ 과 같다.

벡터 $k$의 첫 8개 요소와 이에 대응하는 rate 벡터 $\lambda$의 값을 출력하면 아래와 같다.

```
> k[1:8]
[1] 3 4 2 2 4 2 4 3
> rate[1:8]
[1] 2.0 2.5 1.5 1.5 2.5 1.5 2.5 2.0
```

예제 4.14 (혼합의 밀도함수그림)
감마 분포와 예제 4.13의 혼합분포의 확률밀도함수 그림을 그려 보자. 이 예제는 모수 벡터를 구성하고 apply() 함수를 반복 사용하는 프로그래밍 실습문제이다.

혼합의 확률밀도함수가 아래와 같이 주어졌다고 하자.

$$f(x) = \sum_{j=1}^{5} \theta_j f_j(x), \quad x > 0. \tag{4.4}$$

여기서 $f_j$는 $Gamma(3,\lambda_j)$ 확률밀도함수이다. 그림을 그리기 위해 혼합의 확률밀도 함수 $f(x)$를 계산하는 함수가 필요하다.

```
> f <- function(x,lambda,theta) {
+     #density of the mixture at the point x
+     sum(dgamma(x,3,lambda)*theta)
+ }
```

$f$ 함수는 하나의 $x$값에 대한 혼합 (4.4)의 확률밀도함수를 계산한다. 만약 $x$가 길이 1을 가지면, dgamma(x, 3, lambda)는 lambda와 같은 길이의 벡터이다. 즉, (4.4)의 경우 $(f_1(x),\ldots,f_5(x))$ 이다. 그러면 dgamma(x, 3, lambda)*theta는 벡터 $(\theta_1 f_1(x),\ldots,\theta_5 f_5(x))$ 이다. 이 벡터의 합은 점 $x$에서 계산된 혼합 (4.4)의 확률밀도 함수이다.

```
> x <- seq(0,8,length=200)
> dim(x) <- length(x)                    # need for apply
> # compute density of the mixture f(x) along x
> y <- apply(x,1,f,lambda=lambda,theta=p)
```

혼합의 밀도함수는 벡터 $x$에 적용된 함수 $f$ 에 의해 계산된다. 함수 $f$는 여러 인수를 가지므로, 추가적인 인수 lambda=lambda, theta=prob는 함수 이름인 $f$ 뒤에 주어진다.

혼합을 구성하는 다섯 개의 확률밀도함수 그림은 그림 4.11에 주어진다. 그림 4.11을 그리기 위한 R 코드는 아래에 주어져 있다. 확률밀도함수 $f_k$는 dgamma() 함수에 의해 계산될 수 있다. 이미 정의된 $x$ 수열에 따라 각 확률밀도함수가 계산된다.

```
> # plot the density of the mixture
> plot(x, y, type="l", ylim=c(0,.85), lwd=3, ylab="Density")
> for (j in 1:5) {
+     # add the j-th gamma density to the plot
+     y <- apply(x, 1, dgamma, shape=3, rate=lambda[j])
```

```
+     lines(x,y)
+ }
```

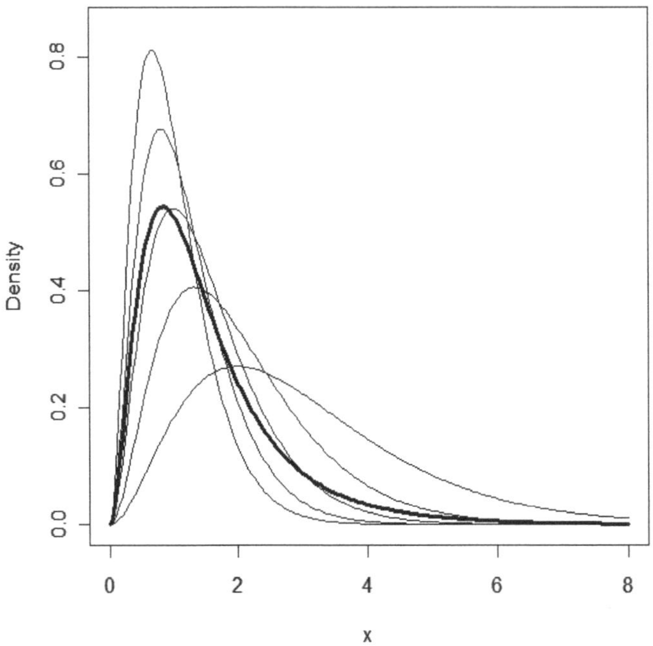


그림 4.11: 여러 감마 분포(가는 선)들의 혼합(굵은 선) 확률밀도함수

『R 노트』 apply() 함수는 $x$에 대한 차원 속성을 요구한다. $x$의 차원은 dim(x) <- length(x)에 의해 부여된다. 다른 방법으로, x <- as.matrix(x)를 사용하면 $x$가 차원 특성을 가진 행렬(행벡터)로 전환된다.

예제 4.15 (포아송-감마 혼합)
이것은 연속혼합의 예제이다. 음이항분포는 $\Lambda$가 감마 분포를 따를 때, $Poisson(\Lambda)$ 분포의 혼합이다. 구체적으로 만약 $(X|\Lambda=\lambda) \sim Poisson(\lambda)$이고 $\Lambda \sim Gamma(r, \beta)$이면, $X$는 모수 $r$과 $p = \beta/(1+\beta)$를 가지는 음이항분포를 따른다. 이 예제에서는 포아송-감마 혼합으로부터 표본을 추출하는 방법을 설명하고, 이를 음이항분포를 따르는 표본과 비교하고자 한다.

```
> # generate a Poisson-Gamma mixture
> n <- 1000
```

```
> r <- 4
> beta <- 3
> lambda <- rgamma(n, r, beta)                # lambda is random
> # now supply the sample of lambda's as the Poisson mean
> x <- rpois(n, lambda)                       # the mixture
> # compare with negative binomial
> mix <- tabulate(x+1)/n
> negbin <- round(dnbinom(0:max(x), r, beta/(1+beta)), 3)
> se <- sqrt(negbin*(1-negbin)/n)
```

혼합의 경험적 분포(아래의 첫 번째 줄)는 $NegBin(4,3/4)$의 확률질량함수(두 번째 줄)에 매우 가깝다.

```
> round(rbind(mix, negbin, se), 3)
        [,1]  [,2]  [,3]  [,4]  [,5]  [,6]  [,7]  [,8]  [,9]
mix    0.329 0.307 0.198 0.094 0.050 0.013 0.005 0.003 0.001
negbin 0.316 0.316 0.198 0.099 0.043 0.017 0.006 0.002 0.001
se     0.015 0.015 0.013 0.009 0.006 0.004 0.002 0.001 0.001
```

## 4.6 다변량 표본 생성

이 절에서는 베이지안 모형에서 평균벡터를 모형화하는데 흔히 사용되는 다변량 정규분포를 따르는 확률벡터와 공분산행렬을 모형화하는데 주로 사용되는 위샤트 분포를 따르는 확률행렬의 생성을 이해하고자 한다.

### 다변량 정규분포

확률벡터 $X=(X_1,\ldots,X_d)^T$ 가 아래와 같은 확률밀도함수를 가지면 $d$ 차원 다변량 정규(MVN) 분포를 따른다고 하고, 이를 $N_d(\mu,\Sigma)$로 표기하는 것을 2장에서 이미 다루었다.

$$f(x)=\frac{1}{(2\pi)^{d/2}|\Sigma|^{1/2}}exp\{-(1/2)(x-\mu)^T\Sigma^{-1}(x-\mu)\}\ ,\ x\in R^d. \tag{4.5}$$

여기서 $\mu=(\mu_1,\ldots,\mu_d)^T$ 는 평균벡터이고, $\Sigma$는 $\sigma_{ij}=Cov(X_i,X_j)$를 요소로 가지는 $d\times d$ 대칭인 양정치행렬(positive definite matrix)이다. 즉,

$$\Sigma=\begin{bmatrix}\sigma_{11} & \sigma_{12} & \cdots & \sigma_{1d}\\ \sigma_{21} & \sigma_{22} & \cdots & \sigma_{2d}\\ \vdots & \vdots & & \vdots\\ \sigma_{d1} & \sigma_{d2} & \cdots & \sigma_{dd}\end{bmatrix}$$

이다. 여기서 $\Sigma^{-1}$은 $\Sigma$의 역함수이며, $|\Sigma|$는 $\Sigma$의 행렬식이다. $d=2$일 때 $N_2(\mu,\Sigma)$는 이변량 정규분포이다.

$N_d(\mu,\Sigma)$를 따르는 확률벡터는 두 단계로 생성될 수 있다. 먼저 $Z=(Z_1,\ldots,Z_d)^T$를 생성한다. 여기서 $Z_1,\ldots,Z_d$ 는 독립이며 같은 표준정규분포를 따른다. 확률벡터 $Z$를 적절히 선형변환하면 평균벡터가 $\mu$ 이고 공분산행렬이 $\Sigma$ 인 정규분포를 따르는 확률벡터가 된다. 이때, 공분산행렬 $\Sigma$ 를 분해하는 것이 필요하다.

일반적으로 $X\sim N_d(\delta,\Gamma)$ 이면 선형변환 $CX+b$ 는 평균 $C\delta+b$, 공분산 $C\Gamma C^T$를 가지는 다변량 정규분포를 따른다. 따라서 $Z$가 $N_d(0,I_d)$ 이면, $CZ+b\sim N_d(b,CC^T)$ 이다.

만약 어떤 행렬 $C$ 에 대해 $\Sigma$를 $\Sigma=CC^T$ 로 분해할 수 있다면,

$$CZ+\mu\sim N_d(\mu,\Sigma)$$

이므로 $CZ+\mu$가 필요한 변환이다. $\Sigma$의 분해는 분광분해, 촐레스키 분해 등을 이용하여 구할 수 있다. 이들 각 분해에 대응하는 R 함수는 eigen(), chol()이다.

일반적으로 표본에 속한 확률벡터 각각에 한 번에 하나씩 선형변환을 적용하지 않는다. 흔히 사용하는 방법은 전체 표본으로 자료 행렬을 구성한 후 변환을 적용하여 전체 표본을 변형한다. $Z_{ij}$가 독립이며 같은 $N(0,1)$을 따를 때, $Z=(Z_{ij})$ 를 $n\times d$ 행렬이라 가정하자. $Z$의 행은 $d$-차원 표준 MVN 분포를 따르는 $n$개의 확률벡터이다. $Q^TQ=\Sigma$ 이고 $1_n$가 모든 요소가 1인 $n\times 1$ 열벡터일 때, 자료행렬에 적용되는 변환은 다음과 같다.

$$X=ZQ+1_n\mu^T\,. \tag{4.6}$$

따라서 $X$의 행은 평균벡터 $\mu$와 공분산행렬 $\Sigma$를 갖는 $d$-차원 MVN 분포를 따르는 $n$개의 확률벡터이다.

**다변량 정규표본 생성을 위한 방법**

$N_d(\mu, \Sigma)$ 분포로부터 $n$개의 확률벡터 표본을 다음과 같이 생성한다.

1. $nd$개의 $N(0,1)$ 확률변량으로 구성된 $n \times d$ 행렬 $Z$를 생성한다. ($R^d$에서의 $n$개 확률벡터)
2. 분해 $\Sigma = Q^T Q$을 구한다.
3. 변환 $X = ZQ + 1_n \mu^T$를 적용한다.
4. $n \times d$ 행렬 $X$를 구한다.

따라서 $X$의 각 행은 $N_d(\mu, \Sigma)$ 분포를 따르는 $n$개의 확률벡터 표본이다.

R에서 변환 $X = ZQ + 1_n \mu^T$는 쉽게 코드로 작성할 수 있다. 이때 행렬곱의 연산자는 %*%이다.

```
> Z <- matrix(rnorm(n*d), nrow=n, ncol=d)
> X <- Z%*%Q+matrix(mu, n, d, byrow=TRUE)
```

행렬곱 $1_n \mu^T$는 matrix(mu, n, d, byrow=TRUE)와 같다. 여기서 옵션 byrow=TRUE가 필요하다. (디폴트는 byrow=FALSE이다). 이는 행렬곱을 저장하며, 입력으로 평균벡터 mu를 사용하여 행의 차례대로 행렬을 채워나간다.

이 절에서 MVN 확률벡터 표본을 생성하는 각 방법은 예제를 사용하여 설명된다. 한편, 다변량 정규표본을 생성하기 위해 R 패키지에서 제공되는 함수들이 있다. 예를 들면, MASS 패키지의 mvrnorm() 함수와 mvtnorm 패키지의 rmvnorm() 함수이다. 아래 예제에서는 표준정규확률변량 생성을 위해 rnorm() 함수가 사용되었다.

**$N_d(\mu, \Sigma)$ 표본 생성을 위한 분광분해법**

대칭행렬 $\Sigma$의 분광분해(spectral decomposition)는 $\Sigma = P \Lambda P^T$이다. 여기서 $\Lambda$는

$\Sigma$의 고유값을 대각성분으로 갖는 대각행렬이며, $P$는 각 열이 $\Lambda$에 주어진 고유값에 대응하는 $\Sigma$의 고유벡터인 행렬이다. 여기서 $P$는 $P^{-1}=P^T$인 직교행렬이다.

공분산 행렬을 분광분해하여 제곱근을 구하면 $\Sigma^{1/2}=P\Lambda^{1/2}P^T$이다. 따라서 행렬 $Q=\Sigma^{1/2}$는 $Q^TQ=\Sigma$를 만족하는 $\Sigma$의 분해이다.

예제 4.16 (분광분해법)
이 예제는 다변량 정규확률표본을 생성하기 위해 함수 rmvn.eigen()을 사용한다. 이를 평균벡터 0과 아래와 같은 공분산행렬 $\Sigma$를 갖는 이변량 정규표본을 생성하는데 적용해 보자.

$$\Sigma=\begin{bmatrix}1.0 & 0.9\\ 0.9 & 1.0\end{bmatrix}.$$

```
> # mean and covariance parameters
> mu <- c(0,0)
> Sigma <- matrix(c(1,.9,.9,1), nrow=2, ncol=2)
```

행렬의 분광분해를 위해서는 고유값과 고유벡터가 필요하며, R 함수 eigen()을 이용하여 구할 수 있다.

```
> rmvn.eigen <- function(n,mu,Sigma) {
+     # generate n random vectors from MVN(mu, Sigma)
+     # dimension is inferred from mu and Sigma
+     d <- length(mu)
+     ev <- eigen(Sigma, symmetric=TRUE)
+     lambda <- ev$values
+     V <- ev$vectors
+     R <- V%*%diag(sqrt(lambda))%*%t(V)
+     Z <- matrix(rnorm(n*d), nrow=n, ncol=d)
+     X <- Z%*%R+matrix(mu, n, d, byrow=TRUE)
+     X
+ }
```

모의실험 결과를 점검하기 위해 산점도를 그려보고 요약통계량을 출력해 보자.

```
> # generate the sample
> X <- rmvn.eigen(1000,mu,Sigma)
> plot(X, xlab="x", ylab="y", pch=20)
> print(colMeans(X))
[1]  0.012686551 -0.003145901
> print(cor(X))
          [,1]      [,2]
[1,] 1.0000000 0.8985445
[2,] 0.8985445 1.0000000
```

예제 4.16의 출력결과를 살펴보면 표본평균벡터는 $(0.013, -0.003)$ 이고, 표본상관계수는 0.899 이다. 이는 주어진 모수값에 상당히 근접한 값이다. 그림 4.12에서 보여주는 표본자료의 산점도는 다변량 정규분포의 타원형 대칭성을 매우 잘 나타낸다.

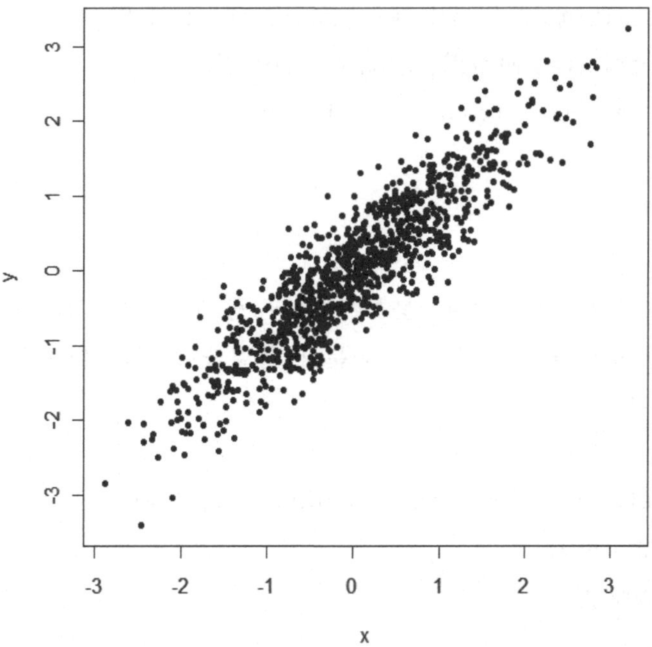


그림 4.12: 평균벡터 0과 분산 $\sigma_1^2 = \sigma_2^2 = 1$, 상관계수 $\rho = 0.9$ 를 갖는 이변량정규확률표본의 산점도

### $N_d(\mu, \Sigma)$ 표본 생성의 촐레스키 분해법

대칭인 양정치행렬의 촐레스키 분해(Choleski factorization)는 $\Sigma = Q^T Q$ 이다. 여기서 $Q$는 상삼각(upper triangle)행렬이다. R에서 촐레스키 분해는 함수 chol()에 의해 수행된다. 기본 구문은 chol($\Sigma$) 이며, 반환값은 $\Sigma = Q^T Q$ 를 만족하는 상삼각행렬 $Q$ 이다.

예제 4.17 (촐레스키 분해법)
촐레스키 분해를 사용하여 4차원 다변량 정규분포로부터 200개의 확률벡터 관측값을 생성하고자 한다.

```
> rmvn.Choleski <- function(n,mu,Sigma) {
+     # generate n random vectors from MVN(mu,Sigma)
+     # dimension is inferred from mu and Sigma
+     d <- length(mu)
+     Q <- chol(Sigma) # Choleski factorization of Sigma
+     Z <- matrix(rnorm(n*d), nrow=n, ncol=d)
+     X <- Z %*% Q+matrix(mu, n, d, byrow=TRUE)
+     X
+ }
```

이 예제에서는 1장에서 살펴본 붓꽃 데이터 중에서 4차원의 버지니아(virginica) 종 데이터를 사용하여 동일한 평균과 공분산 행렬을 가지는 다변량 정규 확률벡터의 표본을 생성하고자 한다.

```
> y <- subset(x=iris, Species=="virginica")[, 1:4]
> mu <- colMeans(y)
> Sigma <- cov(y)
> mu
Sepal.Length  Sepal.Width Petal.Length  Petal.Width
       6.588        2.974        5.552        2.026
> Sigma
```

```
             Sepal.Length Sepal.Width Petal.Length Petal.Width
Sepal.Length   0.40434286  0.09376327   0.30328980  0.04909388
Sepal.Width    0.09376327  0.10400408   0.07137959  0.04762857
Petal.Length   0.30328980  0.07137959   0.30458776  0.04882449
Petal.Width    0.04909388  0.04762857   0.04882449  0.07543265

> # now generate MVN data with this mean and covariance
> X <- rmvn.Choleski(200, mu, Sigma)
> pairs(X)
```

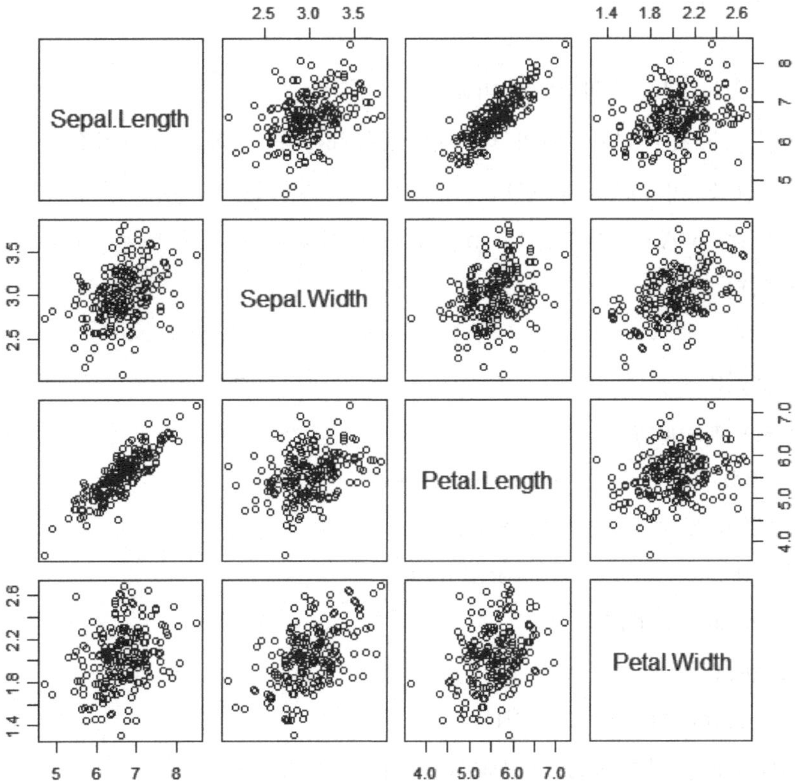


그림 4.13: 모의실험된 다변량 정규확률표본의 이변량 주변분포의 쌍 그림

그림 4.13은 주변분포의 각 쌍의 이변량 분포에 대한 2차원 그림을 제공한다. 주변분포의 각 쌍의 결합분포는 이론적으로 이변량 정규분포이다.

### 생성기의 성능 비교

우리는 구체적 확률분포로부터 확률표본을 생성하는 여러 방법들을 논의하였다. 여러 방법들이 이용가능 할 때 어떤 방법이 더 선호될까? 한 가지 고려사항은 계산 시 요구되는 시간일 것이다. 만약 모의실험의 목적이 모수의 추정에 있다면 다른 중요한 고려사항은 추정량의 분산이다. 추정의 분산문제는 5장에서 다루기로 한다. 계산 시간에 관한 경험적 성능을 비교하기 위해 우리는 각 절차의 시간을 측정할 수 있다.

R은 난수생성기의 수행 평가를 위해 시간을 측정하는 함수 system.time()을 제공한다. 이 함수는 서로 다른 알고리즘들의 성능을 비교하는 대략적 벤치마크로 사용될 수 있다. 다음 예제에서 system.time() 함수는 다변량 정규표본을 생성하는 여러 가지 방법에 요구되는 CPU 시간을 비교한다.

예제 4.18 (MVN 생성기의 성능 비교)
이 예제에서는 고차원($d=30$)의 다변량 정규표본을 생성하여 4.6절에서 나타난 여러 방법들의 시간을 비교하고자 한다. R에서 이용가능한 다변량 정규표본 생성기는 두 개이다. 하나는 MASS 패키지의 mvrnorm()이고, 다른 하나는 mvtnorm 패키지의 rmvnorm()이다.

```
> library(MASS)
> library(mvtnorm)
> n <- 100              # sample size
> d <- 30               # dimension
> N <- 2000             # iterations
> mu <- numeric(d)
> set.seed(100)
> system.time(for (i in 1:N)
+    rmvn.eigen(n, mu, cov(matrix(rnorm(n*d), n, d))))
> set.seed(100)
> system.time(for (i in 1:N)
+    rmvn.Choleski(n, mu, cov(matrix(rnorm(n*d), n, d))))
> set.seed(100)
> system.time(for (i in 1:N)
+    mvrnorm(n, mu, cov(matrix(rnorm(n*d), n, d))))
```

```
> set.seed(100)
> system.time(for (i in 1:N)
+     rmvnorm(n, mu, cov(matrix(rnorm(n*d), n, d))))
> set.seed(100)
> system.time(for (i in 1:N)
+     cov(matrix(rnorm(n*d), n, d)))
```

다변량 정규표본 생성과 관련된 작업의 대부분은 공분산행렬의 분해이다. 이 예제에서 사용된 공분산은 사실 표준 다변량 정규표본의 표본공분산이다. 따라서 랜덤하게 생성된 $\Sigma$는 각 반복마다 변하지만, 이 예제에서 $\Sigma$는 단위행렬에 근사한다. 같은 공분산행렬에서 각 방법의 시간을 측정하기 위해서, 각 실행 전에 난수발생 씨앗값(seed)이 복원된다. 마지막은 전체 시간을 비교하기 위해 간단히 공분산을 생성한다.

아래 결과는 공분산행렬이 단위행렬에 근사할 때, 4가지 방법들 사이에 수행 상 차이점이 존재함을 나타낸다. 촐레스키 방법이 다소 빠르지만 rmvn.eigen()과 mvrnorm()이 비슷하게 잘 수행된다고 할 수 있다. rmvn.eigen()과 mvrnorm()의 수행이 유사한 이유는 mvrnorm()도 고유분해(eigen decomposition)를 사용하기 때문이다. 일반적으로 촐레스키 분해가 더 빠르다 할지라도 고유분해가 더 안정적이다.

```
Timings of MVN generators
                    user  system elapsed
rmvn.eigen         11.34    0.03   11.41
rmvn.choleski       8.77    0.01    8.87
mvrnorm            12.51    0.00   12.62
rmvnorm            16.61    0.00   16.71
generate Sigma      4.39    0.00    4.44
```

『R 노트』 system.time() 함수는 통계계산에서 제안된 알고리즘의 수행 성능을 비교하기 위해 흔히 사용된다.

위샤트 분포

$N_d(0,\Sigma)$ 분포로부터 생성된 확률표본으로 구성된 $n\times d$ 자료 행렬을 $X$라 하자. 그러면 $M=X^TX$는 척도행렬 $\Sigma$와 자유도 $n$을 가지는 위샤트(Wishart) 분포를 따른다고 하고, 이를 $M\sim W_d(\Sigma,n)$로 나타낸다. $d=1$일 때, $X$의 요소는 $N(0,\sigma^2)$로부터 생성된 단변량 확률표본이며, 따라서 $W_1(\sigma^2,n)\overset{d}{=}\sigma^2\chi^2(n)$이다. 즉, 단변량 정규분포에서의 표본분산이 카이제곱 분포를 따른다는 것을 일반화하면, 다변량 정규분포에서의 표본공분산행렬은 위샤트 분포를 따른다고 할 수 있다.

위샤트 분포를 따르는 확률변량을 생성하는 간단하지만 비효율적인 방법은 다변량 정규확률표본을 생성한 후 행렬곱 $X^TX$를 계산하는 것이다. 이 방법은 $M$의 서로 다른 $d(d+1)/2$개의 요소를 결정하기 위해 $nd$개의 정규확률변량을 생성해야 하므로 계산의 부담이 발생한다.

보다 효율적인 방법은 바틀레 분해(Bartlett's decomposition)에 기초한 것으로 다음과 같이 주어진다. $T=(T_{ij})$는 랜덤인 $d\times d$ 하삼각(lower triangular) 행렬로서 독립인 요소를 가지며 다음을 만족한다.

1. $T_{ij}\overset{iid}{\sim}N(0,1),\ i>j.$

2. $T_{ii}=\sqrt{\chi^2(n-i+1)},\ i=1,\ldots,d.$

그러면 행렬 $A=TT^T$는 $W_d(I_d,\,n)$ 분포를 따른다. 따라서 $W_d(\Sigma,n)$ 확률변량을 생성하기 위해서는 먼저 $L$이 하삼각행렬일 때 촐레스키 분해 $\Sigma=LL^T$를 구한다. 이를 이용하면 $LAL^T\sim W_d(\Sigma,\,n)$ 이다.

바틀레 분해 알고리즘을 사용하여 $n>d+1\geq 1$일 때 위샤트 분포, $W_d(\Sigma,n)$을 따르는 확률행렬을 생성하는 R 함수는 다음과 같이 작성할 수 있다.

```
> f.wishart <- function(n,d,Sigma){
```

```
+  T <- matrix(0,d,d)
+  for (i in 1:d)
+  {
+   for (j in 1:d)
+          {
+          if(i < j) {T[i,j]<-0} else
+          if(i == j) {T[i,j]<-sqrt(rchisq(1,n-i+1))} else
+          if(i > j) {T[i,j]<-rnorm(1)}
+          }
+  }
+ A<-T%*%t(T)
+ return(t(chol(Sigma))%*%A%*%chol(Sigma))  # chol():upper triangular
+}

> sigma<-matrix(c(4,2,-6,2,10,9,-6,9,26),3,3)
> f.wishart(3,3,sigma)
          [,1]      [,2]       [,3]
[1,] 3.3888774  4.911534  0.3491414
[2,] 4.9115339 27.566413 26.5942557
[3,] 0.3491414 26.594256 33.4161340
```

## <부록> 행렬의 분해

행렬대수에서 고유값과 고유벡터의 계산이 중요하다. 분광분해는 행렬의 구조에 고유값과 고유벡터를 연결시킨다. 대칭인 정방행렬을 곱의 형태로 표현한다.

### B.1 분광분해

정방행렬 $A$가 $p \times p$ 대칭이면, $A$의 고유값 $\lambda_1 \geq \lambda_2 \geq \cdots \geq \lambda_p$ 를 대각원소로 가지는 대각행렬과 이에 대응하는 고유벡터 $\gamma_j$로 구성된 직교행렬 $\Gamma = (\gamma_1, \gamma_2, \ldots, \gamma_p)$를 구할 수 있으며, 다음과 같은 식이 성립한다.

$$A = \Gamma \Lambda \Gamma^T = \sum_{j=1}^{p} \lambda_j \gamma_j \gamma_j^T .$$

이를 $A$의 분광분해라 한다.

분광분해에 의해 고유값을 구하면 행렬식의 값을 쉽게 계산할 수 있다. 왜냐하면 $|A| = \prod_{i=1}^{p} \lambda_i$ 이기 때문이다.

예제 B.1 (분광분해)
다음 행렬의 분광분해를 구해 보자.

$$A = \begin{bmatrix} 1 & 2 \\ 2 & 3 \end{bmatrix}.$$

고유값은 방정식 $|A - \lambda I| = 0$ 을 풀어서 구한다. 이를 풀면 고유값은 $\lambda_1 = 2 + \sqrt{5}$ 와 $\lambda_2 = 2 - \sqrt{5}$ 이다. 따라서 고유벡터는 $\gamma_1 = (0.5257,\, 0.8506)^T$과 $\gamma_2 = (-0.8506,\, 0.5257)^T$ 이다. 이를 행렬로 표현하면 다음과 같다.

$$\Lambda = \begin{bmatrix} 2+\sqrt{5} & 0 \\ 0 & 2-\sqrt{5} \end{bmatrix} = \begin{bmatrix} 4.2360 & 0 \\ 0 & -0.2360 \end{bmatrix}$$

그리고

$$\Gamma = \begin{bmatrix} 0.5257 & -0.8506 \\ 0.8506 & 0.5257 \end{bmatrix}$$

이다. 따라서 $A$는 다음과 같이 분해된다.

$$\begin{bmatrix} 1 & 2 \\ 2 & 3 \end{bmatrix} = \begin{bmatrix} 0.5257 & -0.8506 \\ 0.8506 & 0.5257 \end{bmatrix} \cdot \begin{bmatrix} 4.2360 & 0 \\ 0 & -0.2360 \end{bmatrix} \cdot \begin{bmatrix} 0.5257 & 0.8506 \\ -0.8506 & 0.5257 \end{bmatrix}.$$

그리고 $|A| = (4.2360)(-0.2360) \simeq -1$ 이다. 이 계산을 R에서 수행하면 다음과 같다.

```
> A <- matrix(c(1,2,2,3),2,2)
> A
     [,1] [,2]
[1,]    1    2
[2,]    2    3
> ev <- eigen(A, symmetric=TRUE)
> ev
$values
[1]  4.236068 -0.236068
$vectors
          [,1]       [,2]
[1,] 0.5257311 -0.8506508
[2,] 0.8506508  0.5257311
> dA <- prod(ev$values)
> dA
[1] -1
```

### B.2 촐레스키 분해

정방행렬 $A$가 대칭이고 양정치이면, 양의 대각요소를 가지는 유일한 상삼각행렬 $U$를 구할 수가 있으며, 다음과 같은 식이 성립한다.

$$A = U^T U.$$

흔히 $A = LL^T$ 으로 표현하기도 하며, 여기서 $L(= U^T)$ 은 하삼각행렬이다. 이를 촐레스키 분해라 한다.

촐레스키 분해는 제곱근의 일반화 형태이다. 양의 실수 $A$는 대칭이고 양정치인 $1 \times 1$ 행렬이다. 이 경우 $A = LL^T = LL$ 이며, $L = \sqrt{A}$ 이다.

예제 B.2 (촐레스키 분해)
다음 행렬의 촐레스키 분해를 구해 보자.

$$A=\begin{bmatrix} 4 & 2 & -6 \\ 2 & 10 & 9 \\ -6 & 9 & 26 \end{bmatrix}.$$

촐레스키 분해를 구하기 위해서는 다음의 간단한 행렬방정식을 풀면 된다.

$$\begin{bmatrix} 4 & 2 & -6 \\ 2 & 10 & 9 \\ -6 & 9 & 26 \end{bmatrix}=\begin{bmatrix} l_{11} & 0 & 0 \\ l_{21} & l_{22} & 0 \\ l_{31} & l_{32} & l_{33} \end{bmatrix}\cdot\begin{bmatrix} l_{11} & l_{21} & l_{31} \\ 0 & l_{22} & l_{32} \\ 0 & 0 & l_{33} \end{bmatrix}.$$

그러면 다음과 같은 방정식을 얻는다.

$$4=l_{11}^2,\ 2=l_{21}l_{11},\ -6=l_{31}l_{11},\ 10=l_{21}^2+l_{22}^2,\ 9=l_{31}l_{21}+l_{32}l_{22},\ 26=l_{31}^2+l_{32}^2+l_{33}^2$$

따라서 $A$의 촐레스키 분해는 다음과 같다.

$$L=\begin{bmatrix} 2 & 0 & 0 \\ 1 & 3 & 0 \\ -3 & 4 & 1 \end{bmatrix}.$$

다음은 이 계산을 수행하는 R 코드이다.

```
> A <- matrix(c(4,2,-6,2,10,9,-6,9,26),3,3)
> A
     [,1] [,2] [,3]
[1,]    4    2   -6
[2,]    2   10    9
[3,]   -6    9   26
> chol(A)
     [,1] [,2] [,3]
[1,]    2    1   -3
[2,]    0    3    4
[3,]    0    0    1
```

# 연습문제

4.1 2-모수 지수분포 $\mathrm{Exp}(\lambda, \eta)$로부터 크기 $n$의 확률표본을 생성하는 함수를 작성하라. $\mathrm{Exp}(\lambda, \eta)$로부터 크기 1,000의 확률표본을 생성하고 이론적 분위수와 표본 분위수를 비교하라.

4.2 표준 라플라스 분포는 밀도함수 $f(x)=\frac{1}{2}e^{-|x|}\ (x \in R)$를 가진다. 역변환법을 사용하여 이 분포로부터 크기 1,000의 확률표본을 생성하라. 그리고 목표분포와 생성된 표본을 비교하라.

4.3 $Pareto(a, b)$ 분포는 다음과 같은 cdf를 가진다.

$$F(x)=1-\left(\frac{b}{x}\right)^{a}, \quad x \geqq b>0,\ a>0.$$

역변환 $F^{-1}(U)$를 유도하고, 역변환법을 사용하여 $Pareto(2, 2)$ 분포로부터 확률표본을 생성하라. 비교를 위해 $Pareto(2, 2)$의 확률밀도함수와 생성한 표본의 히스토그램을 겹쳐 그려보라.

4.4 랄리 분포의 밀도함수는 다음과 같다.

$$f(x)=\frac{x}{\sigma^2}e^{-x^2/(2\sigma^2)}, \quad x \geqq 0,\ \sigma>0.$$

$Rayleigh(\sigma)$ 분포로부터 확률표본을 생성하기 위한 알고리즘을 작성하라. 다양한 $\sigma>0$의 선택에 따라 $Rayleigh(\sigma)$ 표본을 생성하고, 생성된 표본의 최빈값이 이론적 최빈값 $\sigma$에 가까운지 히스토그램을 그려서 확인하라.

4.5 이산확률변수 $X$가 다음과 같은 확률질량함수를 가진다.

| $x$ | 0 | 1 | 2 | 3 | 4 |
|---|---|---|---|---|---|
| $p(x)$ | 0.1 | 0.2 | 0.2 | 0.2 | 0.3 |

역변환법을 사용하여 $X$의 분포로부터 크기 1,000의 확률표본을 생성하라. 상대도수표를 만들고 이론적 확률과 경험적 확률을 비교하라. R의 sample() 함수를 사용하여 동일한 크기의 확률표본을 생성한 후 같은 방법으로 비교해 보라.

4.6 채택-기각법에 의해 생성된 표본 중 채택된 변량이 목표 밀도함수 $f_X$에서 생성된 확률표본임을 증명하라.

4.7 채택-기각법을 이용하여 $Beta(a, b)$ 분포로부터 크기 $n$의 확률표본을 생성하는 함수를 작성하라. 구체적으로 $Beta(3, 2)$ 분포로부터 크기 1,000의 확률표본을 생성한 후, $Beta(3, 2)$의 이론적 밀도함수와 표본의 히스토그램을 겹쳐 그려보라.

4.8 변환법을 사용하여 $Lognormal(\mu, \sigma)$ 분포로부터 확률변량을 생성하기 위한 함수를 작성하고 크기 1,000의 확률표본을 생성하라. 생성된 표본의 히스토그램과 R 함수 dlnorm()을 사용하여 그린 로그 정규분포의 확률밀도함수를 비교하라.

4.9 아래와 같은 대칭밀도함수를 고려하자.

$$f_e(x) = \frac{3}{4}(1-x^2), \quad |x| \leq 1.$$

이 분포로부터 난수를 생성하는 알고리즘은 다음과 같다.

i. $U(-1, 1)$로부터 독립인 난수 $U_1, U_2, U_3$를 생성한다.

ii. 만약 $|U_3| \geq |U_2|$이고 $|U_3| \geq |U_1|$이면 $U_2$를 사용하고, 그렇지 않으면 $U_3$를 사용한다.

$f_e(x)$로부터 확률변량을 생성하기 위한 함수를 작성하고, 생성된 확률표본의 히스토그램을 사용하여 밀도함수를 추정하라.

4.10 정규분포의 위치혼합(location mixture)으로부터 크기 1,000의 확률표본을 생성하라. 혼합분포는 혼합확률 $p_1$과 $p_2 = 1-p_1$인 $N(0, 1)$과 $N(3, 1)$을 요소로 가진다. $p_1 = 0.75$일 때, 밀도함수와 생성된 표본의 히스토그램을 겹쳐 그려라. $p_1$

의 값이 0.01, 0.25, 0.09 일 때는 어떻게 달라지는지 확인하라.

4.11 연속 지수-감마 혼합(Exponential-Gamma mixture)을 모의실험하고자 한다. 비율모수 $\Lambda$ 가 $Gamma(r, \beta)$ 분포를 따르고, $Y|\Lambda=\lambda$ 가 Exp($\Lambda$) 분포를 따른다고 가정하자. 즉, $f_Y(y|\lambda)=\lambda e^{-\lambda y}$ 이다. $r=4$, $\beta=2$ 일 때, 이 혼합으로부터 1,000 개의 확률표본을 생성하라.

4.12 연습문제 4.11의 혼합은 다음과 같은 cdf를 가지는 파레토 분포를 따른다.

$$F(y)=1-\left(\frac{\beta}{\beta+y}\right)^r, \quad y \geq 0$$

(이는 연습문제 4.3에 주어진 파레토 분포의 cdf의 다른 형태의 모수화이다.) $r=4$, $\beta=2$ 일 때 이 혼합으로부터 1,000 개의 확률표본을 생성하라. 파레토 밀도함수와 표본의 밀도히스토그램을 겹쳐 그려서 경험적 분포와 이론적 (파레토) 분포를 비교하라.

4.13 평균벡터 $\mu=(0, 1, 2)$ 와 아래의 공분산행렬을 가지는 3 차원 다변량 정규분포로부터 촐레스키 분해법을 사용하여 200 개의 확률표본을 생성하라.

$$\Sigma=\begin{bmatrix} 1.0 & -0.5 & 0.5 \\ -0.5 & 1.0 & -0.5 \\ 0.5 & -0.5 & 1.0 \end{bmatrix}$$

변수들의 각 쌍에 대한 산점도의 배열을 그리기 위하여 R 함수 pairs()를 사용하라. 변수들의 각 쌍에 대하여, 위치와 상관이 이변량 정규분포의 이론적 모수와 대략적으로 일치함을 시각적으로 확인하라.

4.14 연습문제 4.7과 예제 4.7, 그리고 R의 rbeta() 함수를 이용한 베타 분포 생성기를 비교하라. 모수 $a=2$, $b=2$ 를 고정하고, 5,000 개의 표본을 1,000 번씩 반복하며 각 생성기에 대해 시간을 측정하라. $a$ 와 $b$ 의 값을 다르게 주었을 때 결과가 차이가 나는가?

4.15 $U(0,1)$, $N(0,1)$, $Exp(1)$, $Poisson(1)$ 분포에서 1,000 개의 난수를 발생하여 표본크기가 커짐에 따라 표본평균의 값이 변화되는 과정을 그림으로 표현해 보라.

4.16 아래와 같은 확률밀도함수를 고려하자.

$$f(x) = \frac{2}{x^3}, \quad 1 < x < \infty.$$

(a) 이 분포의 평균과 분산을 구하라.

(b) 이 분포로부터 적절한 난수를 발생하여 대수의 법칙이 성립함을 밝히는 R 코드를 작성하라.

4.17 $Exp(1)$ 에서 중심극한정리가 성립함을 보이는 R 코드를 작성하라.

# 제5장

# 몬테칼로 적분

몬테칼로 적분이 통계적 관점에서 추정 문제임을 이해하고 이와 관련된 분산감소 기법을 소개한다. 구체적인 분산감소기법으로 대조변수, 제어변량, 주표집, 층화표집 등을 알아보고자 한다.

## 5.1 몬테칼로 적분

몬테칼로 적분(Monte Carlo integration)은 랜덤추출에 근거한 통계적 기법이다. 다음과 같은 적분문제에 대한 몬테칼로 접근을 살펴보자. 어떤 함수 $g(x)$에 대해 $\int_a^b g(x)dx$를 계산하고자 한다. 여기서 적분은 존재한다고 가정한다. 만약 $X$가 밀도함수 $f(x)$를 가지는 확률변수라면, 확률변수 $Y=g(X)$의 수학적 기댓값은 다음과 같다.

$$E[\,g(X)] = \int_{-\infty}^{\infty} g(x)f(x)dx\,.$$

만약 $X$의 분포로부터 확률표본이 주어진다면, $E[g(X)]$의 불편추정량은 표본평균이다.

**단순 몬테칼로 추정량**

$\theta = \int_0^1 g(x)dx$를 추정하는 문제를 고려하자. 만약 $X_1, \ldots, X_m$ 이 $U(0,1)$로부터의 확률표본이면,

$$\hat{\theta} = \overline{g(X)} = \frac{1}{m}\sum_{i=1}^{m} g(X_i)$$

는 대수의 강법칙(SLLN)에 의해 $E[g(X)] = \theta$로 확률1수렴한다. 따라서 $\int_0^1 g(x)dx$의 단순 몬테칼로(simple Monte Carlo) 추정량은 $\overline{g(X)}$ 이다.

예제 5.1 (단순 몬테칼로 적분)

적분 $\theta = \int_0^1 e^{-x}dx$의 몬테칼로 추정값을 계산하고, 이를 정확값(수학적으로 계산한 값)과 비교해 보자. 이를 위한 R 코드는 다음과 같다.

```
> m <- 10000
> x <- runif(m)
> theta.hat <- mean(exp(-x))        # θ̂
> print(theta.hat)
> print(1-exp(-1))                  # θ = ∫_0^1 e^{-x}dx = 1-e^{-1}

[1] 0.6299685
[1] 0.6321206
```

$\theta$의 몬테칼로 추정값은 $\hat{\theta} \doteq 0.6299$이고, 정확값은 $\theta = 1-e^{-1} \doteq 0.6321$이다.

적분 $\int_a^b g(t)dt$을 계산하기 위해서는 변수변환을 사용하여 적분구간을 $(0, 1)$로 바꾸면 편리하다. 선형변환 $y=(t-a)/(b-a)$을 고려하면 $dy=(1/(b-a))dt$이다. 이를 대입하면 적분은 아래와 같이 표현된다.

$$\int_a^b g(t)dt = \int_0^1 g(y(b-a)+a)(b-a)dy.$$

따라서 $U(0,1)$로부터 난수를 발생하여 단순 몬테칼로 적분을 수행할 수 있다.

다른 방법으로, $U(0, 1)$ 대신 $U(a, b)$를 사용할 수 있다. 이를 위해 적분을 다음과 같이 표현하자.

$$\int_a^b g(t)dt = (b-a)\int_a^b g(t)\frac{1}{b-a}dt = (b-a)E[g(Y)].$$

여기서 $Y$는 $U(a,b)$를 따른다. 따라서 적분은 $(a, b)$상에서 $g(Y)$의 평균값과

$(b-a)$를 곱한 값이다.

예제 5.2 (단순 몬테칼로 적분, 계속)

적분 $\theta=\int_2^4 e^{-x}dx$의 몬테칼로 추정값을 계산하자. 그리고 적분의 추정값과 정확값을 비교해 보자.

```
> m <- 10000
> x <- runif(m,min=2,max=4)
> theta.hat <- (4-2)*mean(exp(-x))          # θ̂
> print(theta.hat)
> print(exp(-2)-exp(-4))                    # θ = ∫_2^4 e^{-x}dx = e^{-2} - e^{-4}

[1] 0.1176499
[1] 0.1170196
```

따라서 적분의 추정값은 $\hat{\theta} \doteq 0.1176$ 이고 정확값은 $\theta=e^{-2}-e^{-4} \doteq 0.1170$ 이다.

적분 $\theta=\int_a^b g(x)dx$의 단순 몬테칼로 추정값을 구하는 방법은 다음과 같이 요약할 수 있다.

1. $U(a,b)$ 로부터 확률표본인 $X_1, ..., X_m$ 을 생성한다.
2. $\overline{g(X)}=\frac{1}{m}\sum_{i=1}^{m} g(X_i)$를 계산한다.
3. $\hat{\theta}=(b-a)\overline{g(X)}$ 를 계산한다.

예제 5.3 (몬테칼로 적분, 비유계구간)
몬테칼로 방법을 사용하여 아래의 표준정규 cdf를 추정해 보자.

$$\Phi(x)=\int_{-\infty}^{x}\frac{1}{\sqrt{2\pi}}e^{-t^2/2}dt.$$

적분의 범위가 비유계구간(unbounded interval)이므로 위에서 주어진 알고리즘을 직접적으로 적용하지 못한다. 그러나 이 문제는 $x\geq 0$과 $x<0$의 두 가지 경우로 나누어 생각하면 유계구간 적분문제가 된다. 먼저 $x\geq 0$인 경우를 고려해 보자. 정규분포가 대칭이라는 성질을 이용하면 표준정규 cdf를 다음과 같이 표현할 수 있다.

$$\Phi(x)=\frac{1}{2}+\int_{0}^{x}\frac{1}{\sqrt{2\pi}}e^{-t^2/2}dt.$$

적분 $\theta=\int_0^x e^{-t^2/2}dt$을 계산하기 위해 변수변환을 고려하자. 변환 $y=t/x$를 사용하면 $dt=xdy$이고, 적분은 다음과 같이 표현된다.

$$\theta=\int_0^1 xe^{-(xy)^2/2}dy.$$

따라서 $\theta=E_Y[xe^{-(xY)^2/2}]$이다. 여기서 확률변수 $Y$는 $U(0,1)$을 따른다. 확률표본 $u_1,...,u_m$을 $U(0,1)$에서 생성하여 표본평균을 계산한다.

$$\hat{\theta}=\overline{g_m(u)}=\frac{1}{m}\sum_{i=1}^{m}xe^{-(u_ix)^2/2}.$$

대수의 법칙에 의해 $m\rightarrow\infty$일 때 표본평균 $\hat{\theta}$은 $E[\hat{\theta}]=\theta$로 확률1수렴한다. 따라서 $x>0$인 경우, $\Phi(x)$의 추정값은 $0.5+\hat{\theta}/\sqrt{2\pi}$이다. 한편, $x<0$인 경우에는 $\Phi(x)=1-\Phi(-x)$를 이용하여 위와 같이 계산할 수 있다.

```
> x <- seq(.1, 2.5, length=10)
> m <- 10000
```

```
> u <- runif(m)
> cdf <- numeric(length(x))
> for (i in 1:length(x)) {
+     g <- x[i]*exp(-(u*x[i])^2/2)
+     cdf[i] <- 0.5+mean(g)/sqrt(2*pi)
+ }
```

위의 계산에서 10개의 $x$값에 대응하는 $\Phi(x)$의 추정값이 벡터 cdf에 저장되었다. 한편, R에 내장된 정규분포의 cdf 함수 pnorm()을 사용하여 $\Phi(x)$값을 수치적으로 계산할 수 있다.

```
> Phi <- pnorm(x)
> print(round(rbind(x, cdf, Phi), 3))
    [,1]  [,2]  [,3]  [,4]  [,5]  [,6]  [,7]  [,8]  [,9] [,10]
x   0.10 0.367 0.633 0.900 1.167 1.433 1.700 1.967 2.233 2.500
cdf 0.54 0.643 0.737 0.816 0.877 0.923 0.953 0.972 0.983 0.988
Phi 0.54 0.643 0.737 0.816 0.878 0.924 0.955 0.975 0.987 0.994
```

위의 결과를 비교해보면 몬테칼로 추정값은 정확값에 대체로 근사함을 알 수 있다. 그러나 추정값이 분포의 위쪽 꼬리부분에서 나빠지는 것을 알 수 있다.

이러한 문제에서는 $U(0, x)$를 따르는 확률변수를 생성함으로써 변수변환을 피하는 것이 더 간단할지도 모른다. 이는 연습문제로 주어져 있다. 앞의 예제에서 피적분함수는 확률밀도함수이므로, 이 확률밀도함수로부터 확률변수를 바로 생성할 수 있다. 이는 적분의 추정에 대한 보다 직접적인 방법을 제공한다.

**예제 5.4** (예제 5.3 계속)
$I(\cdot)$을 지시함수라 하고, $Z \sim N(0,1)$이라 하자. 어떤 상수 $x$에서 계산된 표준정규 cdf는 $E[I(Z \le x)] = P(Z \le x) = \Phi(x)$와 같이 표현된다.

확률표본 $z_1, \ldots, z_m$ 을 표준정규분포로부터 생성하면 표본평균은 다음과 같다.

$$\widehat{\Phi(x)} = \frac{1}{m}\sum_{i=1}^{m} I(z_i \le x).$$

이는 대수의 법칙에 의해 $\Phi(x)$에 확률1수렴한다.

```
> x <- seq(.1, 2.5, length=10)
> m <- 10000
> z <- rnorm(m)
> dim(x) <- length(x)
> p <- apply(x, MARGIN = 1,
+         FUN = function(x, z) {mean(z < x)}, z = z)
```

이제 p에 저장된 $\Phi(x)$의 추정값과 R의 정규누적밀도함수 pnorm()의 결과를 비교해 보자.

```
> Phi <- pnorm(x)
> print(round(rbind(x, p, Phi), 3))

     [,1]  [,2]  [,3]  [,4]  [,5]  [,6]  [,7]  [,8]  [,9] [,10]
x   0.100 0.367 0.633 0.900 1.167 1.433 1.700 1.967 2.233 2.500
p   0.541 0.651 0.742 0.820 0.876 0.923 0.953 0.975 0.985 0.993
Phi 0.540 0.643 0.737 0.816 0.878 0.924 0.955 0.975 0.987 0.994
```

예제 5.3의 결과와 비교하면, 위쪽 꼬리부분에서는 pnorm()의 결과와 더 잘 일치하지만 중심 근처에서는 일치하는 정도가 떨어진다.

요약하면, $f(x)$가 집합 A를 받침으로 가지는 확률밀도함수일 때, (즉, 모든 $x \in R$에 대하여 $f(x) \geq 0$ 이고, $\int_A f(x) = 1$ 이다.) 아래 적분

$$\theta = \int_A g(x) f(x) dx$$

을 추정하기 위하여 분포 $f(x)$로부터 확률표본 $x_1, \ldots, x_m$ 을 생성하고, 다음과 같이 표본평균을 계산한다.

$$\hat{\theta}=\frac{1}{m}\sum_{i=1}^{m}g(x_i).$$

그러면 $m\to\infty$일 때 $\hat{\theta}$는 $E[\hat{\theta}]=\theta$로 확률1수렴한다.

**단순 몬테칼로 추정량의 표준오차**

$\hat{\theta}=\frac{1}{m}\sum_{i=1}^{m}g(x_i)$ 의 분산은 $\sigma^2/m$이다. 여기서 $\sigma^2 = Var(g(X))$이다. $\hat{\theta}$ 의 분산은 다음 과 같이 추정될 수 있다.

$$\frac{\hat{\sigma}^2}{m}=\frac{1}{m^2}\sum_{i=1}^{m}\left[\,g(x_i)-\overline{g(x)}\,\right]^2. \tag{5.1}$$

여기서,

$$\frac{1}{m}\sum_{i=1}^{m}\left[\,g(x_i)-\overline{g(x)}\,\right]^2 \tag{5.2}$$

는 $Var(g(X))$을 추정한 것이다. 따라서 $\hat{\theta}$의 표준오차에 대한 추정값은 다음과 같다.

$$\hat{se}(\hat{\theta})=\frac{\hat{\sigma}}{\sqrt{m}}=\frac{1}{m}\left\{\sum_{i=1}^{m}\left[\,g(x_i)-\overline{g(x)}\,\right]^2\right\}^{1/2}. \tag{5.3}$$

중심극한정리(CLT)에 의해 다음과 같은 결과를 얻을 수 있다. $m\to\infty$일 때,

$$\frac{\hat{\theta}-E[\hat{\theta}]}{\sqrt{Var[\hat{\theta}]}}$$

는 $N(0,1)$분포로 수렴한다. 따라서 $m$이 충분히 크면, $\hat{\theta}$는 평균 $\theta$를 가지는 정규분포에 근사하게 된다. $\hat{\theta}$의 근사적 정규분포는 적분의 몬테칼로 추정값의 신뢰한계 또는 오차범위를 구하거나 수렴을 확인하는데 사용될 수 있다.

**예제** 5.5 (몬테칼로 적분에 대한 오차한계)
예제 5.4에서 구한 추정량의 분산을 추정하고, $\Phi(2)$와 $\Phi(2.5)$의 추정값에 대한 근사

적 95% 신뢰구간을 구하고자 한다. 다음은 R에서 사용자 정의 함수 CI()를 이용하여 계산한 결과이다.

```
> CI <- function(x){
+ m <- 10000
+ z <- rnorm(m)
+ g <- (z < x)                                # the indicator function
+ v <- mean((g-mean(g))^2)/m                  # 1/m^2 Σ_{i=1}^{m} [ g(x_i) - mean(g(x)) ]^2
+ cdf <- mean(g)
+ L.CI <- cdf-1.96*sqrt(v)
+ U.CI <- cdf+1.96*sqrt(v)
+ return(c(cdf, v, L.CI, U.CI))
+ }
> CI(2)
[1] 9.767000e-01 2.275711e-06 9.737432e-01 9.796568e-01
> CI(2.5)
[1] 9.927000e-01 7.246710e-07 9.910315e-01 9.943685e-01
```

확률 $P(I(Z<x)=1)$은 $\Phi(2)\cong 0.977$이다. 여기서 $g(X)$는 $m=10{,}000$개의 베르누이 시행에서 1의 표본비율의 분포를 가지며, $p \doteq 0.977$이다. 따라서 $g(X)$의 분산은 $(0.977)(1-0.977)/10000=2.2471e-06$ 이다. 분산의 몬테칼로 추정값 $2.275711e-06$은 $g(X)$의 분산에 매우 가깝다.

마찬가지로 확률 $P(I(Z<x)=1)$은 $\Phi(2.5)\cong 0.993$ 이다. 분산의 몬테칼로 추정값 $7.246710e-07$은 이론적인 값 $(0.993)(1-0.993)/10000=6.951e-07$과 거의 같다.

### 적중법

적분 $\theta=\int_a^b g(x)dx$를 계산하는 또 다른 방법으로 적중법(hit-or-miss Monte Carlo)이 있다. 여기서 $g(x)$는 유계함수이고 $0\le g(x)\le c$ 임을 가정하자. $\theta$는 곡선

아래의 면적이며, 이는 $[a, b]\times[0, c]$ 의 $g(x)$ 아래 비율과 $c(b-a)$의 곱으로 추정된다. 즉, $X$가 $U(a,b)$을 따르고 $Y$가 $U(0,c)$를 따르면,

$$\theta = c(b-a)P(Y \le g(X))$$

이다. 이는 그림 5.1에 시각적으로 표현되어 있다.

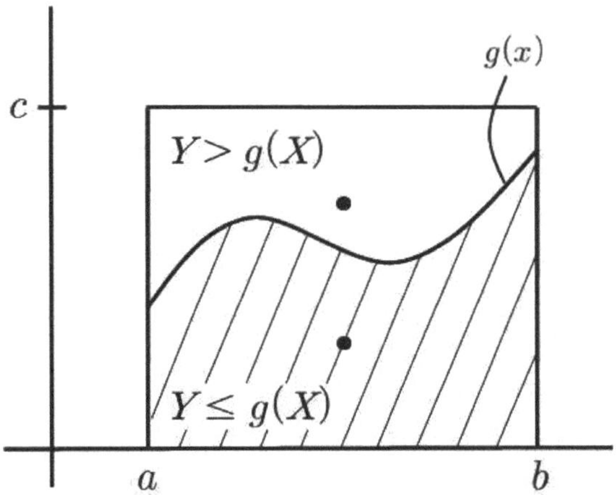


그림 5.1: 적중법

적중법을 이용하여 적분을 계산하는 알고리즘은 아래와 같다.

1. $U(a, b)$ 로부터 확률표본 $X_1, \ldots, X_m$ 을 생성하고, $U(0, c)$ 로부터 확률표본 $Y_1, \ldots, Y_m$ 을 생성한다.
2. 각 관측값 $(X_i, Y_i)$ 에 대해 다음을 계산한다. (단, $i = 1, \ldots, m$ 이다.)

$$I(Y_i \le g(X_i)) = \begin{cases} 1, & Y_i \le g(X_i) \\ 0, & Y_i > g(X_i) \end{cases}.$$

3. $\tilde{\theta} = c(b-a) \times \dfrac{1}{m}\sum_{i=1}^{m} I(Y_i \le g(X_i))$를 계산한다.

적중법의 경우, $E(\tilde{\theta}) = \theta$ 이고 $Var(\tilde{\theta}) = \theta[c(b-a)-\theta]/m$ 이다. 일반적으로 적중법으로 몬테칼로 적분을 계산하면 단순 몬테칼로 추정량보다 분산이 커지기 때문에 사용을 권장하지 않는다.

예제 5.6 (적중법)

적중법을 이용하여 몬테칼로 추정값을 계산하기 위해 간단한 적분 $\theta = \int_0^2 \frac{1}{1+x^2} dx$ 를 고려해 보자. $0 \le 1/(1+x^2) \le 1$ 이므로 이는 유계함수이다. 적중법을 이용하기 위한 R 코드는 다음과 같다.

```
> m <- 10000
> i.y <- numeric(m)
> g <- function(x) 1/(1+x^2)
> x <- runif(m,0,2)
> y <- runif(m,0,1)
> for(i in 1:m)
+ {
+ i.y[i] <- as.numeric(y[i] <= g(x[i]))
+ }
> theta.hat <- 2*sum(i.y)/m          # θ̂
> theta.hat
[1] 1.1008
> atan(2)                            # θ = ∫_0^2 1/(1+x^2) dx = arctan(2)
[1] 1.107149
```

적중법을 이용한 적분의 추정값은 $\hat{\theta} = 1.1008$ 이고, 이는 정확값 $\theta = 1.107149$ 에 근사함을 알 수 있다.

**효율성**

$\hat{\theta}_1$과 $\hat{\theta}_2$를 $\theta$에 대한 두 추정량이라 하자. 만약

$$\frac{Var(\hat{\theta}_1)}{Var(\hat{\theta}_2)} < 1 \tag{5.4}$$

이면, $\hat{\theta}_1$이 $\hat{\theta}_2$보다 통계적 관점에서 더 효율적(efficient)이다.

만약 추정량 $\hat{\theta}_i$의 분산을 모른다면, 각 추정량의 분산의 표본 추정값을 대입하여 효율성을 추정할 수 있다. 참고로 분산은 반복의 수를 증가시키면 항상 감소할 수 있으므로 계산적 효율성(efficiency) 측면 또한 살펴보아야 한다.

## 5.2 분산감소

$E[g(X)]$ 형태의 적분을 추정하기 위해 몬테칼로 적분을 이용하는 방법을 살펴보았다. 이 절에서는 $\theta = E[g(X)]$의 표본평균 추정량에서 분산을 감소하는 몇 가지 접근 방법을 소개한다.

만약 $\hat{\theta}_1$과 $\hat{\theta}_2$가 모수 $\theta$의 추정량이고 $Var(\hat{\theta}_2) < Var(\hat{\theta}_1)$이면, $\hat{\theta}_1$ 대신에 $\hat{\theta}_2$를 사용함으로써 감소하는 분산의 퍼센트(분산감소 퍼센트)는 다음과 같다.

$$100 \times \left( \frac{Var(\hat{\theta}_1) - Var(\hat{\theta}_2)}{Var(\hat{\theta}_1)} \right).$$

$\theta = E[g(X)]$를 추정하기 위한 몬테칼로 접근은 $g(X)$의 분포로부터 큰 반복수 $m$에 대해 표본평균 $\overline{g(X)}$를 계산하는 것이다. 여기서 함수 $g(X)$는 통계량이다. 즉, 표본의 $n$변량 함수 $g(X_1, \ldots, X_n)$ 이다. 문맥상 혼란이 없다면 $g(X_1, \ldots, X_n)$ 대신에 단순하게 $g(X)$를 사용한다.

$X$의 분포로부터 확률표본을 아래와 같이 두자.

$$X^{(j)} = \{X_1^{(j)}, \ldots, X_n^{(j)}\}, \quad j = 1, \ldots, m \quad .$$

이에 대응하는 반복을 다음과 같이 계산한다.

$$Y_j = g(X_1^{(j)}, \ldots, X_n^{(j)}), \quad j = 1, \ldots, m \quad . \tag{5.5}$$

그러면 $Y_1, \ldots, Y_m$ 은 $Y = g(X)$의 분포로부터 독립이며 같은 분포를 가지게 되며,

$$E[\overline{Y}] = E\left[\frac{1}{m}\sum_{j=1}^{m} Y_j\right] = \theta$$

이다. 따라서 몬테칼로 추정량 $\hat{\theta} = \overline{Y}$는 $\theta = E[Y]$에 대한 불편추정량이다. 이 경우 몬테칼로 추정량의 분산은

$$Var(\hat{\theta}) = Var\,\overline{Y} = \frac{Var(g(X))}{m}$$

이다. 반복수 $m$을 증가시키면 몬테칼로 추정량의 분산은 명백히 감소한다. 그러나 문제는 분산의 감소정도에 비해 상대적으로 큰 반복수의 증가가 요구된다는 점이다. 예를 들어, 표준오차를 0.01에서 0.0001까지 감소시키기 위해서는 근사적으로 10,000배의 반복을 필요로 한다. 일반적으로 $Var(g(X)) = \sigma^2$일 때 표준오차가 $e$보다 작거나 같기 위해서는 $m \ge [\sigma^2/e^2]$의 반복이 필요하다. 즉, 몬테칼로 반복의 수가 증가함에 따라 분산이 항상 감소한다하더라도 계산의 비용이 높아지게 된다. 따라서 분산을 감소시키는 방법을 적용한다면, 단순히 반복수를 증가시키는 것보다는 계산의 비용이 더 적어야 한다. 일반적으로 몬테칼로 적분에서 분산을 감소시키는 기법은 다음과 같다.

1) 대조변수(antithetic variable)
2) 제어변량(control variate)
3) 주표집(importance sampling)
4) 층화표집(stratified sampling)

이제 몬테칼로 적분에서 추정량의 분산을 감소시키는 이들 방법을 하나씩 구체적으로 살펴보도록 하자.

## 5.3 대조변수

두 개의 동일한 분포를 따르는 확률변수 $U_1$과 $U_2$의 분산을 고려하자. 만약 $U_1$과 $U_2$가 독립이면,

$$Var\left(\frac{U_1 + U_2}{2}\right) = \frac{1}{4}(Var(U_1) + Var(U_2))$$

이다. 그러나 일반적으로 합의 분산은 다음과 같이 표현된다.

$$Var\left(\frac{U_1+U_2}{2}\right)=\frac{1}{4}(Var(U_1)+Var(U_2)+2Cov(U_1,U_2)).$$

만약 $U_1$과 $U_2$가 음의 상관관계에 있다면, $Var((U_1+U_2)/2)$는 독립일 때보다 값이 작아진다. 따라서 음의 상관관계를 고려하는 것이 분산을 감소시키는 방법 중 하나가 될 수 있다.

예를 들면, 역변환법을 통해서 $X_1,\dots,X_n$ 이 생성되었다고 하자. 즉, $m$번까지 반복할 때마다, $U_i\sim U(0,1)$을 생성하고 $X_i=F_X^{-1}(U_i)\,(i=1,\dots,n)$ 를 계산한다. 만약 $U\sim U(0,1)$ 이면, $1-U$는 $U$와 동일한 분포를 따르지만 $U$와 $1-U$는 음의 상관관계를 가진다. 그러면 (5.5)식에 주어진

$$Y_j=g\left(F_X^{-1}(U_1^{(j)}),\dots,F_X^{-1}(U_n^{(j)})\right)$$

는 아래 $Y_j'$과 동일한 분포를 가진다.

$$Y_j'=g\left(F_X^{-1}(1-U_1^{(j)}),\dots,F_X^{-1}(1-U_n^{(j)})\right).$$

어떤 조건하에서 $Y_j$와 $Y_j'$가 음의 상관관계를 가지는가? 만약 $g$가 단조함수(monotone function)이면, 변수 $Y_j$와 $Y_j'$는 음의 상관관계를 가진다. 단조함수의 정의는 다음과 같다.

만약 $x_j\le y_j(j=1,\dots,n)$ 이면 $(x_1,\dots,x_n)\le(y_1,\dots,y_n)$ 이라고 정의하자. 좌표값이 증가할 때 함수값이 증가한다면 $n$변량 함수 $g=g(X_1,\dots,X_n)$ 는 증가함수이다. 즉, $(x_1,\dots,x_n)\le(y_1,\dots,y_n)$ 일 때 $g(x_1,\dots,x_n)\le g(y_1,\dots,y_n)$ 이면 $g$는 증가함수이다. 마찬가지로 좌표값이 증가할 때 함수값이 감소한다면 $g$는 감소함수이다. 좌표가 증가할 때 함수값이 증가하거나 감소하는 함수 $g$를 단조함수라 한다.

대조변수를 사용하는 방법은 적용하기 쉽다. 만약 $m$번의 몬테칼로 반복이 필요하다면, 다음과 같이 $m/2$번의 반복을 생성하고

$$Y_j=g\left(F_X^{-1}(U_1^{(j)}),\dots,F_X^{-1}(U_n^{(j)})\right),\quad j=1,\dots,m/2, \tag{5.6}$$

나머지 $m/2$번의 반복은 다음과 생성한다.

$$Y_j' = g\left(F_X^{-1}(1-U_1^{(j)}), \ldots, F_X^{-1}(1-U_n^{(j)})\right), \quad j=1,\ldots,m/2 \ . \tag{5.7}$$

여기서 $U_i^{(j)}$는 $U(0,1)$로부터의 확률표본이다.(단, $i=1,\ldots,n$, $j=1,\ldots,m/2$ 이다.) 그러면 대조추정량(antithetic estimator)은 다음과 같이 주어진다.

$$\hat{\theta} = \frac{1}{m}\{Y_1 + Y_1' + Y_2 + Y_2' + \cdots + Y_{m/2} + Y'_{m/2}\}$$

$$= \frac{2}{m}\sum_{j=1}^{m/2}\left(\frac{Y_j + Y_j'}{2}\right).$$

즉, $nm$개보다 적은 $nm/2$개의 균일변량이 필요하므로 계산의 비용은 줄고 몬테칼로 추정량의 분산은 감소한다.

예제 5.7 (대조변수)
예제 5.3에서 표준정규누적밀도함수

$$\Phi(x) = \int_{-\infty}^{x}\frac{1}{\sqrt{2\pi}}e^{-t^2/2}dt$$

를 추정하기 위한 몬테칼로 적분을 예시하였다. 이 예제에서는 대조변수를 사용하여 추정하고, 표준오차의 근사적 감소를 알아보자. 여기서 변수변환 $y=t/x$ 사용 후 목표모수는 $\theta = E_U[xe^{-(xU)^2/2}]$이다. 이때, $U$는 $U(0,1)$을 따른다.

모의실험을 위쪽 꼬리 부분으로 제한하면 $g(u) = xe^{-(xu)^2/2}$은 단조함수이다. $U(0,1)$을 따르는 난수 $u_1, \ldots, u_{m/2}$을 생성하고 아래 식을 이용하여 반복의 절반을 계산한다.

$$Y_j = g^{(j)}(u) = xe^{-(u_j x)^2/2}, \quad j=1,\ldots,m/2 \ .$$

앞에서와 같이, 반복의 나머지 절반을 다음과 같이 계산한다.

$$Y_j' = xe^{-((1-u_j)x)^2/2}, \quad j=1,\ldots,m/2 \ .$$

표본평균

$$\hat{\theta} = \overline{g(u)} = \frac{1}{m}\sum_{j=1}^{m/2}\left(xe^{-(u_j x)^2/2} + xe^{-((1-u_j)\,x)^2/2}\right)$$

$$= \frac{1}{m/2}\sum_{j=1}^{m/2}\left(\frac{xe^{-(u_j x)^2/2} + xe^{-((1-u_j)\,x)^2/2}}{2}\right)$$

은 $m \to \infty$일 때, $E[\hat{\theta}] = \theta$로 수렴한다. 만약 $x > 0$이면, $\Phi(x)$의 추정값은 $0.5 + \hat{\theta}/\sqrt{2\pi}$이다. 만약 $x < 0$이면 $\Phi(x) = 1 - \Phi(-x)$를 계산한다. 적분 $\Phi(x)$의 몬테칼로 추정은 아래에 주어진 함수 MC.Phi() 에 구현되어 있다. MC.Phi() 함수에서 대조변수의 사용여부를 선택할 수 있다.

```
> MC.Phi <- function(x, R=10000, antithetic=TRUE) {
+     u <- runif(R/2)
+     if (!antithetic) v <- runif(R/2) else
+         v <- 1-u
+     u <- c(u, v)
+     cdf <- numeric(length(x))
+     for (i in 1:length(x)) {
+         g <- x[i]*exp(-(u*x[i])^2/2)              # Y_j = xe^{-(u_j x)^2/2}
+         cdf[i] <- 0.5+mean(g)/sqrt(2*pi)          # 0.5 + θ̂/√(2π)
+     }
+     cdf
+ }
```

추정값의 비교는 아래에서와 같이 하나의 몬테칼로 실험으로부터 얻어진다.

```
> x <- seq(.1, 2.5, length=5)
> Phi <- pnorm(x)
> set.seed(123)
```

```
> MC1 <- MC.Phi(x, anti=FALSE)
> set.seed(123)
> MC2 <- MC.Phi(x)
> print(round(rbind(x, MC1, MC2, Phi), 5))

        [,1]    [,2]    [,3]    [,4]    [,5]
x    0.10000 0.70000 1.30000 1.90000 2.50000
MC1  0.53983 0.75825 0.90418 0.97311 0.99594
MC2  0.53983 0.75805 0.90325 0.97132 0.99370
Phi  0.53983 0.75804 0.90320 0.97128 0.99379
```

분산의 근사적 감소는 단순 몬테칼로 적분과 대조변수 방법에서, 하나의 모의실험을 통해 주어진 $x$에 대해 추정될 수 있다.

```
> m <- 1000
> MC1 <- MC2 <- numeric(m)
> x <- 1.95
> for (i in 1:m) {
+     MC1[i] <- MC.Phi(x, R=1000, anti=FALSE)
+     MC2[i] <- MC.Phi(x, R=1000)
+ }
> print(sd(MC1))
[1] 0.006874616
> print(sd(MC2))
[1] 0.0004392972
> print(100*(var(MC1)-var(MC2))/var(MC1))
```

$$\# \ 100 \times \left( \frac{Var(\hat{\theta}_1) - Var(\hat{\theta}_2)}{Var(\hat{\theta}_1)} \right)$$

```
[1] 99.59166
```

대조변수 접근은 $x = 1.95$일 때 분산이 근사적으로 99.6% 감소하였다.

## 5.4 제어변량

$\theta = E[g(X)]$의 몬테칼로 추정에서 분산을 감소시키는 또 다른 하나의 접근은 제어변량을 사용하는 것이다. 제어변량의 정의는 다음과 같다.

먼저 $\mu = E[f(X)]$가 되도록 하는 $f$가 존재한다고 가정하자. 이때, $\mu$는 알려진 값이다. 그리고 $f(X)$는 $g(X)$와 상관관계를 가진다고 가정한다. 그러면 임의의 상수 $c$에 대해서 $\hat{\theta}_c = g(X) + c(f(X) - \mu)$는 $\theta$의 불편추정량이 된다.

$\hat{\theta}_c$의 분산은

$$Var(\hat{\theta}_c) = Var(g(X)) + c^2 Var(f(X)) + 2c\, Cov(g(X), f(X)) \tag{5.8}$$

이며, 이는 $c$에 관한 2차 함수이다. 2차 함수의 성질을 이용하면 $Var(\hat{\theta}_c)$를 최소로 하는 $c$의 값, $c^*$를 찾을 수 있으며,

$$c^* = -\frac{Cov(g(X), f(X))}{Var(f(X))}$$

이다. 이 때 최소 분산은 다음과 같이 주어진다.

$$Var(\hat{\theta}_{c^*}) = Var(g(X)) - \frac{[Cov(g(X), f(X))]^2}{Var(f(X))}. \tag{5.9}$$

이러한 확률변수 $f(X)$를 추정량 $g(X)$에 대한 제어변량(control variate)이라 정의하며 $\hat{\theta}_{c^*}$를 제어추정량(controlled estimator)이라 한다. $Var(g(X))$는

$$\frac{[Cov(g(X), f(X))]^2}{Var(f(X))}$$

만큼 감소하며, 분산감소 퍼센트는

$$100 \times \frac{[Cov(g(X), f(X))]^2}{Var(g(X))\, Var(f(X))} = 100 \times [\, Cor(g(X), f(X))]^2$$

이다. 따라서 $f(X)$와 $g(X)$가 강한 상관관계를 가질수록 감소하는 분산의 퍼센트가 높아진다. 물론 $f(X)$와 $g(Y)$가 상관관계가 없다면 분산의 감소정도에 영향을 미치

지 않는다.

상수 $c^*$를 계산하기 위해서는 $Cov(g(X), f(X))$와 $Var(f(X))$가 필요하며, 만약 이러한 모수들이 추정될 필요가 있다면, 몬테칼로 실험으로부터 추정이 가능하다.

예제 5.8 (제어변량)
제어변량을 이용하여 아래 식을 계산하고자 한다.

$$\theta = E[e^U] = \int_0^1 e^u du.$$

여기서 $U \sim U(0,1)$ 이다. 이 예제는 직접 적분을 하면 $\theta = e - 1 = 1.718282$이라는 것을 알지만, 모의실험을 통해 제어변량을 사용하는 방법이 제대로 구현되는지를 살펴보고자 한다.

$g(u) = e^u$ 라 두고, 단순 몬테칼로 접근이 $m$번 반복된다고 하자. 그러면 추정량의 분산은 $Var(g(U))/m$ 이고, 이때 $Var(g(U))$는 다음과 같다.

$$Var(g(U)) = Var(e^U) = E[e^{2U}] - \theta^2 = \frac{e^2 - 1}{2} - (e-1)^2 \doteq 0.2420351$$

제어변량에 대한 자연스러운 선택은 $U \sim U(0,1)$ 이다. 그러면 $E[U] = 1/2$, $Var(U) = 1/12$, 그리고 $Cov(e^U, U) = 1 - (1/2)(e-1) \doteq 0.1408591$ 이다. 따라서 $c^*$는 아래와 같이 주어진다.

$$c^* = \frac{-Cov(e^U, U)}{Var(U)} = -12 + 6(e-1) \doteq -1.690309$$

따라서 제어추정량은 $\hat{\theta}_{c^*} = e^U - 1.690309(U - 0.5)$ 이고, $m$번 반복일 때, 제어추정량의 분산은 $Var(\hat{\theta}_{c^*})/m$ 이다. 이때, $Var(\hat{\theta}_{c^*})$는 다음과 같이 주어진다.

$$\begin{aligned} Var(e^U) - \frac{[Cov(e^u, U)]^2}{Var(U)} &= \frac{e^2-1}{2} - (e-1)^2 - 12\left(1 - \frac{e-1}{2}\right)^2 \\ &\doteq 0.2420356 - 12(01408591)^2 \\ &= 0.003940175 \end{aligned}$$

단순 몬테칼로 추정값과 비교했을 때 제어변량의 사용함으로써 감소하는 분산의 퍼센트는 $100(1-0.003940175/0.2420351)=98.3781\%$ 이다.

이제 이 문제에 대해 제어변량 방법을 구현해 보고, 모의실험을 통해 얻어지는 분산감소 퍼센트를 경험적으로 계산해보자.

```
> m <- 10000
> a <- -12+6*(exp(1)-1)                # -12+6(e-1)=c*
> U <- runif(m)
> T1 <- exp(U)                         # simple MC
> T2 <- exp(U)+a*(U-1/2)               # controlled
```

단순 몬테칼로 추정값과 제어변량 방법을 비교하면 다음과 같다.

```
> mean(T1)
[1] 1.711419
> mean(T2)
[1] 1.717676
> 100*(var(T1)-var(T2))/var(T1)
[1] 98.37252
```

즉, 이론적으로 계산한 분산감소 퍼센트 $98.3781\%$는 모의실험을 통해 근사적으로 얻을 수 있다.

예제 5.9 (제어변량을 사용한 몬테칼로 적분)
제어변량을 사용하여 다음 적분을 추정해 보자.

$$\int_0^1 \frac{e^{-x}}{1+x^2}dx.$$

관심모수는 $\theta=E[g(X)]$ 이고, $g(X)=e^{-x}/(1+x^2)$ 이다. 여기서 $X\sim U(0,1)$ 이다. $g(X)$와 강한 상관관계를 가지고 있고 기댓값이 알려진, $g(x)$에 '가까운' 함수 $f(x)$를 찾는다. 예를 들면, $f(x)=e^{-.5}(1+x^2)^{-1}$는 $(0,1)$에서 $g(x)$에 '가깝고', 기댓값을 계산할 수 있다. 두 함수 $g(x)$와 $f(x)$의 그래프는 다음의 R 코드를 이용하여 그릴 수 있으며, 출력결과는 그림 5.2에 제시되어 있다.

```
> f <- function(u)  exp(-.5)/(1+u^2)
> g <- function(u)  exp(-u)/(1+u^2)
> x <- seq(0,1,by=0.01)
> plot(x, f(x), type="l", ylim=c(0,1), ylab="")
> lines(x, g(x), ylim=c(0,1), lty=2)
> legend("topright", 1, c("g(x)", "f(x)"), lty = c(1:2), inset = .02)
```

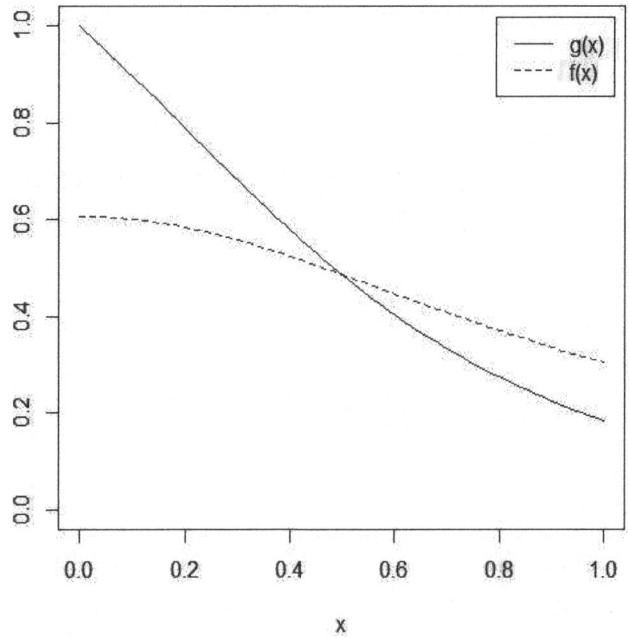


그림 5.2: 함수 $g(x)$ 와 $f(x)$ 비교 그림

만약 $U \sim U(0,1)$ 이면,

$$E[f(U)] = e^{-0.5}\int_0^1 \frac{1}{1+u^2}du = e^{-0.5}\arctan(1) = e^{-0.5}\frac{\pi}{4}$$

이다. 다음과 같이 상수 $c^*$의 추정값를 구하기 위한 예비 모의실험을 설정하면, $Cor(g(U), f(U))$의 추정값 또한 얻을 수 있다.

```
> set.seed(510)                        # needed later
```

```
> u <- runif(10000)
> B <- f(u)
> A <- g(u)
```

$c^*$와 $Cor(g(U),f(U))$ 의 추정값은 다음과 같다.

```
> cor(A,B)
[1] 0.9740585
> a <- -cov(A,B)/var(B)      # est of c*
> a
[1] -2.436228
```

다음은 제어변량을 사용한 경우와 사용하지 않는 경우의 모의실험 결과이다.

```
> m <- 100000
> u <- runif(m)
> T1 <- g(u)
> T2 <- T1+a*(f(u)-exp(-.5)*pi/4)
> c(mean(T1), mean(T2))
[1] 0.5253543 0.5250021
> c(var(T1), var(T2))
[1] 0.060231423 0.003124814
> 100*(var(T1)-var(T2))/var(T1)
[1] 94.81199
```

여기서 제어변량을 사용한 경우에 감소하는 분산의 근사적 퍼센트는 94.81% 이다. 나중에 분산을 감소시키는 또 다른 접근 방법인 주표집 방법을 적용하여 이 문제를 다시 생각해볼 것이다.

#### 제어변량으로서 대조변량

대조변량 추정량은 실제로 제어변량 추정량의 특별한 경우이다. 먼저 제어변량 추정량은 $\theta$ 의 불편추정량들의 선형결합이다. 일반적으로, 만약 $\hat{\theta}_1$과 $\hat{\theta}_2$이 모두 $\theta$ 의 불편

추정량이라면, 모든 상수 $c$ 에 대하여,

$$\hat{\theta}_c = c\hat{\theta}_1 + (1-c)\hat{\theta}_2$$

또한 $\theta$ 의 불편추정량이다. 그리고 $c\hat{\theta}_1 + (1-c)\hat{\theta}_2$의 분산은 다음과 같다.

$$Var(\hat{\theta}_2) + c^2 Var(\hat{\theta}_1 - \hat{\theta}_2) + 2c\, Cov(\hat{\theta}_2, \hat{\theta}_1 - \hat{\theta}_2). \tag{5.10}$$

(5.6)과 (5.7)에 주어진 대조변량의 가정에서 보면, $\hat{\theta}_1$과 $\hat{\theta}_2$는 동일한 분포를 따르며 $Cor(\hat{\theta}_1, \hat{\theta}_2) = -1$ 이다. 따라서 $Cov(\hat{\theta}_1, \hat{\theta}_2) = -Var(\hat{\theta}_1)$ 이고 식 (5.10)에 주어진 분산은 다음과 같다.

$$Var(\hat{\theta}_c) = 4c^2\, Var(\hat{\theta}_1) - 4c\, Var(\hat{\theta}_1) + Var(\hat{\theta}_1) = (4c^2 - 4c + 1)\, Var(\hat{\theta}_1).$$

이때 최적상수는 $c^* = 1/2$이고, 제어변량 추정량은

$$\hat{\theta}_{c^*} = \frac{\hat{\theta}_1 + \hat{\theta}_2}{2}$$

이므로, 이러한 경우의 $\theta$에 대한 제어변량 추정량은 대조변량 추정량과 같은 형태를 이룬다.

## 5.5 주표집

### 균일가중함수를 이용한 단순 몬테칼로

구간 $(a, b)$ 상에서 함수 $g(x)$의 평균값은 미적분학에서 다음과 같이 정의된다.

$$\frac{1}{b-a}\int_a^b g(x)dx.$$

여기서 구간 $(a, b)$ 전체에 균일가중함수(uniform weight function)가 적용되었다. 만약 $X$가 $(a, b)$상에서 균일하게 분포된 확률변수라면,

$$E[g(X)] = \int_a^b g(x)\frac{1}{b-a}dx = \frac{1}{b-a}\int_a^b g(x)dx \tag{5.11}$$

이다. 이는 단순히 균일가중함수에 관한 구간 $(a, b)$ 상에서의 함수 $g(x)$의 평균값이다. 단순 몬테칼로 방법은 $(a, b)$ 상에서의 균일분포로부터 난수 $X_1, \ldots, X_m$ 을 생성한 후, 표본평균

$$\frac{b-a}{m}\sum_{i=1}^{m} g(X_i)$$

를 사용하여 $\int_a^b g(x)dx$를 추정한다. 이는 대수의 강법칙에 의해서 $\int_a^b g(x)dx$로 확률1수렴한다.

그러나 이 방법의 한계는 비유계구간에 대해서는 적용하지 못한다는 것이다. 또한, 만약 함수 $g(x)$가 굉장히 균일하지 않다면 구간 상에서 균일하게 표본을 추출하는 것이 효과적이지 않을 수 있다. 이러한 관점에서, 적분 문제를 기댓값 문제로 본다면 균일가중함수보다는 다른 형태의 가중함수를 고려하는 것이 더 바람직하다. 이러한 문제는 주표집(importance sampling)이라 불리는 일반적인 방법의 동기가 된다.

### 주함수를 이용한 단순 몬테칼로

$\int g(x)dx$ 를 추정하기 위한 좀 더 일반적인 방법을 소개한다. 확률변수 $X$가 집합 $\{x : g(x) > 0\}$ 에서 $f(x) > 0$ 인 확률밀도함수 $f(x)$를 가진다고 가정하고, 확률변수 $g(X)/f(X)$를 $Y$로 두자. 그러면 다음과 같은 식이 성립한다.

$$\int g(x)dx = \int \frac{g(x)}{f(x)} f(x)dx = E[Y] \, .$$

단순 몬테칼로 적분을 이용하여 $E[Y]$를 추정하자. 즉, 아래와 같이 표본평균을 계산한다.

$$\frac{1}{m}\sum_{i=1}^{m} Y_i = \frac{1}{m}\sum_{i=1}^{m}\frac{g(X_i)}{f(X_i)}.$$

여기서 확률변수 $X_1, \ldots, X_m$ 는 밀도함수 $f(x)$를 가지는 분포로부터 생성되며, 함수 $f(x)$를 주함수(importance function)라 한다.

주표집 방법에서 $Y = g(X)/f(X)$를 사용한 추정량의 분산은 $Var(Y)/m$이므로, $Y$의 분산은 작아야 한다. 만약 $Y$가 거의 상수이면 $Y$의 분산이 작으므로, 밀도함수 $f(x)$는 $g(x)$에 '가까워'야만 한다. 또한 확률분포 $f(x)$에서 난수를 발생하는 것이 쉬워야 한다.

예제 5.5에서 정규분포로부터 난수를 발생하여 표준정규 cdf $\Phi(2) = P(X \leq 2)$의 몬테칼로 추정값을 계산하였다. 또한, 단순 몬테칼로 방법은 분포의 꼬리부분에서 추정값의 정확도가 다소 떨어짐을 확인하였다. 직관적으로 난수발생 분포가 균일분포가 아닐 경우, 다른 형태의 분포를 사용하면 같은 표본 크기에서 더 정확한 추정값을 기대할 수 있다. 이때, 평균은 편의를 수정하기 위해서 비가중표본평균보다는 가중표본평균이 사용되어야만 한다. 이러한 방법을 주표집이라 한다. 주표집의 장점은 몬테칼로 추정량의 분산이 감소되도록 주표집분포를 선택할 수 있다는 것이다.

주표집

주표집은 주함수에 근거한 기법으로, 앞서 소개한 주함수를 이용한 단순 몬테칼로 방법은 주표집의 특별한 경우에 해당된다. 주표집 기법은 다음과 같이 정의된다.

$f(x)$는 집합 $A$상에서 양의 값을 가지는 밀도함수라고 가정한다. 만약 $A$상에서 $\phi(x) > 0$이면, 적분

$$\theta = \int_A g(x) f(x) dx$$

는 다음과 같이 표현될 수 있다.

$$\theta = \int_A g(x) \frac{f(x)}{\phi(x)} \phi(x) dx.$$

만약 $\phi(x)$가 $A$상에서 밀도함수이면, $\theta = E_\phi [g(x) f(x)/\phi(x)]$ 의 추정량은 다음과 같다.

$$\hat{\theta} = \frac{1}{n} \sum_{i=1}^{n} g(X_i) \frac{f(X_i)}{\phi(X_i)} .$$

여기서 $X_1, \ldots, X_n$ 은 밀도함수 $\phi(x)$로부터의 확률표본이다. 이 경우 함수 $\phi(\cdot)$는 포괄함수(envelope function) 또는 주표집 함수(importance sampling function)라 불

린다. 난수생성이 편리한 밀도함수 $\phi(x)$는 많이 존재한다. 그 중에서도 $A$상에서 $\phi(x) \cong |g(x)|f(x)$이며 분산이 유한인 $\phi(x)$를 선택해야 한다. 만약 $f(x)=1$이면, 이는 주함수를 이용한 단순 몬테칼로 방법과 일치한다.

예제 5.10 (주함수의 선택)

이 예제에서는 주표집 방법에 의한 적분 $\int_0^1 \frac{e^{-x}}{1+x^2}dx$를 추정하기 위해 가능한 몇 가지 주함수를 선택하고 이들을 비교하고자 한다. 주함수에 대한 후보로 다음의 5가지 함수를 고려하자.

$$f_0(x)=1, \quad 0<x<1;\ f_1(x)=e^{-x}, \quad 0<x<\infty;$$

$$f_2(x)=(1+x^2)^{-1}/\pi, \ -\infty<x<\infty;$$

$$f_3(x)=e^{-x}/(1-e^{-1}),\ 0<x<1;\ f_4(x)=4(1+x^2)^{-1}/\pi,\ 0<x<1.$$

피적분함수는

$$g(x)=e^{-x}/(1+x^2), \quad 0<x<1$$

이다. 모든 5개의 후보 주함수는 $g(x)>0$인 집합 $0<x<1$에서 양의 값을 가지는 반면, $f_1$과 $f_2$는 더 큰 범위를 가지며 생성된 값들 중 대부분이 표본평균을 구하는 합에서 0으로 기여하므로 비효율적이다. 한편, 이들 모든 함수에서 난수를 생성하는 것은 쉽다. 예를 들면, $f_2$는 표준 코쉬(Cauchy)분포 또는 t($v=1$)분포이다.

그림 5.3(a)는 (0,1)상에서 5개의 후보 주함수와 $g(x)$를 비교한 것이며, 그림 5.3(b)는 비율 $g(x)/f(x)$를 나타낸 그림이다. 그림 5.3(b)를 보면 비율 $g(x)/f(x)$가 가장 상수에 가까운 함수는 $f_3$임을 알 수 있다. 이에 따라 가장 작은 분산을 가진 $f_3$을 주함수로 선호하게 된다.

다음은 주표집을 실행하기 위한 R 코드이다. 후보 주함수 $f_0$, $f_1$, $f_2$는 흔히 사용되는 표준함수의 형태로 R 함수를 이용하여 간단히 난수를 생성할 수 있으나, $f_3$과 $f_4$의 경우 난수를 바로 생성할 수 있는 R 함수가 없으므로 역변환법을 이용하여 난수를 생성한다.

```
> m <- 10000
> theta.hat <- se <- numeric(5)
> g <- function(x) exp(-x-log(1+x^2))*(x > 0)*(x < 1)

> x <- runif(m)                    # using f0
> fg <- g(x)
> theta.hat[1] <- mean(fg)
> se[1] <- sd(fg)

> x <- rexp(m,1)                   # using f1
> fg <- g(x)/exp(-x)
> theta.hat[2] <- mean(fg)
> se[2] <- sd(fg)

> x <- rcauchy(m)                  # using f2
> i <- c(which(x > 1), which(x < 0))
> x[i] <- 2                        # to catch overflow errors in g(x)
> fg <- g(x)/dcauchy(x)
> theta.hat[3] <- mean(fg)
> se[3] <- sd(fg)

> u <- runif(m)                    # f3, inverse transformation method
> x <- -log(1-u*(1-exp(-1)))
> fg <- g(x)/(exp(-x)/(1-exp(-1)))
> theta.hat[4] <- mean(fg)
> se[4] <- sd(fg)

> u <- runif(m)                    # f4, inverse transformation method
> x <- tan(pi*u/4)
> fg <- g(x)/(4/((1+x^2)*pi))
> theta.hat[5] <- mean(fg)
>se[5]<-sd(fg)
```

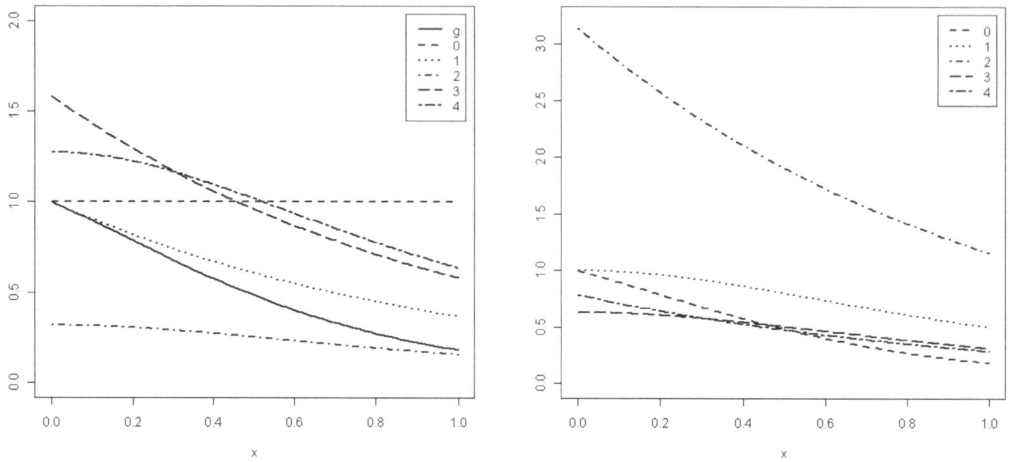


(a) (b)

그림 5.3: 주함수 $f_0, \ldots, f_4$ (선0:4): (a)에서는 $g(x)$와 비교하였고, (b)에서는 비율 $g(x)/f(x)$를 비교하였다. (왼쪽 위에서부터 (a)-3,4,0,1,$g$,2; (b)-2,1,0,4,3)

그림 5.3(a)와 5.3(b)를 그리기 위한 R 코드는 4장 부록에 주어져 있다. 5개의 g 후보 주함수를 사용하여 모의실험한 $\int_0^1 g(x)dx$의 추정값(R에서 theta.hat이라는 객체에 저장)과 이에 대응하는 표준오차 se는 아래와 같다.

```
> rbind(theta.hat, se)
                [,1]      [,2]      [,3]       [,4]      [,5]
theta.hat 0.5274697 0.5296199 0.5111104 0.52606223 0.5246421
se        0.2453928 0.4167895 0.9423323 0.09662442 0.1413340
```

모의실험 결과에 의하면 5개의 후보 주함수 중에서 $f_2$가 가장 높은 분산을 가지는 반면 $f_3$, $f_4$ 순으로 가장 작은 분산을 가진다. 주표집 방법을 사용하지 않은 단순 몬테칼로 추정값은 $\widehat{se} \doteq 0.246(f_0 = 1)$을 가진다. 주함수 $f_1$과 $f_2$는 오차를 감소시키지 못하지만 $f_3$과 $f_4$는 $\theta$의 추정에서 표준오차를 감소시킨다.

$g(x)$는 $(0,1)$상에서 양의 값을 가지는 반면, 코쉬 밀도함수 $f_2$는 전체 실수 상에

서 양의 값을 가진다. 이 경우 비율 $g(x)/f(x)$에 매우 많은 0이 발생되며(약 75%), 0이 아닌 다른 값들은 큰 분산을 초래한다. 비율 $g(x)/f_2(x)$에 대한 아래의 요약통계량이 이 사실을 뒷받침한다.

| Min. | 1st Qu. | Median | Mean | 3rd Qu. | Max. |
|---|---|---|---|---|---|
| 0.0000 | 0.0000 | 0.0000 | 0.5173 | 0.0000 | 3.1380 |

$f_1$에 대해서도 비슷하게 비효율적인 측면이 있다. $f_1$은 $(0,\infty)$상에서 양의 값을 가지므로, $(0,1)$밖의 값에서는 비율 $g(x)/f(x)$의 합에 대해 0이 많이 발생한다. $f_1$의 비효율성은 $f_2$만큼 나쁘지는 않다(약 37%). 그 이유는 분포의 꼬리가 더 얇기 때문이다. 비율 $g(x)/f_1(x)$에 대한 아래의 요약통계량이 이 사실을 뒷받침한다.

| Min. | 1st Qu. | Median | Mean | 3rd Qu. | Max. |
|---|---|---|---|---|---|
| 0.0000 | 0.0000 | 0.6891 | 0.5314 | 0.9267 | 1.0000 |

예제 5.10은 주함수의 선택에 주의를 기울여야 한다는 것을 예시한다. 이는 주함수의 선택에 따라 $Y=g(X)/f(X)$의 분산이 작아지는 결과를 주기 때문이다. 주함수 $f$는 $g(x)>0$인 집합에서 반드시 양의 값을 가져야 하며, 비율 $g(x)/f(x)$가 거의 상수에 가깝도록 선택되어야 한다.

예제 5.11 (주표집 방법을 이용한 추정)

이 예제에서는 주표집 방법을 이용하여 $\theta=\int_1^\infty \frac{x^2}{\sqrt{2\pi}}e^{-x^2/2}dx$를 추정하고, 이를 단순 몬테칼로 추정량과 비교하고자 한다. $g(x)=x^2$으로 두고, $f(x)$는 평균이 0이고 분산이 1인 표준정규 확률밀도함수라 하자. 그러면,

$$\theta=\int_1^\infty g(x)f(x)dx$$

를 추정하는 단순 몬테칼로 추정량($\hat{\theta}^s$)은 표준정규분포로부터 확률표본 $x_1, ..., x_m$ 을 생성하고, 다음과 같이 표본평균을 계산하면 된다.

$$\hat{\theta}^s = \frac{1}{m}\sum_{i=1}^{m} g(x_i).$$

이제 주표집 방법을 이용한 몬테칼로 추정량을 계산해 보자. (주표집 방법은 단순 몬테칼로 추정량의 분산을 감소시키는 방법 중 하나임을 다시 한 번 상기하자.) 이 예제에서는 주표집 방법을 이용하기 위해 후보 주표집 함수로 와이블(weibull) 분포($\phi_1(x)$, 모수:형상모수=3, 척도모수=2)와 랄리(rayleigh) 분포($\phi_2(x)$, 모수:1)를 선정하기로 한다. 후보 주표집 함수의 적절성을 판단하기 위해 R을 이용하여 그림으로 표현하면 다음과 같다.

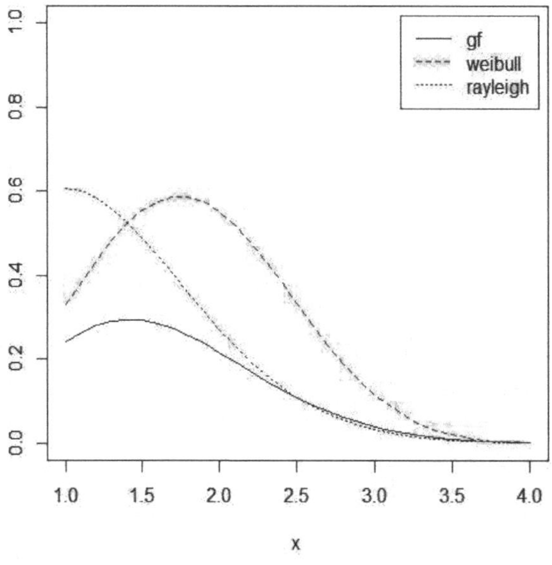


그림 5.4: $g(x)f(x)$ 와 후보 주표집 함수 비교 그림

다음은 이에 대한 모의실험을 수행하기 위한 R 코드이다.

```
> gf <- function(x){
> x^2*exp(-x^2/2)/sqrt(2*pi)*(x>1)}
> exact <- integrate(gf,1,Inf)          # exact value
```

```
> m <- 10000
> theta.hat <- numeric(3)
> se <- numeric(3)

> s <- rnorm(m)                          # simple monte carlo estimator
> fg.s <- s^2*(s > 1)
> theta.hat[1] <- mean(fg.s)
> se[1] <- sd(fg.s)

> w <- rweibull(m,3,2)                   # using φ1
> phi1 <- g(w)/dweibull(w,3,2)
> theta.hat[2] <- mean(phi1)
> se[2] <- sd(phi1)

> r <- rrayleigh(m,1)                    # using φ2
> phi2 <- g(r)/drayleigh(r,1)
> theta.hat[3] <- mean(phi2)
> se[3] <- sd(phi2)

> exact
0.400626 with absolute error < 5.7e-07
> rbind(theta.hat,se)
               [,1]      [,2]      [,3]
theta.hat 0.3984391 0.4002108 0.4091707
se        1.1321702 0.1815707 0.3617818
```

모의실험 결과에 의하면, R 함수 integrate()를 이용하여 직접 계산한 $\theta$의 적분값과 단순 몬테칼로 추정값 및 주표집 방법을 이용한 추정값이 거의 일치한다. 주표집 방법에서 2개의 후보 주표집 함수 모두 단순 몬테칼로 추정값의 표준오차($\widehat{se} \doteq 1.132$)를 감소시키며, 그 중에서도 와이블 분포($\phi_1$)를 주표집 함수로 두고 계산한 추정값의 표준오차가 가장 작다.

### 주표집에서의 분산

만약 $A$상에서 $f(x)=1$이고 $\phi(x)$를 주표집 함수라 하면, 다음과 같은 식이 성립한다는 것을 알고 있다.

$$\theta=\int_A g(x)dx=\int_A \frac{g(x)}{\phi(x)}\phi(x)dx=E\left[\frac{g(X)}{\phi(X)}\right].$$

$X_1, \ldots, X_n$ 가 $X$의 분포로부터 확률표본이면, 추정량은 다음과 같은 표본평균이다.

$$\hat{\theta}=\overline{g(X)}=\frac{1}{n}\sum_{i=1}^{n}\frac{g(X_i)}{\phi(X_i)}.$$

즉, 주표집 방법은 표본평균을 사용하는 방법이며, 분산은 다음과 같다.

$$Var(\hat{\theta})=E[\hat{\theta}^2]-(E[\hat{\theta}])^2=\int_A \frac{g^2(x)}{\phi(x)}dx-\theta^2.$$

이때, 표본평균 추정량의 분산을 감소시키도록 $X$의 분포를 선택할 수 있다. 최소의 분산 $\left(\int_A |g(x)|dx\right)^2-\theta^2$은 아래와 같을 때 얻어진다.

$$\phi(x)=\frac{|g(x)|}{\int_A |g(x)|dx}.$$

그러나 이 문제는 $\int_A g(x)dx$를 추정하는 것이므로, $\phi(x)$의 분모에 있는 $\int_A |g(x)|dx$의 값을 구할 수 없다. 비록 최소의 분산을 얻기 위해서 $\phi(x)$를 선택하는 것은 어렵지만, 만약 $A$상에서 밀도함수 $\phi(x)$의 형태가 $|g(x)|$에 "가깝게" $\phi(x)$가 선택된다면, 분산은 최소에 "가까울" 것이다.

일반적인 $f(x)$에 대해서, $A$상에서 $\phi(x)\cong|g(x)|f(x)$을 만족하는 $\phi(x)$를 선택한다. 만약 주함수에 대해 적분될 함수의 비가 유계라면 주표집 추정량은 유한한 분산을 가질 것이다. 추정량의 상대적 계산효율을 고려하면 몬테칼로 반복을 생성하는 비용(시간)이 작은 $\phi(x)$를 선택해야 한다.

## 5.6 층화표집

분산을 감소시키는 또 다른 방법은 층화표집이다. 층화표집의 목적은 구간을 층으로 나눈 후 더 작은 분산을 가지는 각 층에서 적분값을 추정함으로써 추정량의 분산을 감소시키는데 있다. 이 방법의 이론적 근거는 적분 연산자의 선형성과 대수의 강법칙에 의해 각 층에 대한 추정량들의 합이 $\int g(x)dx$에 확률1수렴한다는 것이다. 층화표집에서 전체 반복수 $m$과 각 층에서의 반복수 $m_j (j=1, \ldots, k)$ 는 고정된 값으로 $m = m_1 + \cdots + m_k$ 를 만족하며, 목표는 다음과 같이 표현할 수 있다.

$$Var(\hat{\theta}_k(m_1, \ldots, m_k)) < Var(\hat{\theta}) \ .$$

단, $\hat{\theta}_k(m_1, \ldots, m_k)$ 는 층화추정량(stratified estimator)이고, $\hat{\theta}$는 반복 $m$에 근거한 단순 몬테칼로 추정량이다.

층화표집이 어떻게 분산을 감소시키는지 먼저 예제를 통해 살펴보도록 하자.

**예제 5.12** (예제 5.10 계속)

그림 5.3(a)에서 피적분함수 $g(x)$는 $(0,1)$상에서 상수가 아닌 것은 확실하다. 구간을 4개의 부분구간으로 나누고, 전체 반복수의 1/4을 사용하여 각 부분구간에서 적분의 몬테칼로 추정을 계산한다. 그리고 $\int_0^1 e^{-x}(1+x^2)^{-1}dx$의 추정값을 얻기 위해 이 4개의 추정값을 합한다. 층화추정량의 분산이 단순 몬테칼로 추정량의 분산과 비교했을 때 실제로 감소하는지를 살펴보고자 한다.

결과는 아래에 주어져 있다. 비록 표준오차에 대한 좋은 추정량을 얻기 위해서는 모의실험을 10번 반복하는 것이 충분하지는 않지만, 이 모의실험에서 층화를 통해 약 10배 정도 분산이 감소하는 것을 알 수 있다.

직관적으로 층의 평균이 근사적으로 동일할 때보다 층의 평균이 넓게 흩어져 있을 때, 층화를 사용하여 분산을 더 많이 감소시킬 수 있다. 피적분함수가 단조함수인 경우, 예제 5.12와 유사한 층화는 분산을 감소시키는 효율적인 방법이다.

```
> M <- 20   # number of replicates
> T2 <- numeric(4)
```

```
> estimates <- matrix(0,10,2)
> g <- function(x) {
+     exp(-x-log(1+x^2))*(x > 0)*(x < 1)}
> for (i in 1:10) {
+     estimates[i,1] <- mean(g(runif(M)))
+     T2[1] <- mean(g(runif(M/4,0,.25)))
+     T2[2] <- mean(g(runif(M/4,.25,.5)))
+     T2[3] <- mean(g(runif(M/4,.5,.75)))
+     T2[4] <- mean(g(runif(M/4,.75,1)))
+     estimates[i,2] <- mean(T2)
+ }
> estimates
           [,1]      [,2]
[1,] 0.4783492 0.5446033
[2,] 0.5781689 0.5096102
[3,] 0.4338062 0.5139177
[4,] 0.4829411 0.5370632
[5,] 0.5589128 0.5367636
[6,] 0.5450935 0.5289317
[7,] 0.5454322 0.5181008
[8,] 0.5538965 0.5188845
[9,] 0.5187617 0.5515596
[10,] 0.4376691 0.5236838
> apply(estimates,2,mean)
[1] 0.5133031 0.5283118
> apply(estimates,2,var)
[1] 0.0026880262 0.0001917528
```

반복수 $M$을 가지는 단순 몬테칼로 추정량을 $\hat{\theta}^M$이라 표기하고,

$$\hat{\theta}^S = \frac{1}{k}\sum_{j=1}^{k}\hat{\theta}_j$$

을 $k$개 층에 대한 층화추정량이라 하자. (단, 각 층은 동일한 크기 $m=M/k$을 가진다.) 여기서 $\theta_j$는 $j$층에서 $g(U)$의 평균을 나타낸다. $j$층에서 $g(U)$의 분산을 $\sigma_j^2$이라 표기하면, $\hat{\theta}_j$들은 독립이므로 다음과 같은 식이 성립한다.

$$Var(\hat{\theta}^S) = Var\left(\frac{1}{k}\sum_{j=1}^{k}\hat{\theta}_j\right) = \frac{1}{k^2}\sum_{j=1}^{k}\frac{\sigma_j^2}{m} = \frac{1}{Mk}\sum_{j=1}^{k}\sigma_j^2.$$

이제, $J$가 임의로 선택된 층이라면, 이는 확률 $1/k$로 균일하게 선택되며 조건부 분산식을 적용하여 다음을 얻을 수 있다.

$$Var(\hat{\theta}^M) = \frac{Var(g(U))}{M} = \frac{1}{M}(Var(E[g(U|J)]) + E[Var(g(U|J)])$$

$$= \frac{1}{M}\left(Var(\theta_J) + E[\sigma_J^2]\right)$$

$$= \frac{1}{M}\left(Var(\theta_J) + \frac{1}{k}\sum_{j=1}^{k}\sigma_j^2\right)$$

$$= \frac{1}{M}Var(\theta_J) + Var(\hat{\theta}^S) \geq Var(\hat{\theta}^S).$$

여기서 모든 층이 동일한 평균을 가진다면 등식은 성립한다. 위의 부등식으로부터 분산감소는 층의 평균이 넓게 퍼져있을 때 일어남을 알 수 있다. 일반적인 경우로, 층이 동일하지 않은 확률을 가질 때에도 위와 유사하게 식을 전개할 수 있다.

**예제 5.13** (예제 5.10, 5.12 계속, 층화표집)

층화표집은 $\int_0^1 e^{-x}(1+x^2)^{-1}dx$의 몬테칼로 추정값을 얻기 위해 보다 일반적인 방법으로 수행된다. 비교를 위해 단순 몬테칼로 추정값도 함께 구해 보자.

```
> M <- 10000          # number of replicates
> k <- 10             # number of strata
> r <- M/k   # replicates per stratum
```

```
> N <- 50    # number of times to repeat the simulation
> T2 <- numeric(k)
> estimates <- matrix(0,N,2)
> g <- function(x) {
+    exp(-x-log(1+x^2))*(x > 0)*(x < 1)
+    }
> for (i in 1:N) {
+    estimates[i, 1] <- mean(g(runif(M)))
+    for (j in 1:k)
+        T2[j] <- mean(g(runif(M/k,(j-1)/k,j/k)))
+    estimates[i,2] <- mean(T2)
+ }
```

이 모의실험의 결과는 다음과 같다.

```
> apply(estimates, 2, mean)
[1] 0.5248857 0.5248331
> apply(estimates, 2, var)
[1] 6.380106e-06 5.274594e-08
```

이는 층화표집을 이용한 추정량의 분산에서 98% 이상 감소함을 의미한다.

# 연습문제

5.1 적분

$$\int_0^{\pi/3} \sin t\, dt$$

의 몬테칼로 추정값을 계산하고, 이를 정확한 적분값과 비교해보라.

5.2 (예제 5.3 참조) $U(0,x)$ 분포로부터 난수를 생성하여 표준정규분포의 cdf에 대한 몬테칼로 추정값을 계산하라. 이를 정규분포의 cdf 함수 pnorm()을 사용하여 계산한 값과 비교하라. $\Phi(2)$의 몬테칼로 추정량의 분산의 추정값을 계산하고 $\Phi(2)$의 95% 신뢰구간을 구하라.

5.3 $U(0,0.5)$ 분포로부터 난수를 생성하여 $\theta$의 몬테칼로 추정값 $\hat{\theta}$을 계산하고, $\hat{\theta}$의 분산을 추정하라.

$$\theta = \int_0^{0.5} e^{-x}\, dx.$$

또한 지수분포로부터 난수를 생성하여 또 다른 몬테칼로 추정값 $\hat{\theta}^*$를 계산하라. $\hat{\theta}$와 $\hat{\theta}^*$의 분산 중 어느 것이 더 작은지 비교하고, 그 이유를 설명하라.

5.4 $Beta(3,3)$ cdf의 몬테칼로 추정값를 계산하기 위한 함수를 작성하고, 이를 사용하여 $x=0.1$, 0.2, ..., 0.9 에 대한 $F(x)$를 추정하라. 그리고 R 함수 pbeta()를 사용하여 계산한 값과 비교하라.

5.5 R을 이용하여 예제 5.4에서 적용한 방법에 대한 예제 5.3에서 적용한 방법의 효율성을 (경험적으로) 계산하라.

5.6 예제 5.8에서 아래 식의 몬테칼로 적분에 대한 제어변량 접근이 예시되었다.

$$\theta = \int_0^1 e^x dx.$$

이제 대조변량 접근을 고려하자. $Cov(e^U, e^{1-U})$ 와 $Var(e^U + e^{1-U})$ 를 계산하라. 여기서 $U \sim U(0,1)$ 이다. 단순 몬테칼로 방법과 비교해서 대조변량을 사용하여 얻은 $\hat{\theta}$ 의 분산감소 퍼센트를 구하라.

5.7 (연습문제 5.6 참조) 몬테칼로 모의실험을 사용하여 대조변량 접근과 단순 몬테칼로 방법으로 $\theta$ 를 추정하라. R을 이용하여 대조변량을 사용함으로 인한 분산감소 퍼센트에 대한 경험적 추정값을 계산하라. 연습문제 5.6에서 구한 이론적인 값과 결과를 비교하라.

5.8 $U \sim U(0,1)$, $X = aU$, $X' = a(1-U)$ 라고 하자. 여기서 $a$ 는 상수이다. $\rho(X, X') = -1$ 임을 보여라. $U$ 가 대칭인 베타 확률변수일 때, $\rho(X, X') = -1$ 임을 보여라.

5.9 랄리 분포는 다음과 같다.

$$f(x) = \frac{x}{\sigma^2} e^{-x^2/(2\sigma^2)}, \ x \geq 0, \ \sigma > 0.$$

대조변량을 사용하여 Rayleigh($\sigma$) 분포로부터 표본을 생성하는 함수를 작성한 후 실행하라. 독립인 $X_1$, $X_2$ 로부터의 $\frac{X_1 + X_2}{2}$ 와 비교하여 대조변량 $X$, $X'$ 으로부터의 $\frac{X + X'}{2}$ 의 분산감소 퍼센트를 구하라.

5.10 대조변량 몬테칼로 적분을 사용하여 아래 식을 추정하라.

$$\int_0^1 \frac{e^{-x}}{1+x^2} dx.$$

단순 몬테칼로 방법과 비교할 때, 대조변량 접근의 분산감소 퍼센트를 근사적으로 계산하라.

5.11 받침이 $(1,\infty)$이고 아래의 $g(x)$와 '가까운' 두 개의 주함수 $f_1$과 $f_2$를 찾아라.

$$g(x) = \frac{x^2}{\sqrt{2\pi}} e^{-x^2/2}, \quad x > 1.$$

두 개의 주함수 중 어느 것이 주표집 방법으로 $\int_1^\infty g(x)dx$를 추정하는데 더 적은 분산을 가지는지 설명하라.

# 제6장

# 몬테칼로 추론

이 장에서는 통계적 추론을 위한 몬테칼로 방법을 소개한다. 몬테칼로 방법은 통계량의 표본분포의 모수, 평균제곱오차, 백분위수 등을 추정하는데 적용될 수 있다. 몬테칼로 방법을 사용하여 신뢰구간에 대한 포함확률을 평가하고, 가설검정에서 경험적 제1종 오류율과 경험적 검정력을 계산하여 그림으로 표현한다.

## 6.1 몬테칼로 점추정

$X_1, \dots, X_n$ 이 $X$의 어떤 분포로부터 추출된 확률표본이라 하자. 모수 $\theta$에 대한 추정량 $\hat{\theta}$은 표본의 $n$ 변량 함수로 다음과 같다.

$$\hat{\theta} = \hat{\theta}(X_1, \dots, X_n)$$

따라서 추정량 $\hat{\theta}$의 함수는 자료의 $n$ 변량 함수이다. 간단하게 $x = (x_1, \dots, x_n)^T \in R^n$ 이라 두고, $X$의 분포로부터 생성된 독립인 확률표본의 수열을 $x^{(1)}, x^{(2)}, \dots$ 으로 표기하자. 독립인 확률표본 $x^{(j)}$를 반복적으로 생성한 후, 각 표본에서 $\hat{\theta}^{(j)} = \hat{\theta}(x^{(j)}) = \hat{\theta}(x_1^{(j)}, \dots, x_n^{(j)})$ 를 계산하면 $\hat{\theta}$의 표본분포로부터의 확률변량을 얻을 수 있다.

### 몬테칼로 추정과 표준오차

예제 6.1 (몬테칼로 추정의 기초)
$X_1$과 $X_2$를 표준정규분포로부터 추출된 확률표본이라 할 때, 차의 평균인 $E|X_1 - X_2|$를 추정해 보자.

$m$ 번 반복을 이용하여 $\theta = E[g(X_1, X_2)] = E|X_1 - X_2|$의 몬테칼로 추정값을 얻기 위해, 표준정규분포로부터 크기가 2인 확률표본 $x^{(j)} = (x_1^{(j)}, x_2^{(j)})\ (j = 1, \dots, m)$ 을 생성한다. 그러면 반복 $\hat{\theta}^{(j)} = g_j(x_1, x_2) = |x_1^{(j)} - x_2^{(j)}|\ (j = 1, \dots, m)$ 을 구한 후, 반복의 평균

$$\hat{\theta} = \frac{1}{m}\sum_{j=1}^{m}\hat{\theta}^{(j)} = \overline{g(X_1, X_2)} = \frac{1}{m}\sum_{j=1}^{m}|x_1^{(j)} - x_2^{(j)}|$$

을 계산한다. 이는 아래와 같이 R에서 쉽게 실행할 수 있다. 반복 추정값 $\hat{\theta}^{(j)} = g_j(x_1, x_2)$에 대한 히스토그램은 그림 6.1에 제시되어 있다.

```
> m <- 1000
> g <- numeric(m)
> for (i in 1:m) { x <- rnorm(2)
+                    g[i] <- abs(x[1]-x[2]) }
> hist(g, prob=TRUE)
> est <- mean(g)
> est
[1] 1.126099
```

정확값 계산 결과는 $E|X_1 - X_2| = 2/\sqrt{\pi} \doteq 1.128379$이고, $Var(|X_1 - X_2|) = 2 - 4/\pi$이다. 따라서 추정값의 표준오차는 $\sqrt{(2-4/\pi)/m} \doteq 0.02695850$이다.

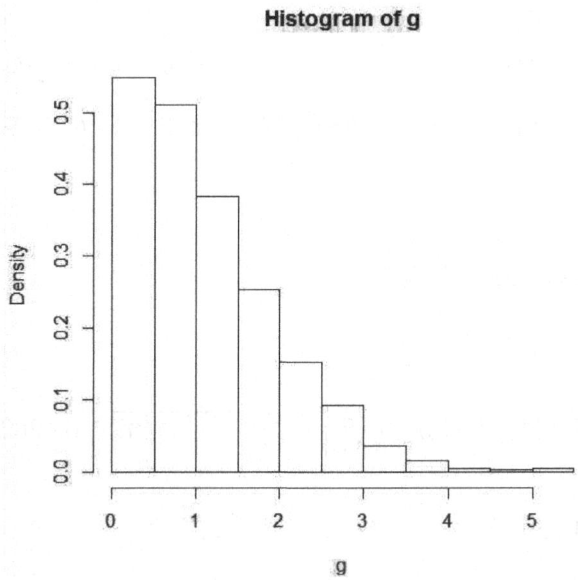


그림 6.1: 반복 추정값에 대한 히스토그램

### 평균의 표준오차 추정

표본크기 $n$의 평균 $\overline{X}$ 의 표준오차는 $\sqrt{Var(X)/n}$ 이다. $X$의 분포를 모를 때는 $F$ 대신 표본 $x_1, \ldots, x_n$ 의 경험적 분포함수 $F_n$을 사용할 수 있다. $X$의 분산의 "대입(plug-in)" 추정값은 다음과 같다.

$$\widehat{Var}(x) = \frac{1}{n}\sum_{i=1}^{n}(x_i - \overline{x})^2 .$$

즉, $\widehat{Var}(x)$는 누적분포함수 $F_n$을 가지는 유한한 유사모집단(pseudo population)인 $\{x_1, \ldots, x_n\}$ 의 모분산이다. $\overline{x}$의 표준오차의 추정값은 다음과 같다.

$$\widehat{se}(\overline{x}) = \frac{1}{\sqrt{n}}\left\{\frac{1}{n}\sum_{i=1}^{n}(x_i - \overline{x})^2\right\}^{1/2} = \frac{1}{n}\left\{\sum_{i=1}^{n}(x_i - \overline{x})^2\right\}^{1/2} .$$

한편, $Var(X)$의 불편추정량을 이용하면 아래의 결과를 얻을 수 있다.

$$\widehat{se}(\overline{x}) = \frac{1}{\sqrt{n}}\left\{\frac{1}{n-1}\sum_{i=1}^{n}(x_i - \overline{x})^2\right\}^{1/2} .$$

몬테칼로 실험에서는 표본의 크기가 크므로 표준오차의 두 추정값은 근사적으로 같다.

예제 6.1에서는 표본의 크기가 $m$($\hat{\theta}$의 반복 횟수)이고, $\hat{\theta}$의 표준오차의 추정값은 다음과 같다.

```
> sqrt(sum((g-mean(g))^2))/m
[1] 0.02634949
```

예제 6.1에서 비교를 위한 정확값 $se(\hat{\theta}) = \sqrt{(2-4/\pi)/m} \doteq 0.02695850$을 알고 있다.

### 평균제곱오차의 추정

몬테칼로 방법을 사용하여 추정량의 평균제곱오차(MSE)를 추정할 수 있다. 모수 $\theta$의 추정량 $\hat{\theta}$의 MSE는 $MSE(\hat{\theta}) = E[(\hat{\theta} - \theta)^2]$ 으로 정의된다. 만약 $m$개의 유사(pseudo)

확률표본 $x^{(1)}, \dots, x^{(m)}$ 이 $X$의 분포로부터 생성되었다면, $\hat{\theta}=\hat{\theta}(x_1, \dots, x_n)$ 의 MSE에 대한 몬테칼로 추정값은 다음과 같다.

$$\widehat{MSE}=\frac{1}{m}\sum_{j=1}^{m}(\hat{\theta}^{(j)}-\theta)^2.$$

여기서 $\hat{\theta}^{(j)}=\hat{\theta}(x^{(j)})=\hat{\theta}(x_1^{(j)}, \dots, x_n^{(j)})$ 이다.

예제 6.2 (절사평균의 MSE 추정)
절사평균은 정규분포가 아니더라도 연속이고 대칭인 분포의 중심을 추정하기 위해 흔히 사용된다. 이 예제에서 절사평균의 MSE를 추정하고자 한다. $X_1, \dots, X_n$ 은 확률표본이고 이에 대응되는 순서통계량을 $X_{(1)} \leq \cdots \leq X_{(n)}$ 이라고 하자. 절사표본평균은 표본의 관측값들 중에서 가장 큰 값과 가장 작은 값을 제외한 모든 값들의 평균이다. 일반적으로, $k$차 절사표본평균은 다음과 같이 정의된다.

$$\overline{X}_{[-k]}=\frac{1}{n-2k}\sum_{i=k+1}^{n-k}X_{(i)}.$$

표준정규분포에서 표본을 추출한다고 가정할 때 1차 절사평균의 MSE($\overline{X}_{[-1]}$)의 몬테칼로 추정값을 구해 보자.

이 예제에서 분포의 중심은 0 이고, 목표 모수는 $\theta=E[\overline{X}]=E[\overline{X}_{[-1]}]=0$ 이다. 1차 절사표본평균을 $T$ 라고 표기하자. $m$번 반복에 근거한 MSE($T$)의 몬테칼로 추정값은 다음과 같이 구할 수 있다.

1. 반복을 통해 $T^{(j)}\,(j=1, \dots, m)$ 을 생성한다.
   (a) $X$의 분포로부터 확률표본 $x_1^{(j)}, \dots, x_n^{(j)}$ 를 생성한다.
   (b) $x_1^{(j)}, \dots, x_n^{(j)}$ 를 오름차순으로 정리하여 $x_{(1)}^{(j)} \leq \cdots \leq x_{(n)}^{(j)}$ 를 구한다.
   (c) $T^{(j)}=\frac{1}{n-2}\sum_{i=2}^{n-1}x_{(i)}^{(j)}$ 을 계산한다.

2. $\widehat{MSE}(T) = \frac{1}{m}\sum_{j=1}^{m}(T^{(j)} - \theta)^2 = \frac{1}{m}\sum_{j=1}^{m}(T^{(j)})^2$을 계산한다.

그러면 $T^{(1)}, ..., T^{(m)}$ 은 표준정규분포에 대한 1차 절사평균의 표본분포를 따르는 확률표본이며, MSE($T$)의 표본평균 추정값 $\widehat{MSE}(T)$를 구할 수 있다. 이 과정은 아래처럼 for 루프를 이용하여 구할 수 있다. 이 루프는 함수 replicate()로 대신할 수 있다.

```
> n <- 20
> m <- 1000
> tmean <- numeric(m)
> for (i in 1:m) {
+     x <- sort(rnorm(n))
+     tmean[i] <- sum(x[2:(n-1)])/(n-2)
+     }
> g <- tmean^2
> mse <- mean(g)
> se <- sqrt(sum((g-mean(g))^2))/m   # se of mse
> mse
[1] 0.05131403
> se
[1] 0.002186849
```

이 실행에서 절사평균의 MSE 추정값은 대략적으로 $0.051(\widehat{se} \doteq 0.002)$이다. 비교를 위해 표본평균 $\overline{X}$의 MSE를 고려하면 이는 $Var(X)/n$이므로, 이 예제에서는 $1/20 = 0.05$가 된다. 중앙값은 실제로 절사평균이라 할 수 있다. 이는 관찰값 한 개 또는 두 개를 제외하고 나머지를 다 잘라낸 것이다. 다음과 같은 중앙값에 대한 모의실험에 대해 살펴보자.

```
> n <- 20
> m <- 1000
> tmean <- numeric(m)
```

```
> for (i in 1:m) {
+     x <- sort(rnorm(n))
+     tmean[i] <- median(x)
+     }
> g <- tmean^2
> mse <- mean(g)
> se <- sqrt(sum((g-mean(g))^2))/m   # se of mse
> mse
[1] 0.07558651
> se
[1] 0.003320217
```

표본의 중앙값의 MSE 추정값은 대략적으로 0.076 이고, $\widehat{se}(\widehat{MSE}) \doteq 0.003$이다.

예제 6.3 (절사평균의 MSE, 계속)
표준정규분포와 "오염된" 정규분포에 대한 $k$차 절사평균의 MSE를 비교해 보자. 오염된 정규분포는 두 정규분포의 혼합분포로서 다음과 같이 주어진다.

$$pN(0, \sigma^2 = 1) + (1-p)N(0, \sigma^2 = 100).$$

여기서 목표모수는 평균, 즉 $\theta = 0$이다.

서로 다른 $k$와 $p$에 대해 MSE($\overline{X}_{[-k]}$)를 추정하기 위한 R 함수를 작성해 보자. 오염된 정규표본을 생성하기 위해 먼저 확률분포 $P(\sigma = 1) = p$; $P(\sigma = 10) = 1-p$에 따라 랜덤으로 $\sigma$를 선택한다. 정규난수생성기 rnorm()은 모수 표준편차의 벡터를 인수로 받아들일 수 있다. $\sigma$에 대한 $n$개의 값을 생성한 후, rnorm()의 sd 인수로 이 벡터를 호출한다.

```
> n <- 20
> K <- n/2-1
> m <- 1000
> mse <- matrix(0,n/2,6)
> trimmed.mse <- function(n, m, k, p) {
```

```
+     # MC est of mse for k-level trimmed mean of
+     # contaminated normal pN(0,1) + (1-p)N(0,100)
+     tmean <- numeric(m)
+     for (i in 1:m) {
+         sigma <- sample(c(1,10), size = n,
+             replace = TRUE, prob = c(p,1-p))
+         x <- sort(rnorm(n, 0, sigma))
+         tmean[i] <- sum(x[(k+1):(n-k)])/(n-2*k)
+         }
+     g <- tmean^2
+     mse.est <- mean(g)
+     se.mse <- sqrt(mean((g-mean(g))^2))/sqrt(m)
+     return(c(mse.est, se.mse))
+ }
> for (k in 0:K) {
+   mse[k+1, 1:2] <- trimmed.mse(n=n, m=m, k=k, p=1.0)
+   mse[k+1, 3:4] <- trimmed.mse(n=n, m=m, k=k, p=.95)
+   mse[k+1, 5:6] <- trimmed.mse(n=n, m=m, k=k, p=.9)
+ }
```

표 6.1 : 예제 6.3($n=20$)에서 $k$차 절사평균의 평균제곱오차(MSE)의 추정값

| | Normal | | $p=0.95$ | | $p=0.90$ | |
|---|---|---|---|---|---|---|
| $k$ | $n\widehat{MSE}$ | $n\widehat{se}$ | $n\widehat{MSE}$ | $n\widehat{se}$ | $n\widehat{MSE}$ | $n\widehat{se}$ |
| 0 | 1.029 | 0.047 | 6.415 | 0.381 | 9.729 | 0.548 |
| 1 | 0.980 | 0.044 | 2.093 | 0.151 | 3.628 | 0.256 |
| 2 | 1.025 | 0.046 | 1.328 | 0.067 | 1.943 | 0.122 |
| 3 | 1.154 | 0.051 | 1.272 | 0.061 | 1.527 | 0.113 |
| 4 | 1.249 | 0.057 | 1.250 | 0.053 | 1.614 | 0.077 |
| 5 | 1.146 | 0.053 | 1.459 | 0.071 | 1.601 | 0.081 |
| 6 | 1.222 | 0.052 | 1.441 | 0.068 | 1.584 | 0.069 |
| 7 | 1.344 | 0.056 | 1.447 | 0.070 | 1.447 | 0.065 |
| 8 | 1.442 | 0.067 | 1.593 | 0.069 | 1.707 | 0.080 |
| 9 | 1.440 | 0.065 | 0.613 | 0.072 | 1.866 | 0.083 |

표 6.1에 모의실험의 결과가 제시되어 있다. 표의 결과는 추정값의 $n$ 배이다. 비교를 통해 평균의 로버스트(robust) 추정량은 오염된 정규표본의 MSE를 감소시킬 수 있다는 것을 알 수 있다.

## 6.2 몬테칼로 구간추정

통계학의 응용 분야에서 흔히 통계량의 확률밀도함수를 모르는 경우 혹은 구하기 어려운 경우 통계량의 표본분포의 누적분포함수를 계산할 필요가 있다. 예를 들면, 일반적으로 많이 사용되는 추정절차는 모집단이 정규분포라는 가정 하에서 구해진다. 실제로는 모집단이 정규분포가 아니거나 어떤 경우에는 추정량의 실제 분포를 모르거나 다루기 곤란한 경우가 종종 있다. 아래 예제에서는 추정절차에서 신뢰수준을 평가하기 위한 몬테칼로 방법을 예시하고자 한다.

만약 $(U, V)$ 가 모수 $\theta$ 의 신뢰구간 추정량이라면, $U$와 $V$는 모집단 $X$의 분포 $F_X$에 의존하는 어떤 분포를 가지는 통계량이다. 신뢰수준은 구간 $(U, V)$ 가 모수 $\theta$ 의 참값을 포함할 확률이다. 따라서 신뢰수준을 계산하는 것은 적분 문제이다.

### 평균에 대한 신뢰구간 추정

평균에 대한 신뢰구간의 추정을 고려하자. 만약 $X_1, \ldots, X_n$ $(n \geq 2)$ 이 $N(\mu, \sigma^2)$을 따르는 확률표본이고 $\overline{X}$와 $S^2$이 각각 표본평균과 표본분산이라고 하면, 다음이 성립한다.

$$\frac{\overline{X} - \mu}{S/\sqrt{n}} \sim t(n-1)\,.$$

$\mu$의 $100(1-\alpha)\%$ 신뢰구간은 $(\overline{X} - t_{1-\alpha/2} S/\sqrt{n}, \overline{X} + t_{1-\alpha/2} S/\sqrt{n})$ 이다. 여기서 $t_{1-\alpha/2}$는 $t(n-1)$분포의 $1-\alpha/2$ 분위수이다.

**예제 6.4** (평균에 대한 신뢰구간)
$N(\mu, 1)$ 로부터 생성된 크기 $n=20$ 인 확률표본의 95% 상·하한 신뢰한계(LCL, UCL)의 계산은 다음과 같다. 여기서 $\mu=3$ 이라 가정하자.

```
> n <- 20
> alpha <- .05
> x <- rnorm(n, mean=3, sd=1)
> LCL <- mean(x)-qt(1-alpha/2,df=n-1)*sqrt(var(x))/sqrt(n)
> UCL <- mean(x)+qt(1-alpha/2,df=n-1)*sqrt(var(x))/sqrt(n)
> c(LCL,UCL)
[1]2.7417343.796308
```

이 예제에서 모집단은 $\mu=3$ 인 정규분포이므로, 만약 표본추출과 신뢰구간 추정이 수없이 많이 반복된다면 추정된 신뢰구간의 약 95%는 $\mu=3$을 포함할 것이다.

신뢰수준 추정을 위한 몬테칼로 실험

관심 있는 확률변수가 $X \sim F_X$ 이고, $\theta$ 를 추정의 대상이 되는 목표모수라고 하자.

1. 각 반복 $j$에 대해 다음을 고려하자. (단, $j=1,\ldots,m$ 이다.)
   (a) $j$번째 확률표본, $X_1^{(j)},\ldots,X_n^{(j)}$ 를 생성한다.
   (b) $j$번째 표본에 대한 신뢰구간 $C_j$를 계산한다.
   (c) $j$번째 표본에 대해서 $y_j=I(\theta \in C_j)$ 를 계산한다.
2. 경험적 신뢰수준 $\bar{y}=\frac{1}{m}\sum_{j=1}^{m} y_j$ 를 계산한다.

추정량 $\bar{y}$는 참 신뢰수준 $1-\alpha^*$를 추정하는 표본비율이므로 $Var(\bar{y})=(1-\alpha^*)\alpha^*/m$ 이고 표준오차의 추정값은 $\widehat{se}(\bar{y})=\sqrt{(1-\bar{y})\bar{y}/m}$ 이다.

예제 6.5 (평균에 대한 신뢰수준의 MC 추정값)
예제 6.4를 다시 고려하자. 이 예제에서 $\mu=3$, $\sigma=1$, $n=20$, $m=1000$이고 $\alpha=0.05$로 주어졌다고 하자. $\mu=3$을 포함하는 구간의 표본비율은 참 신뢰수준의 몬테칼로(MC) 추정값이다. 이런 형식의 모의실험은 replicate() 함수를 이용해서 편리하게 수행할 수 있다.

```
> n <- 20
> alpha <- .05
> CL <- replicate(1000, expr = {
+     x <- rnorm(n, mean=3, sd=1)
+     LCL <- mean(x)-qt(1-alpha/2,df=n-1)*sqrt(var(x))/sqrt(n)
+     UCL <- mean(x)+qt(1-alpha/2,df=n-1)*sqrt(var(x))/sqrt(n)
+     c(LCL,UCL)
+   } )
> # count the number of intervals that contain mu=3
> sum(CL[1,] < 3 & CL[2,] > 3)
> # or compute the mean to get the confidence level
> mean(CL[1,] < 3 & CL[2,] > 3)
[1] 0.952
```

결과는 952개의 구간이 $(LCL < 3 < UCL)$를 만족했고, 따라서 이 실험에서 경험적 신뢰수준은 95.2%이다. 모의실험마다 결과는 다양하겠지만 이론적인 값 95%에 근접할 것이다. 추정값의 표준오차는 $(0.95(1-0.95)/1000)^{1/2} \doteq 0.00689$이다. 그러나 모집단이 정규분포를 따르지 않는다면, 예를 들면, 오염된 정규분포의 경우 경험적 신뢰수준은 95%와는 상당히 다른 값이 될 것이다.

**독립표본에서 두 모집단 평균차의 신뢰구간 추정 (모분산이 동일할 때)**

$X_1, \ldots, X_n$ 과 $Y_1, \ldots, Y_m$ 이 각각 평균이 $\mu_1$, $\mu_2$인 두 정규 모집단에서 추출된 독립표본이고 두 모집단의 분산이 동일하다고 가정하자. 이때 평균차 $\mu_1 - \mu_2$에 대한 신뢰구간은 다음과 같다.

$$\left(\overline{X} - \overline{Y} - t_{1-\alpha/2} S_p \sqrt{\frac{1}{n} + \frac{1}{m}}\ ,\ \overline{X} - \overline{Y} + t_{1-\alpha/2} S_p \sqrt{\frac{1}{n} + \frac{1}{m}}\right).$$

여기서, $S_p^2 = \frac{1}{n+m-2}[\sum_{i=1}^{n}(X_i - \overline{X})^2 + \sum_{j=1}^{m}(Y_j - \overline{Y})^2]$ 이고, $t_{1-\alpha/2}$는 $t(n+m-2)$ 분포의 $1-\alpha/2$ 분위수이다.

만일 모집단의 등분산 가정이 만족되지 않을 경우 신뢰구간의 신뢰수준은 어떻게 달라지겠는가? 실제로 두 모집단의 분산이 1) $\sigma_1^2 > \sigma_2^2$ 일 때, $n < m$ 이면 $\overline{X} - \overline{Y}$ 의 분산은 과소추정(underestimate)된다. 따라서 신뢰구간의 길이는 짧아지게 되며, 그 결과 신뢰수준은 $100(1-\alpha)\%$ 보다 작은 값이 될 것이다. 한편 2) $n > m$ 인 경우는 반대로 분산이 과대추정(overestimate)되어 신뢰수준은 $100(1-\alpha)\%$보다 큰 값을 가질 것이다. 만약 모분산은 다르지만 표본의 크기가 같은 경우에는 어떻게 될 것인가? 이러한 세 가지 경우에 대한 신뢰구간의 모의실험이 다음 예제에 나타나 있다.

예제 6.6 (표본크기별 신뢰수준의 MC 추정값 변화1)
$X_1, \ldots, X_n$ 과 $Y_1, \ldots, Y_m$ 이 각각 평균이 $\mu_1 = \mu_2 = 0$ 이고 $\sigma_1^2 = 5$ , $\sigma_2^2 = 1$ 인 두 정규 모집단에서 추출된 독립표본이라고 하자. 1) $n = 10,\ m = 20$ 2) $n = 20,\ m = 10$ 3) $n = m = 20$ 인 경우에 신뢰수준의 변화를 몬테칼로 방법을 사용하여 추정해 보자.

```
> # function for CL
> CL <- function(n,m)
+  {
+    x <- rnorm(n, mean=0, sd=sqrt(5))
+    y <- rnorm(m, mean=0, sd=1)
+    alpha <- 0.05
+    Sp2 <- (var(x)*(n-1)+var(Y)*(m-1))/(n+m-2)   # pooled sample variance
+    LCL <- mean(x)-mean(y)-qt(1-alpha/2,df=(n+m-2))*sqrt(Sp2*(1/n+1/m))
+    UCL <- mean(x)-mean(y)+qt(1-alpha/2,df=(n+m-2))*sqrt(Sp2*(1/n+1/m))
+    return(c(LCL, UCL))
+  }
> n <- c(10,20,20)
> m <- c(20,10,20)
> a <- length(n)
> Y <- numeric(a)                                    # storage for estimated CL
> for(i in 1:a)
+ {
+ estCL <- replicate(1000, expr = CL(n[i],m[i]) )
```

```
+ Y[i] <- mean(estCL[1,] < 0 & estCL[2,] > 0)
+ }
> Y
[1] 0.794 0.991 0.931
```

모의실험 결과 1) $n=10$, $m=20$ 경우, 신뢰수준 추정값은 0.794로 과소추정되었고, 2) $n=20$, $m=10$ 경우, 신뢰수준 추정값은 0.991로 과대추정되었다. 그리고 3) $n=m=20$인 경우, 추정값은 0.931로 약간 과소추정되었음을 알 수 있다.

### 독립표본에서 두 모집단 평균차의 신뢰구간 추정 (모분산이 동일하지 않을 때)

두 모집단의 분산이 같지 않을 때 평균차에 대한 추론을 흔히 베렌스-피셔 문제(Behrens-Fisher problem)라고 하는 데, 이에 대한 검정방법이 여러 가지가 있고, 따라서 신뢰구간을 구하는 방법도 여러 가지가 있다. 그중에서도 쌔러스웨이트(Satterthwaite)에 의해 제시된 점근분포(asymptotic distribution)를 이용하는 방법이 일반적으로 많이 사용된다.

쌔러스웨이트에 의하면 $S_X^2$와 $S_Y^2$을 각각 $X$와 $Y$의 표본분산이라 할 때, 다음이 성립된다고 한다.

$$\frac{(\overline{X}-\overline{Y})-(\mu_1-\mu_2)}{\sqrt{S_X^2/n+S_Y^2/m}} \approx t \ .$$

여기서 $t$-분포의 자유도는 다음과 같다.

$$df = floor\left(\frac{(S_X^2/n+S_Y^2/m)^2}{\dfrac{(S_X^2/n)^2}{n-1}+\dfrac{(S_Y^2/m)^2}{m-1}}\right) .$$

이 결과를 이용하면 모분산이 같지 않을 때 $\mu_1-\mu_2$의 $100(1-\alpha)\%$ 신뢰구간은

$$\left((\overline{X}-\overline{Y})-t_{1-\alpha/2}\sqrt{S_X^2/n+S_Y^2/m}\ ,\ (\overline{X}-\overline{Y})+t_{1-\alpha/2}\sqrt{S_X^2/n+S_Y^2/m}\right)$$

이다.

앞의 예제에서 발견된 과대, 과소추정에 대한 문제들이 째러스웨이트의 방법을 이용할 경우 어떻게 달라지는지를 다음 예제를 통해 알아보도록 하자.

예제 6.7 (표본크기에 대한 신뢰수준의 MC 추정값 변화2)
예제 6.6과 마찬가지로 $X_1, \ldots, X_n$ 과 $Y_1, \ldots, Y_m$ 이 각각 평균이 $\mu_1 = \mu_2 = 0$ 이고 $\sigma_1^2 = 5$ , $\sigma_2^2 = 1$ 인 두 정규 모집단에서 추출된 독립표본이라고 하자. 1) $n = 10$, $m = 20$, 2) $n = 20$, $m = 10$, 3) $n = m = 20$ 인 경우에 째러스웨이트에 의한 신뢰수준의 변화를 몬테칼로 방법을 사용하여 추정해 보자.

```
> # function for CL with Satterthwaite method
> CL2 <- function(n,m)
+ {
+   x <- rnorm(n, mean=0, sd=sqrt(5))
+   y <- rnorm(m, mean=0, sd=1)
+   alpha=0.05
+   # df of Satterthwaite
+   sdf <- floor((var(x)/n+var(y)/m)^2/((var(x)/n)^2/(n-1)+
+   (var(y)/m)^2/(m-1)))
+   LCL <- mean(x)-mean(y)-qt(1-alpha/2,df=sdf)*sqrt(var(x)/n+var(y)/m)
+   UCL <- mean(x)-mean(y)+qt(1-alpha/2,df=sdf)*sqrt(var(x)/n+var(y)/m)
+   return(c(LCL,UCL))
+ }
> n <- c(10,20,20)
> m <- c(20,10,20)
> a<-length(n)
> Y <- numeric(a)              # storage for estimated CL2
> for(i in 1:a)
+ {
+ estCL <- replicate(1000, expr = CL2(n[i],m[i]) )
+ Y[i] <- mean(estCL[1,] < 0 & estCL[2,] > 0)
+ }
> Y
```

```
[1] 0.945 0.948 0.952
```

세 가지 경우 신뢰수준의 추정값은 각각 0.945, 0.948, 0.952이며, 추정값의 표준오차는 $(0.95(1-0.95)/1000)^{1/2} \doteq 0.00689$로 세 가지 경우 모두 이론적인 신뢰수준 95%에 근사한 값을 나타낸다.

### 분산에 대한 신뢰구간 추정

분산에 대한 신뢰구간의 추정에 대해 알아보자. 분산에 대한 신뢰구간은 정규성에 대해 민감하다는 것이 잘 알려져 있다. 따라서 정규분포를 따르지 않는 자료에 분산에 대한 정규이론에 근거한 신뢰구간을 적용할 때, 참 신뢰수준을 추정하기 위해서 몬테칼로 방법을 사용한다. 먼저 정규성가정에 기초한 전통적인 절차를 간단히 살펴보자.

**예제 6.8** (분산에 대한 신뢰구간)
$X_1, \ldots, X_n$ $(n \geq 2)$ 이 $N(\mu, \sigma^2)$을 따르는 확률표본이고 $S^2$을 표본분산이라고 하면, 다음이 성립한다.

$$V = \frac{(n-1)S^2}{\sigma^2} \sim \chi^2(n-1). \tag{6.1}$$

$\sigma^2$의 $100(1-\alpha)\%$ 단측 신뢰구간은 $(0, (n-1)S^2/\chi^2_\alpha)$ 이다. 여기서 $\chi^2_\alpha$는 $\chi^2(n-1)$ 분포 의 $\alpha$분위수이다. 만약 모집단이 분산 $\sigma^2$을 갖는 정규분포를 따르면 신뢰구간이 $\sigma^2$을 포함할 확률은 $1-\alpha$가 된다.

$N(0, \sigma^2 = 4)$로부터 생성된 크기 $n = 20$인 확률표본의 95% 상한신뢰한계(UCL)를 다음과 같이 R 코드를 이용하여 계산할 수 있다.

```
> n <- 20
> alpha <- .05
> x <- rnorm(n, mean=0, sd=2)
> UCL <- (n-1)*var(x)/qchisq(alpha, df=n-1)
```

생성된 표본으로부터 계산한 상한신뢰한계는 $UCL = 6.628$, $UCL = 7.348$,

$UCL = 9.621$ 등이다. 이 신뢰구간은 모두 $\sigma^2 = 4$를 포함한다. 이 예제에서 모집단은 $\sigma^2 = 4$인 정규분포이므로 신뢰구간은 정확하게 다음과 같다.

$$P\left(\frac{19S^2}{\chi^2_{.05}(19)} > 4\right) = P\left(\frac{(n-1)S^2}{\sigma^2} > \chi^2_{.05}(n-1)\right) = 0.95 .$$

만약 표본추출과 신뢰구간 추정이 수없이 많이 반복된다면 모집단이 분산 $\sigma^2$을 가지는 정규분포라는 가정 하에서 식 (6.1)을 이용한 신뢰구간의 약 95%는 $\sigma^2$을 포함할 것이다.

경험적 신뢰수준은 모의실험에서 얻어진 신뢰수준의 추정값이다. 모의실험에서는 위의 단계를 수없이 많이 반복한 후 구간이 목표모수를 포함하는 비율을 계산한다.

예제 6.9 (분산에 대한 신뢰수준의 MC 추정값)

예제 6.4를 다시 고려하자. 이 예제에서 $\mu = 0$, $\sigma = 2$, $n = 20$, $m = 1000$이고 $\alpha = 0.05$로 주어졌다고 하자. $\sigma^2 = 4$를 포함하는 구간의 표본비율은 참 신뢰수준의 몬테칼로 추정값이다. 이런 형식의 모의실험은 replicate() 함수를 이용해서 편리하게 수행할 수 있다.

```
> n <- 20
> alpha <- .05
> UCL <- replicate(1000, expr={
+     x <- rnorm(n, mean=0, sd=2)
+     (n-1)*var(x)/qchisq(alpha,df=n-1)
+     } )
> # count the number of intervals that contain sigma^2=4
> sum(UCL > 4)
> # or compute the mean to get the confidence level
> mean(UCL > 4)
[1] 0.956
```

결과는 956개의 구간이 $(UCL > 4)$를 만족했고, 따라서 이 실험에서 경험적 신뢰수준은 95.6%이다. 모의실험마다 결과는 다양하겠지만 이론적인 값 95%에 근접할 것이다. 추정값의 표준오차는 $(0.95(1-0.95)/1000)^{1/2} \doteq 0.00689$이다.

『R 노트』 replicate() 함수에서 반복적으로 실행되는 줄은 괄호 { }안에 있다. 이를 함수로 따로 정의하여 replicate() 함수의 표현인수 (expr)에서 호출할 수 있다.

```
> calcCI <- function(n,alpha) {
+       y <- rnorm(n, mean=0, sd=2)
+       return((n-1)*var(y)/qchisq(alpha,df=n-1))
+ }
> UCL <- replicate(1000, expr=calcCI(n=20, alpha=.05))
```

분산추정을 위한 (6.1)식에 기초한 구간추정 절차는 정규성 가정에 민감하기 때문에, 자료가 정규성을 만족하지 않을 때에는 참 신뢰수준이 정해진 신뢰수준과 다를 것이다. 참 신뢰수준은 통계량 $S^2$의 누적분포함수에 의존한다. 신뢰수준은 구간 $(0,(n-1)S^2/\chi^2_\alpha)$가 모수 $\sigma^2$의 참값을 포함할 확률로 다음과 같다.

$$P\left(\frac{(n-1)S^2}{\chi^2_\alpha} > \sigma^2\right) = P\left(S^2 > \frac{\sigma^2\chi^2_\alpha}{(n-1)}\right) = 1 - G\left(\frac{\sigma^2\chi^2_\alpha}{(n-1)}\right).$$

여기서 $G(x)$는 $S^2$의 누적분포함수이다. 만약 모집단이 정규분포를 따르지 않으면, $g(x)$가 $S^2$의 (알려지지 않은) 밀도함수이고 $c_\alpha = \sigma^2\chi^2_\alpha/(n-1)$일 때, 누적분포함수,

$$G(c_\alpha) = P\left(S^2 \le c_\alpha\right) = \int_0^{c_\alpha} g(x)dx$$

를 추정하는데 어려움이 생긴다. $G(c_\alpha)$를 추정하기 위해 몬테칼로 적분을 사용하여 근사적 해답을 경험적으로 계산할 수 있다. $G(t) = P\left(S^2 \le t\right) = \int_0^t g(x)dx$의 추정값은 몬테칼로 적분으로부터 구할 수 있다. 이것은 $g(x)$의 구체적 형태를 필요로 하지 않고, $S^2$의 분포로부터 표본을 생성할 수 있으면 된다.

예제 6.10 (경험적 신뢰수준)
예제 6.8에서 만약 모집단이 정규분포를 따르지 않으면 어떤 일이 발생할까? 예를 들어, 모집단이 $\chi^2(2)$ 분포를 따른다면, 분산은 4이지만 이는 분명 정규분포가 아니다. $N(0, 4)$의 표본 대신 $\chi^2(2)$의 표본으로 바꾸어 모의실험을 되풀이해 보자.

```
> n <- 20
> alpha <- .05
> UCL <- replicate(1000, expr={
+     x <- rchisq(n,df=2)
+     (n-1)*var(x)/qchisq(alpha, df=n-1)
+     } )
> sum(UCL > 4)
[1] 776
> mean(UCL > 4)
[1] 0.776
```

이 실험에서는 77.3%의 구간이 모분산을 포함하고 있다. 이는 정규성하에서의 95% 포함확률과는 확연한 차이가 있다.

## 6.3 몬테칼로 가설검정

모수공간 $\Theta$에 속하는 모수 $\theta$에 관한 가설검정을 고려하자. 관심 있는 가설은 다음과 같고,

$$H_0 : \theta \in \Theta_0 \quad \text{vs.} \quad H_1 : \theta \in \Theta_1 ,$$

$\Theta_0$와 $\Theta_1$은 모수공간 $\Theta$의 분할(partition)이다.

통계적 가설검정에서는 두 가지 종류의 오류가 발생한다. 제1종 오류는 귀무가설이 사실일 때 귀무가설이 기각되면 발생한다. 제2종 오류는 사실상 귀무가설이 거짓일 때 귀무가설이 기각되지 않으면 발생한다.

검정의 유의수준(significance level) $\alpha$는 제1종 오류를 범할 확률의 상한값 또는 최대허용한계로서, 다음과 같이 정의한다.

$$\alpha = sup_{\theta \in \Theta_0} \pi(\theta).$$

이때, $\pi(\theta)$는 $H_0$를 기각하는 확률로, $\theta$의 참값에 의존한다.

제1종 오류의 확률은 $H_0$가 참이라고 주어졌을 때 귀무가설이 기각될 조건부확률이다. 따라서 만약 검정절차가 귀무가설의 조건하에서 많이 반복될 때 관찰된 제1종 오류율은 최대(혹은 대략적으로) $\alpha$가 된다.

$T$가 검정통계량이고 $T^*$가 검정통계량의 관측값이라 하자. $T^*$에 의한 검정결과가 $H_0$를 기각한다면 $T^*$는 유의하다고 말한다. 유의확률(significance probability) 또는 $p$값은 관측된 검정통계량이 유의하도록 하는 $\alpha$의 가능한 값들 중 가장 작은 값이다.

### 경험적 제1종 오류율

몬테칼로 모의실험을 통해 경험적 제1종 오류율을 계산할 수 있다. 검정절차가 귀무가설의 조건하에서 수없이 많이 반복된다고 하자. 몬테칼로 모의실험에 근거한 경험적 제1종 오류율은 전체 반복 중에서 유의한 검정통계량의 표본비율이다.

### 경험적 제1종 오류율을 구하기 위한 몬테칼로 모의실험

1. 각 반복 $j$에 대해 다음을 고려하자. (단, $j=1,\ldots,m$ 이다.)
   (a) 귀무가설에서의 분포로부터 $j$번째 확률표본 $x_1^{(j)},\ldots,x_n^{(j)}$ 를 생성한다.
   (b) $j$번째 표본으로부터 검정통계량 $T_j$를 계산한다.
   (c) 유의수준 $\alpha$에서 $H_0$를 기각하면 $I_j=1$, 그렇지 않으면 $I_j=0$으로 검정결과를 기록한다.
2. 유의한 검정의 비율 $\frac{1}{m}\sum_{j=1}^{m} I_j$를 계산한다. 이 비율이 경험적 제1종 오류율이다.

위의 몬테칼로 모의실험에서 제1종 오류를 범할 확률은 모수이고, 추정값인 경험적 제1종 오류율은 표본비율이다. 경험적 제1종 오류율을 $\hat{p}$으로 나타낸다면, $se(\hat{p})$의 추정값은 다음과 같다.

$$\widehat{se}(\hat{p}) = \sqrt{\frac{\hat{p}(1-\hat{p})}{m}} \le \frac{0.5}{\sqrt{m}}.$$

실제로 경험적 제1종 오류율을 계산하는 과정을 아래 예제를 통해 살펴보자.

예제 6.11 (경험적 제1종 오류율 계산)

$X_1, \dots, X_{20}$ 을 $N(\mu, \sigma^2)$으로부터 생성된 확률표본이라고 하자. 유의수준 $\alpha = 0.05$에서 가설 $H_0: \mu = 500$ vs. $H_1: \mu > 500$ 을 검정하고자 한다. 귀무가설 하에서 $T^*$는 다음과 같이 주어진다.

$$T^* = \frac{\overline{X} - 500}{S/\sqrt{20}} \sim t(19).$$

여기서 $t(19)$는 자유도 19 인 스튜던트 t분포이다. $T^*$의 값이 크면 귀무가설을 기각하고 대립가설을 지지하게 된다. 몬테칼로 방법을 이용해서 $\sigma = 100$일 때 경험적 제1종 오류율을 계산하고, 그 값이 근사적으로 $\alpha = 0.05$와 같아지는 것을 확인해 보자.

아래 모의실험은 $\sigma = 100$인 경우 평균에 관한 검정절차를 예시한 것이다. t-검정은 R에서 t.test()를 이용해서 수행될 수 있고, 검정결과는 t.test()에 의해 나온 $p$ 값(p-value)에 근거하여 결정된다.

```
> n <- 20
> alpha <- .05
> mu0 <- 500
> sigma <- 100
> m <- 10000              # number of replicates
> p <- numeric(m)         # storage for p-values
> for (j in 1:m)
+    {
+    x <- rnorm(n,mu0,sigma)
+    ttest <- t.test(x, alternative="greater", mu=mu0)
+    p[j] <- ttest$p.value
+    }
```

```
> p.hat <- mean(p < alpha)
> se.hat <- sqrt(p.hat*(1-p.hat)/m)
> print(c(p.hat,se.hat))
[1] 0.051500000 0.002210153
```

이 모의실험에서 경험적 제1종 오류율은 0.0515 이고, 이 경우 추정값의 표준오차는 약 $\sqrt{0.05\times 0.95/m} \doteq 0.0022$이다. 제1종 오류의 확률에 대한 추정값은 모의실험에 따라 달라지겠지만, t-검정을 수행하기 위한 모든 표본은 가정된 모형(정규분포)으로부터 귀무가설 하에서 생성되었기 때문에 명목상의 비율 $\alpha=0.05$ 에 근사할 것이다. 이 모의실험에서 구한 경험적 제1종 오류율은 1×표준오차 내에서 $\alpha=0.05$와 차이가 난다는 사실을 알 수 있다.

이 예제에서 $\mu=500$일 때 귀무가설을 기각할 확률은 이론적으로 정확하게 $\alpha=0.05$ 이다. 이 모의실험은 t.test()에서 $p$ 값을 계산하는 방법이 이론적인 값인 $\alpha=0.05$ 와 일치하는지를 경험적으로 조사한 것이다.

단변량 정규성에 대한 검정을 하기 위한 가장 간단한 방법 중 하나는 비대칭도 검정(skewness test)이다. 아래 예제에서 우리는 비대칭도 통계량의 점근분포를 이용한 검정이 정규성의 귀무가설 하에서 명목상 유의수준 $\alpha$를 따르는지 살펴보고자 한다.

예제 6.12 (정규성의 비대칭도 검정)
확률변수 $X$ 의 비대칭도 $\gamma_1$는 다음과 같이 정의된다.

$$\gamma_1 = \frac{E[(X-\mu_X)^3]}{\sigma_X^3}.$$

여기서 $\mu_X = E[X]$ 이고 $\sigma_X^2 = Var(X)$ 이다. ($\gamma_1$이라는 표기는 부호를 가진 비대칭도 계수의 정해진 표기이다.) $\gamma_1=0$ 이면 분포가 대칭이고, $\gamma_1>0$이면 오른쪽 긴 꼬리 분포이고, $\gamma_1<0$이면 왼쪽 긴 꼬리 분포이다. 표본 비대칭도 계수는 $g_1$으로 표기되고, 다음과 같이 정의된다.

$$g_1 = \frac{\frac{1}{n}\sum_{i=1}^{n}(X_i - \overline{X})^3}{\left(\frac{1}{n}\sum_{i=1}^{n}(X_i - \overline{X})^2\right)^{3/2}}.$$

($g_1$은 부호를 가진 비대칭도 통계량의 전형적 표기이다.) 만약 모집단 분포가 정규분포이면 $g_1$은 점근적으로 평균이 0이고 분산이 $6/n$인 정규분포를 따른다고 알려져 있다. 정규분포는 대칭이고, 비대칭도에 기초한 정규성 검정은 $|g_1|$의 값이 클 때 정규성의 가설을 기각하게 된다. 여기서 가설은 다음과 같다.

$$H_0: \gamma_1 = 0 \;\text{ vs. }\; H_1: \gamma_1 \neq 0\,.$$

여기서 비대칭도 통계량의 표본분포는 정규성 가정 하에서 구해진다.

그러나 점근분포로의 $g_1$의 수렴은 다소 느리고, 점근분포는 표본의 크기가 충분히 크지 않으면 좋은 근사를 제공하지 않는다.

표본크기 $n = 10, 20, 30, 50, 100, 500$에 대해서 $g_1$의 점근분포에 근거한 $\alpha = 0.05$에서의 정규성의 비대칭도 검정을 위한 제1종 오류율을 계산해 보자.

각각의 표본크기 $n = 10, 20, 30, 50, 100, 500$에 대한 임계값 cv의 벡터는 정규점근분포 하에서 계산되고 저장된다.

```
> n <- c(10, 20, 30, 50, 100, 500)  # sample sizes
> cv <- qnorm(.975, 0, sqrt(6/n))   # crit. values for each n
asymptotic critical values:
n           10      20      30      50      100      500
cv      1.5182 1.0735 0.8765 0.6790  0.4801  0.2147
```

$g_1$의 점근분포는 표본정규분포의 평균과 분산에 의존하지 않기 때문에 표본은 표준정규분포로부터 생성될 수 있다. 표본크기가 $n[i]$일 때 만약 $|g_1| > cv[i]$라면 $H_0$를 기각한다.

먼저 표본 비대칭도 통계량을 계산하기 위한 R 함수를 작성하자.

```
> sk <- function(x) {
+     # computes the sample skewness coeff.
+     xbar <- mean(x)
+     m3 <- mean((x-xbar)^3)
+     m2 <- mean((x-xbar)^2)
+     return(m3/m2^1.5)
+ }
```

아래 R 프로그램에서 바깥 루프는 표본크기 $n$을 바꾸고, 안쪽 루프는 주어진 $n$에 대한 모의실험이다. 모의실험에서 검정결과는 1($H_0$ 기각) 또는 0($H_0$ 채택)으로 벡터 sktests에 저장된다. $n=10$에서 모의실험이 끝났을 때, sktests는 $n=10$에 대해 유의한 검정의 표본비율을 제공한다. 이 결과는 p.reject[1]에 저장된다. $n=10$, 20, 30, 50, 100, 500에 대해서 모의실험을 반복하고, 그 결과는 p.reject[2:6]에 저장된다.

```
> p.reject <- numeric(length(n))              # to store sim. results
> m <- 10000                                  # num. repl. each sim.
> for (i in 1:length(n))
+     {
+     sktests <- numeric(m)                   # test decisions
+     for (j in 1:m)
+         {
+         x <- rnorm(n[i])
+         # test decision is 1 (reject) or 0
+         sktests[j] <- as.integer(abs(sk(x)) >= cv[i])
+         }
+     p.reject[i] <- mean(sktests)            # proportion rejected
+ }
> p.reject
[1] 0.0138 0.0284 0.0385 0.0350 0.0514 0.0534
```

모의실험의 결과로서 제1종 오류율의 경험적 추정값은 다음과 같다.

| n | 10 | 20 | 30 | 50 | 100 | 500 |
|---|---|---|---|---|---|---|
| estimate | 0.0138 | 0.0284 | 0.0385 | 0.0350 | 0.0514 | 0.0534 |

$m = 10{,}000$번 반복할 때, 추정값의 표준오차는 근사적으로 $\sqrt{0.05 \times 0.95/m} = 0.0022$ 이다.

모의실험의 결과에 따르면, $g_1$의 점근적 정규근사는 표본크기 $n \le 50$에서 적절하지 않으며 표본크기 $n = 500$인 경우에도 의문스럽다. 유한표본에 대해서는 아래와 같이 분산의 정확한 값을 사용해야 한다.

$$Var(g_1) = \frac{6(n-2)}{(n+1)(n+3)}.$$

분산의 정확값을 사용하여 모의실험을 반복하고, 모의실험에서 나온 결과를 요약하면 아래와 같다.

```
> cv <- qnorm(.975,0,sqrt(6*(n-2)/((n+1)*(n+3))))
> round(cv,4)
[1] 1.1355 0.9268 0.7943 0.6398 0.4660 0.2134

n              10     20     30     50     100    500
estimate  0.0553 0.0505 0.0537 0.0515  0.0503 0.0515
```

이 추정값은 명목수준 $\alpha = 0.05$에 근접한 값이다.

### 가설검정의 검정력

가설 $H_0$ vs. $H_1$의 검정에서 제2종 오류는 $H_1$이 참이지만 $H_0$를 기각하지 않을 때 발생한다. 검정의 검정력은 검정력 함수(power function) $\pi : \Theta \rightarrow [0,1]$에 의해 주어지며, 이는 모수 $\theta$의 참값이 주어졌을 때 $H_0$를 기각할 확률 $\pi(\theta)$이다. 따라서 제2종 오류의 확률은 주어진 $\theta_1 \in \Theta_1$에 대해서 $1 - \pi(\theta_1)$이다. 이상적으로, 우리는 오류의 확률이 낮은 검정을 더 선호한다. 제1종 오류는 유의수준 $\alpha$의 선택에 의해서 통제될 수 있다. 제2종 오류가 낮다는 것은 대립가설 하에서 높은 검정력을 가진다는 것과 동치이다. 따라서 동일한 가설에 대한 검정절차를 비교할 때 동일한 유의수준에서 검정의 검정력을 비교하는 것이 관심사이다.

대립가설 하에서 검정의 검정력 $\pi(\theta_1)$은 $\theta_1$의 특정한 값에 의존한다. 흔히 여러 개의 $\theta_1 \in \Theta_1$에 대한 검정력 $\pi(\theta_1)$을 구하여 $(\theta_1, \pi(\theta_1))$을 그림으로 표현하여 검정력 곡선을 그린다.

만약 검정의 검정력 함수를 이론적으로 계산할 수 없다면, 고정된 대립가설 $\theta_1 \in \Theta_1$에 대한 검정의 검정력을 몬테칼로 방법으로 추정할 수 있다. 유의수준 $\alpha$는 모든 $\theta \in \Theta_0$에 대해서만 $\pi(\theta) \leq \alpha$가 되도록 통제하는 반면, 검정력 함수는 모든 $\theta \in \Theta$에서 정의된다.

### 검정력 추정을 위한 몬테칼로 모의실험

1. 모수 $\theta_1 \in \Theta_1$의 특정한 값을 선택한다.
2. 각 반복 $j$에 대해 다음을 고려하자. (단, $j = 1, \ldots, m$ 이다.)
   (a) 대립가설 $\theta = \theta_1$의 조건하에서 $j$번째 확률표본 $x_1^{(j)}, \ldots, x_n^{(j)}$ 을 생성한다.
   (b) $j$번째 표본으로부터 검정통계량 $T_j$를 계산한다.
   (c) 유의수준 $\alpha$에서 $H_0$를 기각하면 $I_j = 1$, 그렇지 않으면 $I_j = 0$을 검정결과로 저장한다.
3. 유의한 검정의 비율 $\hat{\pi}(\theta_1) = \dfrac{1}{m}\sum_{i=1}^{m} I_j$을 계산한다.

예제 6.13 (경험적 검정력)
모의실험을 통해 예제 6.11의 t-검정에 대한 검정력을 추정하고 경험적 검정력 곡선을 그리고자 한다.

검정력 곡선을 그리기 위해서는 주어진 대립가설 $\theta$의 수열(가로축)에 대한 경험적 검정력(세로축)이 필요하다. 여기서 각 점은 몬테칼로 실험에 해당한다. 바깥쪽의 for 루프는 점 $\theta(mu)$를 바꾸고 안쪽의 함수 replicate()에서는 그 때의 $\theta$에서 검정력을 추정한다.

```
> n <- 20
> m <- 1000
> mu0 <- 500
> sigma <- 100
> mu <- c(seq(450, 650, 10))                    # alternatives
> M <- length(mu)
> power <- numeric(M)
> for (i in 1:M) {
+    mu1 <- mu[i]
+    pvalues <- replicate(m, expr={
+        # simulate under alternative mu1
+        x <- rnorm(n, mean=mu1, sd=sigma)
+        ttest <- t.test(x,
+                 alternative="greater", mu=mu0)
+        ttest$p.value } )
+    power[i] <- mean(pvalues <= .05)
+ }
```

추정된 검정력 $\hat{\pi}(\theta)$의 값은 벡터 power에 저장된다. 경험적 검정력 곡선을 그리는 R 코드가 아래에 제시되어 있다. Hmisc 패키지에 주어진 errbar() 함수를 이용하여 $\hat{\pi}(\theta) \pm \widehat{se}(\hat{\pi}(\theta))$의 직교오차막대를 추가할 수 있다.

```
> library(Hmisc)     # for errbar
> plot(mu, power)
> abline(v=mu0, lty=1)
> abline(h=.05, lty=1)
> # add standard errors
> se <- sqrt(power*(1-power)/m)
> errbar(mu, power, yplus=power+se, yminus=power-se, xlab=bquote(theta))
> lines(mu, power, lty=3)
> detach(package:Hmisc)
```

검정력 곡선은 그림 6.2에 나와 있다. 경험적 검정력 $\hat{\pi}(\theta)$는 $\theta$가 $\theta_0 = 500$에 가까우면 작고, $\theta$가 $\theta_0$로부터 멀어짐에 따라 증가하여 $\theta \to \infty$이면 1에 가까워진다.

**참고** 비중심 t분포는 t-검정의 검정력 계산에서 필요하다. $Z \sim N(0,1)$이고 $V \sim \chi^2(\nu)$이며 서로 독립일 때 $T(\nu, \delta) = (Z+\delta)/\sqrt{V/\nu}$는 $(\nu, \delta)$를 모수로 하는 비중심(noncentral) t분포를 따른다고 정의한다.

$H_0 : \mu = \mu_0$의 검정에서 $X_1, \ldots, X_n$ 이 $N(\mu, \sigma^2)$ 으로부터의 확률표본일 때, t-통계량인 $T = (\overline{X} - \mu_0)/(S/\sqrt{n})$ 을 고려하자. 귀무가설 하에서 $T$는 중심 $t(n-1)$분포를 따르지만, 만약 $\mu \neq \mu_0$이면 $T$는 자유도 $n-1$과 비중심 모수 $\delta = (\mu - \mu_0)\sqrt{n}/\sigma$를 가지는 비중심 t분포를 따른다. 비중심 t분포의 누적밀도함수를 계산하기위한 수치적 접근은 R 함수 pt()에 의해서 실행될 수 있다. power.t.test() 또한 참고하라.

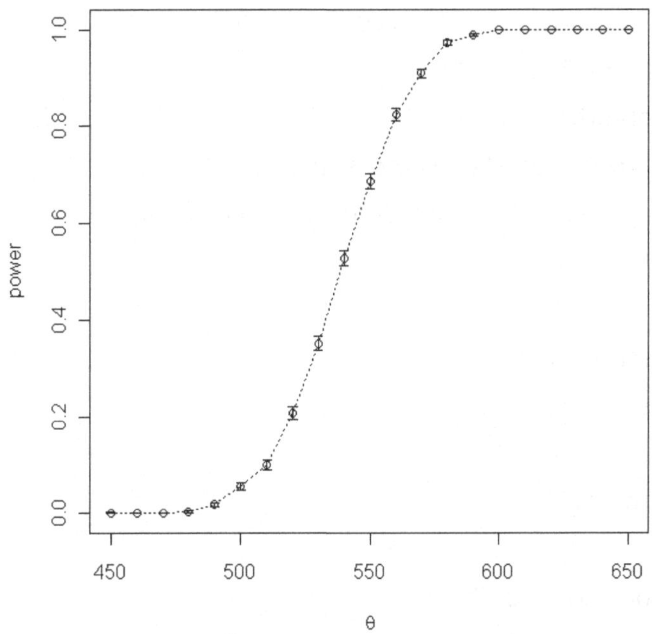


그림 6.2: $H_0 : \theta = 500$ vs. $H_1 : \theta > 500$에 대한 t-검정의 경험적 검정력 $\hat{\pi}(\theta) \pm \widehat{se}(\hat{\pi}(\theta))$

예제 6.14 (정규성의 비대칭도 검정의 검정력)

정규성의 비대칭도 검정은 예제 6.12에 설명되어 있다. 이 예제에서는 예제 6.3에 설명된 오염된 정규분포(대립가설)에 대한 정규성의 비대칭도 검정의 검정력을 모의실험으로 추정하고자 한다. 다음과 같은 오염된 정규분포를 고려하자.

$$(1-\epsilon)N(\mu=0,\sigma^2=1)+\epsilon N(\mu=0,\sigma^2=100),\ \ 0\le\epsilon\le 1.$$

여기서 $\epsilon=0$ 또는 $\epsilon=1$이면 정규분포가 되지만, $o<\epsilon<1$에서 정규분포의 혼합은 정규분포가 아니다. $\epsilon$에 따라 다른 대립가설들의 수열에 대한 비대칭도 검정의 검정력을 추정할 수 있고, 이런 형태의 대립가설에 대한 비대칭도 검정의 검정력에 근거한 검정력 곡선을 그릴 수 있다. 이 실험에서 유의수준은 $\alpha=0.1$이며 표본크기는 $n=30$이다. 비대칭도 통계량 $sk$는 예제 6.12에서 이미 구현되었다.

```
> alpha <- .1
> n <- 30
> m <- 2500
> epsilon <- c(seq(0,.15,.01), seq(.15,1,.05))
> N <- length(epsilon)
> pwr <- numeric(N)
> # critical value for the skewness test
> cv <- qnorm(1-alpha/2,0,sqrt(6*(n-2)/((n+1)*(n+3))))
> for (j in 1:N)
+    {
+    # for each epsilon
+    e <- epsilon[j]
+    sktests <- numeric(m)
+    for (i in 1:m)
+       {
+        # for each replicate
+        sigma <- sample(c(1,10), replace=TRUE, size=n, prob=c(1-e,e))
+        x <- rnorm(n,0,sigma)
+        sktests[i] <- as.integer(abs(sk(x)) >= cv)
+        }
+    pwr[j] <- mean(sktests)
+    }
```

```
> # plot power vs epsilon
> plot(epsilon, pwr, type = "b",
+     xlab = bquote(epsilon), ylim = c(0,1))
> abline(h=.1, lty=3)

> # add standard errors
> se <- sqrt(pwr*(1-pwr)/m)
> lines(epsilon, pwr+se, lty=3)
> lines(epsilon, pwr-se, lty=3)
```

그림 6.3은 경험적 검정력 곡선을 보여준다. 대립가설이 정규분포가 되는 $\epsilon=0$과 $\epsilon=1$인 양 끝점에서는 $\alpha=0.10$에 해당하는 가로선을 지나는 것을 알 수 있다. $0<\epsilon<1$에서 검정의 경험적 검정력은 0.10보다 크고 $\epsilon$이 약 0.15 일 때 가장 크게 나타난다.

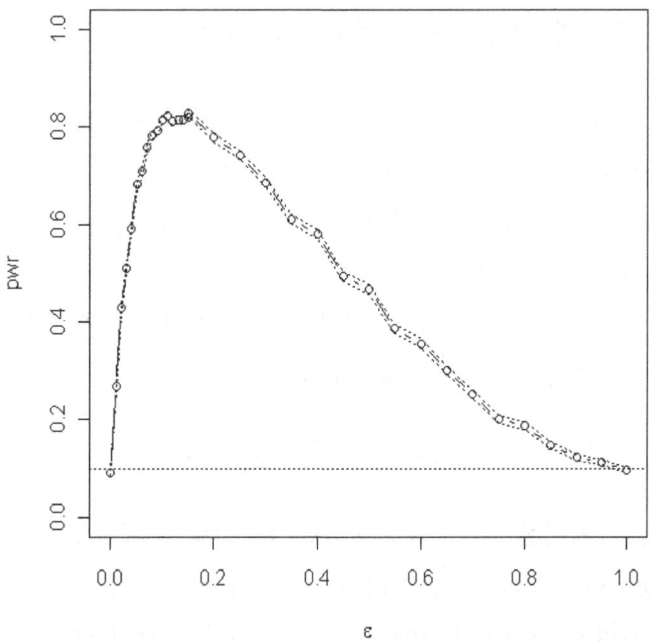


그림 6.3: $\epsilon$-오염된 정규혼합 대립가설에 대한 정규성의 비대칭도 검정에 근거한 경험적 검정력 $\hat{\pi}(\theta) \pm \widehat{se}(\hat{\pi}(\epsilon))$

### 검정력 비교

몬테칼로 방법은 여러 다른 검정절차의 수행능력을 비교하는데 흔히 이용된다. 정규성의 비대칭도 검정은 예제 6.12에 소개되었다. 아래 예제에서는 단변량 정규성의 세 가지 검정을 비교하고자 한다.

예제 6.15 (정규성 검정의 검정력 비교)
샤피로-윌크(Shapiro-Wilk) 검정과 콜모고로프-스미르노프(Kolmogorov-Smirnov) 검정을 사용하여 단변량 정규성의 비대칭도 검정에 대한 경험적 검정력을 비교하고자 한다.

단변량 정규분포의 집단(family)을 $N$으로 표기하자. 그러면 검정의 가설은 다음과 같다.

$$H_0 : F_X \in N \text{ vs } H_1 : F_X \notin N$$

샤피로-윌크 검정은 정규성 하에서의 기댓값을 설명변수로, 표본의 순서통계량을 종속변수로 하는 회귀에 근거한다. 즉, 회귀와 상관에 근거한 검정의 일반적 범주에 속한다. 통계량의 근사적 임계값은 표본크기 $7 \le n \le 2000$에서 통계량 $W$가 정규성을 만족하도록 변환함으로써 결정된다. 샤피로-윌크 검정은 R 함수 shapiro.test()로 실행할 수 있다.

콜모고로프-스미르노프 검정은 비모수 검정으로, 표본이 실제 가정된 분포를 따르는지 혹은 두 표본이 같은 분포를 따르는지를 확인하는 검정 기법이다. 이때 가정된 분포를 정규분포로 두면 정규성 검정 기법으로 사용할 수 있다. 여기서 두 표본을 비교하는 경우는 제외하고 설명한다.

다음과 같은 표본의 경험적 cdf를 고려하자. $n$개의 확률표본, $X_1, \ldots, X_n$ 에 대한 경험적 cdf를 $F_n$이라 하면, 다음과 같이 표현할 수 있다.

$$F_n(x) = \frac{1}{n}\sum_{i=1}^{n} I(X_i \le x)$$

여기서 $I(X_i \le x)$는 지시함수로, $X_i \le x$이면 1, 그렇지 않으면 0이다. 콜모고로프-스미르노프 검정통계량은 이와 같은 표본의 경험적 cdf와 가정된 분포의 cdf, 즉, 정규분포의 cdf 간 거리에 근거한다. 따라서 검정통계량의 값이 클수록 귀무가설을 기각할 가능성이 높다. 콜모고로프-스미르노프 검정은 R 함수 ks.test()로 실행할 수 있다.

정규성의 비대칭도 검정은 예제 6.12과 6.14에 소개되었다. 표본 비대칭도 함수 $sk$는 예제 6.12에 주어져 있다.

이 예제에서는 유의수준 $\alpha=0.1$에서 비교하고자 하며, 예제 6.3에 설명된 오염된 정규분포(대립가설)에 대한 검정의 검정력을 비교한다. 대립가설은 정규혼합분포이며 다음과 같다.

$$(1-\epsilon)N(\mu=0, \sigma^2=1)+\epsilon N(\mu=0, \sigma^2=100), \quad 0 \leq \epsilon \leq 1.$$

$\epsilon=0$ 또는 $\epsilon=1$이면 정규분포가 되고, 이 경우 경험적 제1종 오류율은 근사적으로 명목비율 $\alpha=0.1$에서 통제되어야 한다. 만약 $0<\epsilon<1$이면 분포는 비정규분포이며, 대립가설에 대한 검정의 경험적 검정력을 비교하는 것이 우리의 관심사이다.

```
> # initialize input and output
> alpha <- .1
> n <- 30
> m <- 500                        # try small m for a trial run
> test1 <- test2 <- test3 <- numeric(m)

> # critical value for the skewness test
> cv <- qnorm(1-alpha/2, 0, sqrt(6*(n-2)/((n+1)*(n+3))))
> sim <- matrix(0, 11, 4)
> # estimate power
> for (i in 0:10) {
+   epsilon <- i*.1
+   for (j in 1:m) {
+   e <- epsilon
+   sigma <- sample(c(1,10), replace = TRUE, size = n, prob = c(1-e,e))
+   x <- rnorm(n, 0, sigma)
+   test1[j] <- as.integer(abs(sk(x))>=cv)
+   test2[j] <- as.integer(
+               shapiro.test(x)$p.value <= alpha)
+   test3[j] <- as.integer(
+               ks.test(x,"pnorm",0, sd(x))$p.value <= alpha)
+   }
+ print(c(epsilon, mean(test1), mean(test2), mean(test3)))
+ sim[i+1, ] <- c(epsilon, mean(test1), mean(test2), mean(test3))
```

```
+ }
```

모의실험은 $\epsilon$의 값을 달리하면서 반복되고, 그 결과는 행렬 sim에 저장된다. $n=30$에 대한 모의실험 결과는 표 6.2에 요약되어 있다.

표 6.2: 오염된 정규분포 대립가설에 대한 세 가지 정규성 검정의 경험적 검정력 ($n=30$, $\alpha=0.1$, $se \leq 0.01$)

| $\epsilon$ | 비대칭도 검정 | S-W 검정 | K-S 검정 |
|---|---|---|---|
| 0.00 | 0.098 | 0.100 | 0.062 |
| 0.10 | 0.802 | 0.896 | 0.674 |
| 0.20 | 0.808 | 0.988 | 0.906 |
| 0.30 | 0.692 | 0.994 | 0.922 |
| 0.40 | 0.606 | 0.982 | 0.846 |
| 0.50 | 0.452 | 0.918 | 0.668 |
| 0.60 | 0.334 | 0.770 | 0.470 |
| 0.70 | 0.262 | 0.498 | 0.240 |
| 0.80 | 0.206 | 0.290 | 0.192 |
| 0.90 | 0.128 | 0.154 | 0.098 |
| 1.00 | 0.104 | 0.104 | 0.096 |

다음은 세 가지 정규성 검정의 경험적 검정력을 그래프로 표현하는 R 코드이다.

```
> # plot the empirical estimates of power
> plot(sim[,1], sim[,2], ylim=c(0,1), type="l",
+     xlab = bquote(epsilon), ylab="power")
> lines(sim[,1], sim[,3], lty=2)
> lines(sim[,1], sim[,4], lty=3)
> abline(h=alpha, lty=4)
> legend("topright", 1, c("skewness", "S-W", "K-S"),
+     lty=c(1:3), inset=.02)
```

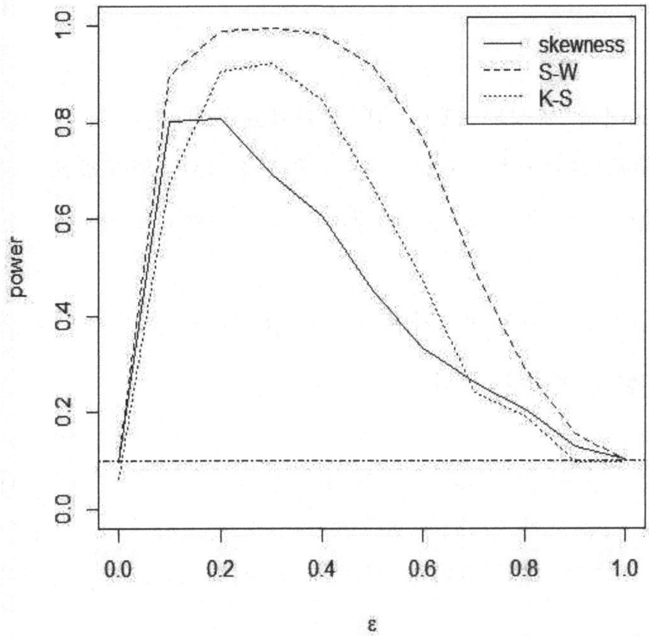


그림 6.4: 오염된 정규분포 대립가설에 대한 세 가지 정규성 검정의 경험적 검정력 $(n=30,\ \alpha=0.1,\ se\leq 0.01)$

추정값의 표준오차는 최대 $0.5/\sqrt{m}=0.01$이다. 경험적 제1종 오류율의 추정값은 $\epsilon=0$과 $\epsilon=1$에 대응된다. 모든 검정은 근사적으로 $1\times$ 표준오차 내에서 명목 유의수준 $\alpha=0.10$에 도달한다. 검정은 근사적으로 유의수준이 같기 때문에, 결과의 검정력을 비교하는 것은 의미가 있다.

모의실험 결과에 따르면 샤피로-윌크 검정은 비대칭도 검정과 콜모로고프-스미르노프 검정보다 전반적으로 높은 검정력을 가지며, 콜모고로프-스미르노프 검정은 $0.1<\epsilon<0.7$일 때 비대칭도 검정보다 높은 검정력을 가진다. 즉, 샤피로-윌크 검정의 검정력이 가장 높음을 알 수 있다.

# 연습문제

6.1 표준 코쉬분포에서 생성된 크기 20인 확률표본에 대한 $k$차 절사평균의 MSE를 추정하라. (목표모수 $\theta$는 중심, 또는 중앙값으로 평균값은 존재하지 않는다.) MSE의 추정값을 $k=1, 2, ..., 9$ 에 대해서 표를 만들어 요약하라.

6.2 예제 6.13의 t-검정에서 대립가설이 $H_1: \mu \neq 500$ 이고 유의수준 $\alpha = 0.05$ 일 때의 경험적 검정력 곡선을 그려라.

6.3 예제 6.13의 t-검정에서 표본크기가 10, 20, 30, 40, 50일 때 검정력 곡선을 그려라. (이때 표준오차 막대는 생략한다.) 곡선은 하나의 그래프에 서로 다른 색깔과 선 모양으로 그리고 각각의 설명을 붙여라. 검정력과 표본크기의 관계에 대하여 설명하라.

6.4 $X_1, ..., X_n$ 이 모르는 모수를 가지는 로그 정규분포의 확률표본이라고 가정하자. 모수 $\mu$에 관한 95% 신뢰구간을 구하라. 몬테칼로 방법을 이용하여 신뢰수준의 경험적 추정값을 계산하라.

6.5 95% 대칭 t-구간이 평균을 추정하는데 사용되지만 표본자료가 정규분포를 따르지 않는다고 가정하자. 이 경우 신뢰구간이 평균을 포함할 확률은 반드시 0.95가 되지는 않는다. 몬테칼로 방법을 이용하여 표본크기 $n$이 20이고 $\chi^2(2)$를 따르는 확률표본에 대한 t-구간의 포함확률(coverage probability)을 추정하라. 이 결과를 예제 6.8에 주어진 모의실험 결과와 비교해 보아라. (t-구간은 분산에 대한 구간보다 정규성에서 벗어났을 때 더 로버스트하다.)

6.6 몬테칼로 모의실험을 사용하여 정규성하에서 비대칭도 $g_1$의 0.025, 0.05, 0.95, 0.975 분위수를 추정하라. 추정값의 표준오차를 계산하라. (분산의 정확한 공식인 (2.14) 사용하고 밀도함수에 대한 정규근사를 이용할 것.) 추정된 분위수와 대표본 근사 $g_1 \approx N(0,\ 6/n)$에 근거한 분위수를 비교해 보아라.

6.7 대칭인 $Beta(\alpha, \alpha)$ 분포 대립가설에 대한 정규성의 비대칭도 검정의 검정력을 추정하고, 결과에 대해 설명하라. 결과가 $t(\nu)$와 같이 두꺼운 꼬리를 가지는 대칭적 대립가설의 경우와 차이가 있는가?

6.8 $X$를 $\mu = E[X] < \infty$ 인 비음(non-negative)의 확률변수라고 하자. $X$의 분포로부터의 확률표본 $x_1, ..., x_n$ 에 대해, 지니율(Gini ratio)은 다음과 같이 정의된다.

$$G = \frac{1}{2n^2\mu}\sum_{j=1}^{n}\sum_{i=1}^{n}|x_i - x_j|.$$

지니율은 경제학에서 소득분포의 불평등을 측정하는데 사용된다. $G$는 순서통계량 $x_{(i)}$를 이용해서 다음과 같이 나타낼 수도 있다.

$$G = \frac{1}{n^2\mu}\sum_{i=1}^{n}(2i - n - 1)x_{(i)}.$$

평균을 모르는 경우, 통계량 $\hat{G}$은 $G$에서 $\mu$를 $\bar{x}$로 대체한 것이다. 몬테칼로 모의실험을 사용하여 $X$가 (i) 표준로그 정규분포, (ii) 균일분포, (iii) 베르누이 분포를 따를 때, $\hat{G}$의 평균, 중앙값, 십분위수를 추정하라. 각 경우에서 반복에 대한 밀도히스토그램을 그려 보아라.

6.9 $X$가 모르는 모수를 가지는 로그 정규분포를 따를 때, 지니율 $\gamma = E[G]$에 대한 근사적 95% 신뢰구간을 구하고, 몬테칼로 모의실험을 통해 신뢰구간의 포함확률을 추정하라.

6.10 모집단분포가 비정규분포일 때, t-검정의 경험적 제1종 오류율이 명목 유의수준 $\alpha$와 근사적으로 같은지를 몬테칼로 모의실험을 사용하여 조사하고자 한다. t-검정이 정규성에서 약간 벗어난 경우 로버스트하다는 것이 알려져 있다. 표본을 추출한 모집단이 (i) $\chi^2(1)$, (ii) $U(0,2)$, (iii) Exp(1) 인 경우, 각각의 모의실험 결과에 대해 설명하라. 가설은 $H_0 : \mu = \mu_0$ vs. $H_1 : \mu \neq \mu_0$ 이고, $\mu_0$는 각각 $\chi^2(1)$, $U(0,2)$, Exp(1)의 평균이다.

6.11 피어슨(Pearson)의 곱적률상관 $\rho$, 스피어만(Spearman)의 순위상관계수 $\rho_s$, 또는 켄달(Kendall)의 계수 $\tau$에 근거한 연관성 검정은 cor.test()에서 수행된다. $\rho_s$ 혹은 $\tau$에 근거한 비모수적 검정은 모집단분포가 이변량 정규분포일 때의 상관검정보다 검정력이 낮음을 경험적으로 보여라.

# 제7장
# 붓스트랩과 잭나이프

붓스트랩과 잭나이프 방법은 재표집을 이용하여 모집단의 분포를 추정하는 비모수적 몬테칼로 방법이다. 여기서 재표집이란 하나의 관측된 표본으로부터 반복적으로 표본을 다시 추출하는 기법을 말한다. 붓스트랩과 잭나이프 방법은 재표집 기법에서 약간의 차이가 있을 뿐 기본 원리는 동일하다. 이 두 가지 방법 모두 복잡한 통계량에 근거한 추론 문제에서 추정량의 표준오차, 편의 및 신뢰구간을 추정하는 효과적인 방법을 제공한다.

## 7.1 붓스트랩 방법

붓스트랩(bootstrap) 방법은 재표집(resampling)을 이용하여 모집단의 분포를 추정하는 비모수적 몬테칼로 방법의 한 종류이다. 재표집 방법은 관측된 표본을 유한모집단으로 간주하여 그것으로부터 확률표본을 다시 생성(재표집)함으로써 모집단의 특성을 추정한다. 붓스트랩 방법은 주로 관심 있는 모집단의 분포가 구체적으로 알려져 있지 않은 경우에 사용된다. 이 경우 표본만이 유일한 정보이다.

붓스트랩은 모수적 붓스트랩과 비모수적 붓스트랩으로 나뉜다. 모수적 붓스트랩은 6장에서 다룬 몬테칼로 추론과 같이 표본이 추출될 확률분포가 구체적으로 정해지는 반면, 비모수적 붓스트랩은 확률분포가 구체화되지 않는다.

유한모집단으로 간주한 표본의 분포는 참 모집단과 유사한 특성을 가진 유사모집단(pseudo-population)이라 할 수 있다. 이 유사모집단으로부터 반복적으로 확률표본을 재표집하면, 통계량의 표본분포를 추정할 수 있다. 또한, 재표집을 통해 추정량의 편의 혹은 표준오차를 추정할 수 있다.

표본분포의 붓스트랩 추정은 밀도함수를 추정하는 아이디어와 비슷하다. 흔히 밀도함수의 형태를 추정하기 위해 표본의 히스토그램을 그려본다. 히스토그램이 밀도함수는 아니지만, 비모수적 문제에서 표본의 히스토그램은 밀도함수의 합리적인 추정으로 간주될 수 있다. 우리는 완전히 정해진 밀도함수로부터 확률표본을 생성하는 방법을 알고 있다. 붓스트랩은 표본의 경험적 분포로부터 확률표본을 생성한다.

$x=(x_1,\dots,x_n)$ 를 cdf가 $F(x)$인 분포로부터 관측된 확률표본이라 하자. 만약 $X^*$가 $x$로부터 임의로 선택되었다면, 다음이 성립한다.

$$P(X^*=x_i)=\frac{1}{n},\quad i=1,\dots,n\ .$$

재표집은 $x$ 로부터 복원추출을 하여 확률표본 $X_1^*, \ldots, X_n^*$ 을 생성한다. 확률변수 $X_i^*$ 는 집합 $\{x_1, \ldots, x_n\}$ 상에서 균일분포를 따른다.

경험적 분포함수(ecdf) $F_n(x)$는 $F(x)$의 추정량이다. $F_n(x)$가 $F(x)$의 충분통계량임은 이미 잘 알려져 있다. 즉, 표본에 포함되어 있는 $F(x)$에 관한 모든 정보는 $F_n(x)$에 포함되어 있다. 또한 $F_n(x)$는 그 자체가 집합 $\{x_1, \ldots, x_n\}$ 상에서 균일하게 분포되어 있는 확률변수의 분포함수이다. 따라서 경험적 분포함수 $F_n$은 $X^*$의 cdf 이다. 붓스트랩에서는 2가지 근사가 있다. ecdf $F_n$은 cdf $F$를 근사한다. 붓스트랩 표본에 근거한 ecdf $F_n^*$ 은 ecdf $F_n$를 근사한다. 표본 $x$로부터의 재표집은 분포함수 $F_n(x)$로부터 확률표본을 생성하는 것과 동치이다. 두 가지 근사는 다음과 같은 도표로 나타낼 수 있다.

$$F \to X \to F_n$$

$$F_n \to X^* \to F_n^*$$

$x$ 로부터 재표집을 통해 붓스트랩 확률표본을 생성하기 위해서, $\{1, \ldots, n\}$ 상에서 균일하게 분포된 $n$개의 임의의 정수 $\{i_1, \ldots, i_n\}$ 을 생성하여 붓스트랩 표본 $x^* = (x_{i_1}, \ldots, x_{i_n})$ 을 선택한다.

$\theta$가 관심모수이고, $\hat{\theta}$은 $\theta$의 추정량이라고 가정하자. 그러면 $\hat{\theta}$의 분포에 대한 붓스트랩 추정량은 다음과 같이 구할 수 있다.

1. 붓스트랩의 반복 $b(b=1, \ldots, B\ )$에 대하여,
   (a) 관측된 표본 $x_1, \ldots, x_n$ 으로부터 복원추출로 표본 $x^{*(b)} = (x_1^*, \ldots, x_n^*)$ 를 생성한다.
   (b) $b$번째 붓스트랩 표본으로부터 $\hat{\theta}^{*(b)}$를 계산한다.
2. $F_{\hat{\theta}}(\cdot)$의 붓스트랩 추정값은 $\hat{\theta}^{*(1)}, \ldots, \hat{\theta}^{*(B)}$ 의 경험적 분포이다.

이러한 붓스트랩의 기본개념은 그림 7.1에 잘 표현되어 있다.

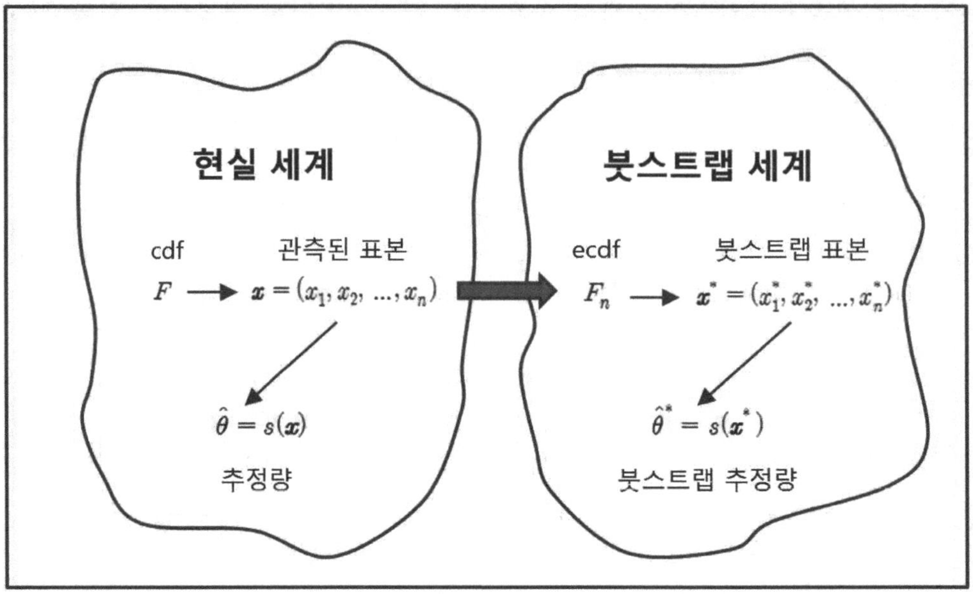


그림 7.1: 붓스트랩의 기본개념

추정량의 편의와 표준오차를 추정하기 위해 붓스트랩이 적용된다. 먼저 ecdf $F_n$과 붓스트랩 추정값의 분포 사이의 관계를 예시하는 예제를 살펴보자.

예제 7.1 ($F_n$과 붓스트랩 표본)

다음과 같은 표본이 관측되었다고 가정하자.

$$x = \{2, 2, 1, 1, 5, 4, 4, 3, 1, 2\}$$

$x$ 로부터의 재표집을 위해 1, 2, 3, 4, 5를 각각 0.3, 0.3, 0.1, 0.2, 0.1의 확률로 선택한다. 그러면 임의로 재표집된 표본의 cdf $F_{X^*}$는 정확하게 ecdf $F_n(x)$이다.

$$F_{X^*}(x) = F_n(x) = \begin{cases} 0, & x < 1, \\ 0.3, & 1 \le x < 2, \\ 0.6, & 2 \le x < 3, \\ 0.7, & 3 \le x < 4, \\ 0.9, & 4 \le x < 5, \\ 1, & x \ge 5. \end{cases}$$

위의 표본 $x$ 는 실제로 평균이 2인 포아송 분포($F_X$)로부터의 표본이다. 만약 $F_n$ 이 $F_X$ 에 근접하지 않는다면 재표집된 붓스트랩 표본의 분포 또한 $F_X$에 근접하지 않을 것이다. $x$ 로부터 재표집하는 반복수를 증가시키면 $F_n$ 의 좋은 추정값을 제공하겠지만, $F_X$ 의 좋은 추정값을 제공하는 것은 아니다. 왜냐하면 얼마나 많이 반복하여 재표집된 표본을 얻는지에 관계없이 붓스트랩 표본은 결코 0을 포함하지 않을 것이기 때문이다.

### 표준오차의 붓스트랩 추정

추정량 $\hat{\theta}$ 에 대한 표준오차의 붓스트랩 추정값은 각 반복에서의 붓스트랩 추정값, $\hat{\theta}^{*(1)}, \ldots, \hat{\theta}^{*(B)}$ 의 표본표준편차이다.

$$\widehat{se}(\hat{\theta}) = \sqrt{\frac{1}{B-1}\sum_{b=1}^{B}(\hat{\theta}^{*(b)} - \overline{\hat{\theta}^*})^2}\,. \tag{7.1}$$

여기서, $\overline{\hat{\theta}^*} = \frac{1}{B}\sum_{b=1}^{B}\hat{\theta}^{*(b)}$ 이다.

실제로 표준오차의 좋은 추정값을 얻기 위해 요구되는 반복수는 크지 않다. 보통 $B=50$ 이면 충분하며, 드물게 $B>200$ 이 필요하다. (신뢰구간 추정에서는 훨씬 큰 $B$ 가 필요하다.)

예제 7.2 (표준오차의 붓스트랩 추정값)
법학전문대학원 자료인 law는 R 패키지 bootstrap에서 주어진다. 이 데이터프레임은 15개의 법학전문대학원에 대한 LSAT(법학전문대학원 입학시험 점수의 평균)와 GPA(학부 성적 평점)를 포함한다.

| LSAT | 576 | 635 | 558 | 578 | 666 | 580 | 555 | 661 | 651 | 605 | 653 | 575 | 545 | 572 | 594 |
|---|---|---|---|---|---|---|---|---|---|---|---|---|---|---|---|
| GPA | 339 | 330 | 281 | 303 | 344 | 307 | 300 | 343 | 336 | 313 | 312 | 274 | 276 | 288 | 296 |

이 데이터셋은 패키지 bootstrap에 있는 82개의 법학전문대학원 전체 데이터셋, law82로부터의 확률표본이다. LSAT와 GPA 간의 상관관계를 추정하고, 표본상관계

수의 표준오차에 대한 붓스트랩 추정값을 계산하고자 한다.

1. 붓스트랩의 반복 $b\,(b=1, ..., B)$ 에 대하여
   (a) 관측된 표본 $(x_1, ..., x_n)$ 으로부터 복원추출로 표본 $x^{*(b)}=(x_1^*, ..., x_n^*)$ 를 생성한다.
   (b) $b$ 번째 붓스트랩 표본 $x^{*(b)}$로부터 $\hat{\theta}^{*(b)}$를 계산한다. 여기서 $\hat{\theta}$ 은 (LSAT, GPA) 간의 표본상관계수 $R$이다.
2. 붓스트랩 추정값 $se(R)$은 $(\hat{\theta}^{*(1)}, ..., \hat{\theta}^{*(B)})=(R^{*(1)}, ..., R^{*(B)})$ 의 표본표준편차이다.

```
> library(bootstrap)                # for the law data
> print(cor(law$LSAT, law$GPA))
[1] 0.7763745
> print(cor(law82$LSAT, law82$GPA))
[1] 0.7599979
```

표본상관계수는 0.7763745 이다. 82 개의 법학전문대학원 전체에 대한 상관계수는 0.7599979 이다. 붓스트랩을 사용하여 law에 있는 점수들의 표본으로부터 상관계수 통계량의 표준오차를 다음과 같이 추정할 수 있다.

```
> # set up the bootstrap
> B <- 200              # number of replicates
> n <- nrow(law)        # sample size
> R <- numeric(B)       # storage for replicates

> # bootstrap estimate of standard error of R
> for (b in 1:B) {
+    # randomly select the indices
+    i <- sample(1:n, size=n, replace=TRUE)
+    LSAT <- law$LSAT[i]                    # i is a vector of indices
+    GPA <- law$GPA[i]
+    R[b] <- cor(LSAT, GPA)
```

```
+ }
> # output
> print(se.R <- sd(R))
[1] 0.1307513
> hist(R, prob=TRUE)
```

$se(R)$의 붓스트랩 추정값은 0.1307513이고, $R$의 표준오차에 대한 정규분포 근사 추정값은 0.115이다. $R$의 붓스트랩 반복에 대한 히스토그램은 그림 7.2에 나타나 있다.

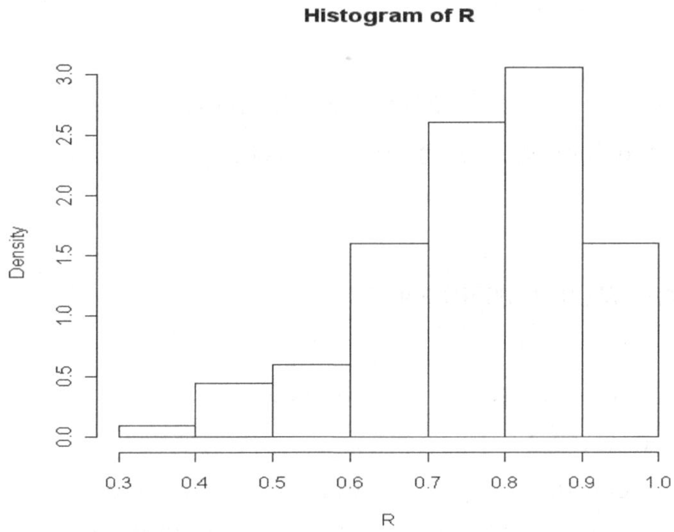


그림 7.2: 법학전문대학원 자료의 붓스트랩 반복에 대한 히스토그램

다음 예제는 패키지 boot에 주어진 boot() 함수가 붓스트랩을 수행하는데 적용되는 것을 보여 준다. boot() 함수에서 statistic 인수에 대한 함수 작성 방법은 7장의 <부록> R 실습(C)에 잘 설명되어 있으므로 참고하기 바란다.

예제 7.3 (표준오차의 붓스트랩 추정값: boot() 함수)

패키지 boot에 주어진 boot() 함수를 사용하여 예제 7.2를 반복해 보자. 먼저 $\hat{\theta}^{*(b)}$를 반환하는 함수를 작성한다. 여기서 함수의 첫 인수는 표본자료이고 두 번째 인수는 색인 $\{i_1, ..., i_n\}$ 의 벡터이다. 만약 자료가 x이고 색인의 벡터가 i라면, 첫 번째 재표집된 변수를 추출하기 위해서 x[i,1]이 그리고 두 번째 재표집된 변수를 추출하기 위해서는 x[i,2]가 필요하다. R 코드와 결과는 아래에 제시되어 있다.

```
> r <- function(x,i) {
+       # want correlation of colums 1 and 2
+       cor(x[i,1], x[i,2])
+ }
```

boot() 함수로부터 나온 결과의 요약은 boot() 명령에 의해 R 콘솔에서 바로 얻어지거나 혹은 다음 분석을 위해 그 결과를 객체로 저장할 수도 있다. 여기서는 obj에 결과를 저장한 후 이를 출력한다.

```
> library(boot)              # for boot function
> obj <- boot(data=law, statistic=r, R=2000)
> obj

ORDINARY NONPARAMETRIC BOOTSTRAP

Call : boot(data=law, statistic=r, R=2000)
Bootstrap Statistics :
          original          bias       std. error
t1*       0.7763745    -0.004795305    0.1303343
```

상관계수 통계량의 관측값 $\hat{\theta}$는 t1*로 표시된다. 2,000번의 반복에 근거한 추정값의 표준오차에 대한 붓스트랩 추정값은 $\widehat{se}(\hat{\theta}) \doteqdot 0.13$이다. 식 (7.1)과 비교하기 위해, $t를 이용하여 각 붓스트랩 표본으로부터 계산된 추정값들을 따로 추출하여 표본표준편차를 계산한다.

```
> y <- obj$t
> sd(y)
[1] 0.1303343
```

『R 노트』 boot() 함수와 bootstrap() 함수에 대한 구문과 옵션은 다르다. bootstrap 패키지는 Efron과 Tibshirani(1993)가 쓴 책에 관련된 자료와 함수의 모음이며, boot 패키지는 Davison과 Hinkley(1997)가 쓴 책에 관련된 자료와 함수의 모음이다.

### 편의의 붓스트랩 추정

만약 $\hat{\theta}$ 이 $\theta$ 의 불편추정량이라면, $E[\hat{\theta}]=\theta$ 이다. $\theta$ 에 대한 추정량 $\hat{\theta}$ 의 편의는 다음과 같다.

$$bias(\hat{\theta})=E[\hat{\theta}-\theta]=E[\hat{\theta}]-\theta\ .$$

일반적으로 대부분의 통계량은 그 통계량의 기댓값에 대한 불편추정량이며, 특히 확률표본의 표본평균은 모평균의 불편추정량이다. 편의가 있는 추정량의 예로 분산의 최대우도추정량, $\hat{\sigma}^2=\dfrac{1}{n}\sum_{i=1}^{n}(X_i-\overline{X})^2$ 이 있다. 이 경우 $\hat{\sigma}^2$ 의 기댓값은 $(1-1/n)\sigma^2$ 이므로 편의는 $-\sigma^2/n$ 이다. 즉, $\hat{\sigma}^2$ 은 $\sigma^2$ 을 과소추정한다.

편의의 붓스트랩 추정은 $\hat{\theta}$의 표본분포를 추정하기 위해 $\hat{\theta}$의 붓스트랩 반복을 사용한다. 유한모집단 $x=(x_1,\ldots,x_n)$ 에 대하여, 모수는 $\hat{\theta}(x)$ 이고, $B$ 개의 독립이고 같은 분포를 따르는 추정량 $\hat{\theta}^{*(b)}$이 있다. $\{\hat{\theta}^{*(b)}\}$의 표본평균은 그것의 기댓값 $E[\hat{\theta}^*]$의 불편추정량이므로, 편의의 붓스트랩 추정량은 다음과 같다.

$$\widehat{bias}(\hat{\theta})=\overline{\hat{\theta}^*}-\hat{\theta}, \tag{7.2}$$

여기서 $\overline{\hat{\theta}^*}=\dfrac{1}{B}\sum_{b=1}^{B}\hat{\theta}^{*(b)}$ 이고, $\hat{\theta}=\hat{\theta}(x)$는 원래의 관측된 표본으로부터 계산된 추정값이다. (붓스트랩에서는 $F_X$ 대신 $F_n$ 이 표집되므로, $\theta$를 $\hat{\theta}$ 으로 대체하여 편의를 추정한다.) 양의 편의는 $\hat{\theta}$ 이 평균적으로 $\theta$ 를 과대추정하는 경향이 있음을 나타낸다.

**예제 7.4 (편의의 붓스트랩 추정)**
예제 7.2의 law 자료에서 표본상관계수의 편의에 대한 붓스트랩 추정값을 계산해 보자.

```
> # sample estimate for n=15
> theta.hat <- cor(law$LSAT, law$GPA)
> # bootstrap estimate of bias
> B <- 2000                    # larger for estimating bias
> n <- nrow(law)
> theta.b <- numeric(B)
> for (b in 1:B) {
+     i <- sample(1:n, size=n, replace=TRUE)
+     LSAT <- law$LSAT[i]
+     GPA <- law$GPA[i]
+     theta.b[b] <- cor(LSAT, GPA)
+ }
> bias <- mean(theta.b)-theta.hat
> bias
[1] -0.008729543
```

편의의 추정값은 $-0.008729543$ 이다. 이는 예제 7.3에서 boot() 함수에 의해 반환된 편의의 추정값과 비슷하다.

예제 7.5 (비추정값의 편의에 대한 붓스트랩 추정값)
패키지 bootstrap의 patch 자료는 의료용 패치(patch) 착용 후 8명의 피실험자의 혈류에서 특정 호르몬을 측정한 값을 포함한다. 관심모수는 다음과 같다.

$$\theta = \frac{E(new) - E(old)}{E(old) - E(placebo)}.$$

만약 $|\theta| \le 0.20$ 이면, 이는 기존의 패치와 새로운 패치가 생동등성(bioequivalence)이 있음을 나타낸다. 통계량은 $\overline{Y}/\overline{Z}$ 이다. 생동등성 비통계량(ratio statistic)에서 편의의 붓스트랩 추정값을 계산해 보자.

```
> data(patch, package="bootstrap")
> patch
```

```
  subject placebo oldpatch newpatch     z     y
1       1    9243    17649    16449  8406 -1200
2       2    9671    12013    14614  2342  2601
3       3   11792    19979    17274  8187 -2705
4       4   13357    21816    23798  8459  1982
5       5    9055    13850    12560  4795 -1290
6       6    6290     9806    10157  3516   351
7       7   12412    17208    16570  4796  -638
8       8   18806    29044    26325 10238 -2719
```

```
> n <- nrow(patch)            # in bootstrap package
> B <- 2000
> theta.b <- numeric(B)
> theta.hat <- mean(patch$y)/mean(patch$z)
> # bootstrap
> for (b in 1:B) {
+    i <- sample(1:n, size=n, replace=TRUE)
+    y <- patch$y[i]
+    z <- patch$z[i]
+    theta.b[b] <- mean(y)/mean(z)
+    }
> bias <- mean(theta.b)-theta.hat
> se <- sd(theta.b)
> print(list(est=theta.hat, bias=bias, se=se, cv=bias/se))
$est
[1] -0.0713061
$bias
[1] 0.007901101
$se
[1] 0.1046453
$cv
[1] 0.07550363
```

만약 $|bias|/se \le 0.25$ 이면 편의가 표준오차에 비해 상대적으로 작으므로, 편의를 위한 조정이 필요하지 않다. 이 예제에서는 $|bias|/se \doteq 0.076$ 이므로 편의를 위한 조정이 필요하지 않다.

## 7.2 잭나이프 방법

잭나이프(jackknife)는 또 다른 재표집 방법으로, 편의 추정과 표준오차 추정을 위해 붓스트랩보다 먼저 제안되었다.

잭나이프는 교차타당성(cross-validation)의 "하나의 관측값이 제거된(leave-one-out)" 형태와 같다. $x=(x_1, \ldots, x_n)$ 을 관측된 확률표본이라고 하고, $i$ 번째 잭나이프 표본(jackknife sample) $x_{(i)}$ 를 $i$ 번째 관측값 $x_i$ 를 제외한 $x$ 의 부분집합으로 정의하자. 즉,

$$x_{(i)} = (x_1, \ldots, x_{i-1}, x_{i+1}, \ldots, x_n)$$

이다. 만약 $\hat{\theta}= T_n(x)$ 이면, $i$ 번째 잭나이프 표본의 추정값은 $\hat{\theta}_{(i)} = T_{n-1}(x_{(i)})$로 정의한다. (단, $i=1, \ldots, n$ 이다.)

모수 $\theta=t(F)$를 분포 $F$의 함수라 하고, $F_n$을 분포 $F$로부터의 확률표본의 경험적 분포함수(ecdf)라 하자. $\theta$의 "대입(plug-in)"추정값은 $\hat{\theta}=t(F_n)$ 이다. 대입추정값 $\hat{\theta}$은 자료에서의 작은 변화가 $\hat{\theta}$에서의 작은 변화에 대응한다는 의미에서 평활(smooth)하다. 예를 들면, 표본평균은 모평균에 대한 대입추정값이지만, 표본중앙값은 모집단중앙값에 대한 대입추정값이 아니다.

### 편의의 잭나이프 추정

$\hat{\theta}$이 평활(대입)통계량이면, $\hat{\theta}_{(i)} = t(F_{n-1}(x_{(i)}))$이고 편의에 대한 잭나이프 추정값은 다음과 같다.

$$\widehat{bias}_{jack} = (n-1)(\overline{\hat{\theta}_{(.)}} - \hat{\theta}). \tag{7.3}$$

여기서 $\overline{\hat{\theta}_{(.)}}= \frac{1}{n}\sum_{i=1}^{n}\hat{\theta}_{(i)}$은 하나의 관측값이 제거된 표본으로부터 계산된 추정값의 평

균이고, $\hat{\theta}=\hat{\theta}(x)$는 원래의 관측된 표본에서 계산된 추정값이다.

잭나이프 추정량 (7.3)이 왜 인수 $n-1$을 가지는지 알아보기 위해, $\theta$가 모분산인 경우를 살펴보자. 만약 $x_1, \ldots, x_n$ 이 $X$의 분포로부터의 확률표본이라면, $X$의 분산의 대입추정값은 다음과 같다.

$$\hat{\theta}=\frac{1}{n}\sum_{i=1}^{n}(x_i-\bar{x})^2 \quad .$$

그러면 추정량 $\hat{\theta}$의 $\sigma_X^2$에 대한 편의를 다음과 같이 구할 수 있다.

$$bias(\hat{\theta})=E[\hat{\theta}-\sigma_X^2]=\frac{n-1}{n}\sigma_X^2-\sigma_X^2=-\frac{\sigma_X^2}{n} .$$

잭나이프의 각 반복에서는 크기 $n-1$의 표본을 사용하여 추정값 $\hat{\theta}_{(i)}$를 계산하므로, 잭나이프 반복에서 편의는 $-\sigma_X^2/(n-1)$ 이다. 따라서 $i(i=1,\ldots,n)$ 에 대하여 다음과 같은 결과를 얻는다.

$$\begin{aligned}E[\hat{\theta}_{(i)}-\hat{\theta}]&=E[\hat{\theta}_{(i)}-\theta]-E[\hat{\theta}-\theta]\\&=bias(\hat{\theta}_{(i)})-bias(\hat{\theta})\\&=-\frac{\sigma_X^2}{n-1}-\left(-\frac{\sigma_X^2}{n}\right)\\&=-\frac{\sigma_X^2}{n(n-1)}=\frac{bias(\hat{\theta})}{n-1} \quad .\end{aligned}$$

그러므로 인수 $n-1$을 가지는 잭나이프 추정값 (7.3)은 분산의 대입추정량에서 편의의 정확한 추정값을 제공하며, 이는 분산의 최우추정량이다.

『R 노트』 (leave-one-out) [ ] 연산은 벡터의 $i$번째 요소를 제거하기 위한 매우 간단한 방법을 제공한다.

```
> x <- 1:5
```

```
> for (i in 1:5)  print(x[-i])
[1] 2 3 4 5
[1] 1 3 4 5
[1] 1 2 4 5
[1] 1 2 3 5
[1] 1 2 3 4
```

붓스트랩은 편의를 추정하기 위해 일반적으로 수백번의 반복을 요구하는 반면, 잭나이프는 오직 $n$번의 반복만 요구한다.

예제 7.6 (편의의 잭나이프 추정)
예제 7.5에 주어진 patch 자료에서 편의의 잭나이프 추정값을 계산해 보자.

```
> data(patch, package="bootstrap")
> n <- nrow(patch)
> y <- patch$y
> z <- patch$z
> theta.hat <- mean(y)/mean(z)
> print(theta.hat)
[1] -0.0713061
> # compute the jackknife replicates, leave-one-out estimates
> theta.jack <- numeric(n)
> for (i in 1:n)
> theta.jack[i] <- mean(y[-i])/mean(z[-i])
> bias <- (n-1)*(mean(theta.jack)-theta.hat)
> print(bias)                          # jackknife estimate of bias
[1] 0.008002488
```

표준오차의 잭나이프 추정

평활통계량 $\hat{\theta}$에 대한 표준오차의 잭나이프 추정값은 다음과 같다.

$$\widehat{se}_{jack} = \sqrt{\frac{n-1}{n}\sum_{i=1}^{n}\left(\hat{\theta}_{(i)} - \overline{\hat{\theta}_{(.)}}\right)^2}. \tag{7.4}$$

표준오차의 잭나이프 추정값 (7.4)가 왜 인수 $(n-1)/n$ 을 가지는지 알아보기 위해, $\theta$가 모평균이고 $\hat{\theta}=\overline{X}$ 인 경우를 살펴보자. $X$의 평균의 표준오차는 $\sqrt{Var(X)/n}$ 이다. 인수 $(n-1)/n$는 $\widehat{se}_{jack}$이 평균의 표준오차에 대한 불편추정량이 되도록 한다.

**예제 7.7** (표준오차의 잭나이프 추정)
예제 7.5에 주어진 patch 자료에서 표준오차의 잭나이프 추정값을 계산하기 위해 예제 7.6에서 제시된 잭나이프 반복을 사용한다.

```
> se <- sqrt((n-1)*mean((theta.jack-mean(theta.jack))^2))
> print(se)
[1] 0.1055278
```

표준오차의 잭나이프 추정값은 0.1055278 이다. 편의에 대한 이전의 결과로부터 변동계수의 추정값을 구할 수 있다.

```
> 0.008002488/0.1055278
[1] 0.07583298
```

**잭나이프가 실패하는 경우**

통계량 $\hat{\theta}$이 평활(smooth)하지 않을 때 잭나이프는 실패할 수 있다. 통계량은 자료의 함수이다. 평활도(smoothness)는 자료에서의 작은 변화가 통계량에서의 작은 변화에 대응하는 것을 의미한다. 중앙값은 통계량이 평활하지 않음을 보여주는 좋은 예이다.

**예제 7.8** (잭나이프의 실패)
1 에서 100 까지의 정수 중 10 개의 정수로 구성된 확률표본에서 중앙값의 잭나이프 추정값에 대한 표준오차를 계산해 보자.

```
> n <- 10
```

```
> x <- sample(1:100, size=n)

> # jackknife estimate of se
> M <- numeric(n)
> for (i in 1:n) {          # leave-one-out
+     y <- x[-i]
+     M[i] <- median(y)
+ }
> Mbar <- mean(M)
> print(sqrt((n-1)/n*sum((M-Mbar)^2)))
[1] 1.5

> # bootstrap estimate of se
> Mb <- replicate(1000, expr={
+     y <- sample(x, size=n, replace=TRUE)
+   median(y)})
> print(sd(Mb))
[1] 13.69387

# details and results:
# the sample, x:           29 79 41 86 91  5 50 83 51 42
# jackknife medians:       51 50 51 50 50 51 51 50 50 51
# jackknife est. of se: 1.5
# bootstrap medians:       46 50 46 79 9 51 81 65 ...
# bootstrap est. of se: 13.69387
```

위의 결과에서 붓스트랩 추정값과 잭나이프 추정값이 판이하게 다른 것을 알 수 있다. 이는 중앙값이 평활하지 않음으로 인해 잭나이프의 추정이 실패했기 때문이다.

이처럼 통계량이 평활하지 않을 경우, 각 반복마다 $d$개의 관측값을 제거하는 잭나이프(delete-$d$ jacknife)를 사용할 수 있다. 만약 $\sqrt{n}/d \to 0$이고 $n-d \to \infty$이면, $d$개의 관측값을 제거하는 잭나이프는 중앙값에 일치(consistent)한다. $n$과 $d$가 커지면 잭나이프를 많이 반복해야 하므로 계산 시간에 대한 부담이 커진다.

## 7.3 붓스트랩 신뢰구간

붓스트랩에서 목표모수에 대한 근사적 신뢰구간을 얻기 위한 몇 가지 접근 방법을 알아보고자 한다. 정규 붓스트랩 신뢰구간, 기본 붓스트랩 신뢰구간, 붓스트랩 백분위수 신뢰구간, 그리고 붓스트랩 $t$ 신뢰구간에 대하여 자세히 살펴보자.

### 정규 붓스트랩 신뢰구간

정규 붓스트랩 신뢰구간(normal bootstrap confidence interval)은 가장 간단한 방법이지만, 반드시 최고의 방법은 아니다. $\hat{\theta}$을 모수 $\theta$의 추정량이라 하고, 추정량의 표준오차를 $se(\hat{\theta})$이라고 하자. 만약 $\hat{\theta}$이 표본평균이고 표본의 크기가 크다면, 중심극한정리에 의해 통계량

$$Z = \frac{\hat{\theta} - E[\hat{\theta}]}{se(\hat{\theta})} \tag{7.6}$$

는 근사적으로 표준정규분포를 따른다. 따라서 만약 $\hat{\theta}$이 $\theta$에 대한 불편추정량이면, $\theta$에 대한 근사적 $100(1-\alpha)\%$ 신뢰구간은 $\hat{\theta} \pm z_{\alpha/2} se(\hat{\theta})$ 형태의 $Z$-구간($Z$-interval)과 같다. 여기서 $z_{\alpha/2} = \Phi^{-1}(1-\alpha/2)$ 이다. 이 $Z$-구간에서 $se(\hat{\theta})$ 대신 (7.1)에 주어진 붓스트랩 추정량 $\widehat{se}(\hat{\theta})$을 사용하여 정규 붓스트랩 신뢰구간을 구한다.

$$\hat{\theta} \pm z_{\alpha/2} \widehat{se}(\hat{\theta}).$$

정규 붓스트랩 신뢰구간은 추정량의 표준오차를 추정하기 위해서만 붓스트랩 방법을 사용한다.

이 신뢰구간은 계산하기 쉽지만, 몇몇 가정들을 포함한다. 정규성을 적용하기 위해, $\hat{\theta}$의 분포가 정규분포이거나 혹은 $\hat{\theta}$이 표본평균이고 표본의 크기는 충분히 크다고 가정한다. 또한 $\hat{\theta}$은 $\theta$의 불편추정량이라고 가정하고 있다. 하지만, 편의가 추정될 수 있으며 $Z$ 통계량을 중심화하기 위해 사용될 수 있지만, 추정량은 확률변수이므로 변환된 변수는 더 이상 정규분포를 따르지 않는다.

### 기본 붓스트랩 신뢰구간

기본 붓스트랩 신뢰구간(basic bootstrap confidence interval)은 관측된 통계량을 빼줌으로써 붓스트랩 반복의 분포를 변환한다. 변환된 표본의 분위수를 사용하여 신뢰한계를 결정한다. 기본 붓스트랩 신뢰구간에 대한 $100(1-\alpha)\%$ 신뢰한계는 다음과 같다.

$$(2\hat{\theta}-\hat{\theta}^*_{1-\alpha/2},\ 2\hat{\theta}-\hat{\theta}^*_{\alpha/2})\ . \tag{7.7}$$

위와 같은 신뢰한계가 어떻게 결정되었는지를 이해하기 위해, 먼저 모수적 경우를 고려해 보자. $\hat{\theta}$ 이 $\theta$ 의 추정량이고, 축(pivot)으로 $R=\hat{\theta}-\theta$ 을 고려하자. $r_\alpha$를 $R$의 $\alpha$ 분위수라 하자. 그러면 다음 식이 성립한다.

$$P(\hat{\theta}-\theta>r_\alpha)=1-\alpha \Rightarrow P(\hat{\theta}-r_\alpha>\theta)=1-\alpha\ .$$

따라서 동일한 왼쪽과 오른쪽의 꼬리오차(tail error)를 가지는 $100(1-2\alpha)\%$ 신뢰구간은 $(\hat{\theta}-r_{1-\alpha},\ \hat{\theta}-r_\alpha)$ 로 주어진다.

기본 붓스트랩 신뢰구간은 위의 아이디어를 그대로 적용한다. 붓스트랩에서는 일반적으로 $\hat{\theta}$ 의 분포를 알 수 없으나, 붓스트랩 반복 $\hat{\theta}^{(b)}$, $b=1,\ldots,B$ 로부터 분위수가 추정될 수 있고 근사적 방법이 적용될 수 있다.

$R^*=\hat{\theta}^*-\hat{\theta}$ 이라 두자. 붓스트랩 추정량 $\hat{\theta}^*$의 경험적 분포함수 $F^*$ 로부터 표본 $\alpha$ 분위수 $\hat{\theta}^*_\alpha$를 계산할 수 있다. $R^*=\hat{\theta}^*-\hat{\theta}$ 의 $\alpha$ 분위수를 $r^*_\alpha$ 라고 표시하자. 그러면 $\hat{r}^*_\alpha=\hat{\theta}^*_\alpha-\hat{\theta}$ 은 $r^*_\alpha$의 추정량이다. $\theta$ 의 $100(1-\alpha)\%$ 신뢰구간에 대한 근사적 신뢰상한은 다음과 같이 주어진다.

$$\hat{\theta}-\hat{r}^*_{\alpha/2}=\hat{\theta}-(\hat{\theta}^*_{\alpha/2}-\hat{\theta})=2\hat{\theta}-\hat{\theta}^*_{\alpha/2}\ .$$

이와 유사하게 근사적인 신뢰하한은 $2\hat{\theta}-\hat{\theta}^*_{1-\alpha/2}$ 이다. 따라서 $\theta$ 에 대한 $100(1-\alpha)\%$ 기본 붓스트랩 신뢰구간은 (7.7)과 같이 주어진다.

### 백분위수 붓스트랩 신뢰구간

백분위수 붓스트랩 신뢰구간(percentile bootstrap confidence interval)은 기준분포(reference distribution)로서 붓스트랩 추정량의 경험적 분포를 사용한다. 경험적 분포의 백분위수는 $\hat{\theta}$의 표본분포의 백분위수에 대한 추정량이다. 따라서 이러한 경험적 분포의 백분위수는 $\hat{\theta}$의 분포가 정규분포가 아닐 때 참(true)분포에 더 잘 대응될지도 모른다. $\hat{\theta}^{(1)}, \ldots, \hat{\theta}^{(B)}$ 이 통계량 $\hat{\theta}$의 $B$개의 붓스트랩 표본에 대응하는 추정값이라 하자. 이들의 경험적 분포함수로부터 $\alpha/2$ 분위수 $\hat{\theta}^*_{\alpha/2}$와 $1-\alpha/2$ 분위수 $\hat{\theta}^*_{1-\alpha/2}$를 계산한다.

백분위수 구간은 표준정규분포에 근거한 구간에 비해 이론적 장점을 가지고 있으며 포함확률 측면에서 다소 좋은 것으로 알려져 있다.

백분위수 방법에 대해 여러 가지 수정(adjustment)이 제안되었다. 예를 들어, 편의 수정 및 가속(bias-corrected and accelerated; BCa)에 의한 BCa 백분위수 구간은 더 좋은 이론적인 성질과 실제 상황에서 더 우수한 성능을 가진 백분위수 구간의 수정된 방법이다.

패키지 boot의 boot.ci() 함수는 5가지 형태의 붓스트랩 신뢰구간을 계산한다. 이는 기본, 정규, 백분위수, 스튜던트화(studentized), 그리고 BCa 신뢰구간을 포함한다. 이 함수를 사용하기 위해서는 먼저 붓스트랩을 위한 boot() 함수를 호출하고 반환된 boot 객체를 (다른 필요한 인수와 함께) boot.ci() 함수로 넘겨주어야 한다. 자세한 내용은 boot.ci 도움말 주제를 살펴보기 바란다.

예제 7.10 (patch 자료에서 비통계량에 대한 붓스트랩 신뢰구간)
이 예제는 boot 패키지에서 boot()과 boot.ci() 함수를 사용하여 정규, 기본, 그리고 백분위수 붓스트랩 신뢰구간을 구하는 방법을 예시한다. 다음의 R 코드는 예제 7.5에 주어진 비통계량에 대한 95% 신뢰구간을 생성한다.

```
> library(boot)                        # for boot and boot.ci
> data(patch, package="bootstrap")
> theta.boot <- function(dat,ind) {
+    # function to compute the statistic
+    y <- dat[ind,1]
```

```
+     z <- dat[ind,2]
+     mean(y)/mean(z)
+ }
```

붓스트랩을 수행하고 생동등성 비에 대한 신뢰구간 추정값을 계산한다.

```
> y <- patch$y
> z <- patch$z
> dat <- cbind(y,z)
> boot.obj <- boot(dat, statistic=theta.boot, R=2000)
```

붓스트랩 수행 결과와 붓스트랩 신뢰구간은 다음과 같다.

```
> print(boot.obj)
ORDINARY NONPARAMETRIC BOOTSTRAP
Call : boot(data = dat, statistic = theta.boot, R = 2000)
Bootstrap Statistics :
       original       bias      std. error
t1* -0.0713061 0.00770436   0.1002495

> print(boot.ci(boot.obj, type = c("basic", "norm", "perc")))
BOOTSTRAP CONFIDENCE INTERVAL CALCULATIONS
Based on 2000 bootstrap replicates
CALL : boot.ci(boot.out = boot.obj, type = c("basic", "norm", "perc"))
Intervals :
Level        Normal                Basic                Percentile
95%   (-0.2755,  0.1175)   (-0.3109,  0.0841)   (-0.2267,  0.1683)
Calculations and Intervals on Original Scale
```

$|\hat{\theta}| \le 0.20$일 때, 기존의 패치와 새로운 패치가 생동등성이 있다는 것을 알고 있다. 즉, 위에서 구한 구간 추정값은 기존의 패치와 새로운 패치의 생동등성을 지지하지 않음을 알 수 있다. 다음은 정의에 따라 붓스트랩 신뢰구간을 계산한 것이다. 함수

boot.ci()를 이용한 결과와 아래의 결과를 비교해 보라.

```
> # calculations for bootstrap confidence intervals
> alpha <- c(.025,.975)
> # normal
> print(boot.obj$t0+qnorm(alpha)*sd(boot.obj$t))
[1] -0.2677915  0.1251794
> # basic
> print(2*boot.obj$t0-quantile(boot.obj$t,rev(alpha),type=1))
     97.5%        2.5%
-0.30949388  0.08405618
> # percentile
> print(quantile(boot.obj$t, alpha, type=6))
     2.5%       97.5%
-0.2266650  0.1682592
```

『R 노트』 boot.ci()에 의해 계산된 정규구간은 편의를 수정한 것이다. 즉, boot.ci()의 정규구간은 boot()의 결과에 나타난 편의 추정값만큼 위에서 구한 결과와 다르다. 이는 함수에 대한 소스 코드를 읽어보면 확인할 수 있다. 이 계산에 대한 코드는 boot 패키지를 로딩한 후 R 콘솔에서 getAnywhere(norm.ci) 명령어를 입력하면 확인할 수 있다.

예제 7.11 (상관계수에 대한 붓스트랩 신뢰구간)
예제 7.2에 주어진 law 자료에서 상관계수에 대한 95% 붓스트랩 신뢰구간을 추정하고자 한다.

```
> library(boot)
> data(law, package="bootstrap")
> boot.obj <- boot(law, R=2000, statistic=function(x,i){
+           cor(x[i,1], x[i,2])})
> print(boot.ci(boot.obj, type=c("basic","norm","perc")))
BOOTSTRAP CONFIDENCE INTERVAL CALCULATIONS
Based on 2000 bootstrap replicates
```

```
CALL : boot.ci(boot.out = boot.obj, type = c("basic", "norm", "perc"))
Intervals :
Level        Normal               Basic               Percentile
 95%    (0.5158, 1.0477)    (0.5935, 1.0939)    (0.4589, 0.9593)
Calculations and Intervals on Original Scale
```

추정된 모든 3개의 신뢰구간이 law82 자료에서 주어진 모든 법학전문대학원 전체의 모집단 상관계수 $\rho=0.76$을 포함한다. 백분위수와 정규 신뢰구간에서 차이가 난다는 것은 상관계수 통계량의 표본분포가 정규분포에 근접하지 않을 수 있다는 점을 나타낸다. (그림 7.2의 히스토그램 참조) 만약 통계량의 표본분포가 근사적으로 정규분포이면, 백분위수 구간은 정규분포 구간과 거의 일치할 것이다.

붓스트랩 $t$ 신뢰구간

비록 $\hat{\theta}$의 분포가 정규분포이고 $\hat{\theta}$이 $\theta$의 불편추정량일지라도, (7.6)의 $Z$ 통계량에서 $se(\hat{\theta})$ 대신 붓스트랩 추정량 $\widehat{se}(\hat{\theta})$를 사용한다면, 이는 정확하게 정규분포를 따른다고 할 수 없다. 또한, 붓스트랩 추정량 $\widehat{se}(\hat{\theta})$의 분포가 알려지지 않았기 때문에 스튜던트 t 통계량이라고 주장할 수도 없다. 따라서 붓스트랩 $t$ 신뢰구간은 스튜던트 $t$ 통계량 대신 "$t$ 유형" 통계량(스트던트화된 통계량)을 사용하며, 이 통계량의 표본분포는 재표집에 의해 생성될 수 있다.

$x=(x_1,\ldots,x_n)$ 을 관측된 표본이라 가정하자. $100(1-\alpha)\%$ 붓스트랩 $t$ 신뢰구간 (bootstrap t confidence interval)은 다음과 같다.

$$(\hat{\theta}-t^*_{1-\alpha/2}\widehat{se}(\hat{\theta}),\ \ \hat{\theta}-t^*_{\alpha/2}\widehat{se}(\hat{\theta})).$$

여기서 $\widehat{se}(\hat{\theta})$, $t^*_{\alpha/2}$, $t^*_{1-\alpha/2}$는 다음과 같이 계산한다.

붓스트랩 $t$ 신뢰구간(스튜던트화 붓스트랩 신뢰구간):

1. 관측된 표본으로부터 통계량 $\hat{\theta}$을 계산한다.
2. 각 반복 $b\,(b=1,\ldots,B\ \ )$에 대해서
   (a) $x$ 로부터 복원추출을 통해 $b$ 번째 붓스트랩 표본 $x^{(b)}=(x_1^{(b)},\ldots,x_n^{(b)})$ 를 얻는다.

(b) $b$ 번째 붓스트랩 표본 $x^{(b)}$로부터 $\hat{\theta}^{(b)}$를 계산한다.

(c) $\hat{\theta}^{(b)}$에 대한 표준오차의 추정값 $\widehat{se}(\hat{\theta}^{(b)})$를 계산하거나 추정한다. ($b$번째 붓스트랩 표본에 대한 추정값을 의미하며, 만약 붓스트랩 추정값을 사용한다면 $x$가 아닌 현재 붓스트랩 표본 $x^{(b)}$로부터 다시 재표집하여 붓스트랩 추정값을 구해야 한다.)

(d) $b$ 번째 반복에 대한 "$t$ 유형" 통계량, $t^{(b)} = \dfrac{\hat{\theta}^{(b)} - \hat{\theta}}{\widehat{se}(\hat{\theta}^{(b)})}$을 계산한다.

3. $B$개의 붓스트랩 표본으로부터 계산한 $t^{(1)}, \ldots, t^{(B)}$ 는 붓스트랩 $t$에 대한 기준분포이다. $t^{(b)}$의 순서화된 표본으로부터 표본 분위수 $t^*_{\alpha/2}$ 와 $t^*_{1-\alpha/2}$ 를 찾는다.

4. $\{\hat{\theta}^{(b)}, b=1, \ldots, B\}$ 의 표본표준편차인 $\widehat{se}(\hat{\theta})$을 계산한다.

5. 신뢰한계 $(\hat{\theta} - t^*_{1-\alpha/2}\,\widehat{se}(\hat{\theta}),\ \ \hat{\theta} - t^*_{\alpha/2}\,\widehat{se}(\hat{\theta}))$ 을 계산한다.

붓스트랩 $t$ 구간의 한 가지 단점은 표준오차의 추정값 $\widehat{se}(\hat{\theta}^{(b)})$이 붓스트랩에 의해서 얻어져야 한다는 것이다. 즉, 이는 붓스트랩 안에 내포된 또 하나의 붓스트랩이다. 예를 들어, 만약 $B=1{,}000$면, 붓스트랩 $t$ 신뢰구간 방법은 어떤 다른 방법보다도 대략 1,000배 정도 더 오래 걸린다.

예제 7.12 (붓스트랩 $t$ 신뢰구간)

이 예제는 단변량 혹은 다변량 표본에 대한 붓스트랩 $t$ 신뢰구간을 계산하는 함수를 제공한다. 함수에 요구되는 인수는 표본자료 x와 통계량을 계산하는 함수 statistic이다. 신뢰수준의 디폴트는 95%이며, 붓스트랩 반복수의 디폴트는 500이고, 표준오차 추정을 위한 반복수의 디폴트는 100이다.

```
> boot.t.ci <- function(x, B=500, R=100, level=.95, statistic){
+    # compute the bootstrap t CI
+    x <- as.matrix(x);  n <- nrow(x)
+    stat <- numeric(B); se <- numeric(B)
```

```
+     # local function to compute the bootstrap
+     # estimate of standard error for statistic f(x)
+     boot.se <- function(x,R,f) {
+         x <- as.matrix(x); m <- nrow(x)
+         th <- replicate(R, expr={
+             i <- sample(1:m, size=m, replace=TRUE)
+             f(x[i,])
+             })
+         return(sd(th))
+     }
+   for (b in 1:B)
+         {
+         j <- sample(1:n, size=n, replace=TRUE)
+         y <- x[j,]
+         stat[b] <- statistic(y)
+         se[b] <- boot.se(y, R=R, f=statistic)
+     }
+     stat0 <- statistic(x)
+     t.stats <- (stat-stat0)/se
+     se0 <- sd(stat)
+     alpha <- 1-level
+     Qt <- quantile(t.stats, c(alpha/2,1-alpha/2), type=1)
+     names(Qt) <- rev(names(Qt))
+     CI <- rev(stat0-Qt*se0)
+ }
```

boot.se() 함수는 오직 boot.t.ci() 함수 내에서만 사용되는 국소함수(local function)이다. 다음 예제에서 boot.t.ci() 함수를 문제에 적용해 보자.

**예제 7.13** (patch 자료에서 비통계량에 대한 붓스트랩 $t$ 신뢰구간)

예제 7.5와 7.10에 주어진 patch 자료에서 비통계량에 대한 95% 붓스트랩 $t$ 신뢰구간을 계산하고자 한다.

```
> dat <- cbind(patch$y, patch$z)
> stat <- function(dat) {mean(dat[,1])/mean(dat[,2])}
> ci <- boot.t.ci(dat, statistic=stat, B=2000, R=200)
> print(ci)
      2.5%      97.5%
-0.2616354  0.3836958
```

붓스트랩 $t$ 신뢰구간의 상한은 예제 7.10에 주어진 3개의 신뢰구간보다 훨씬 크다. 그리고 붓스트랩 $t$는 이 예제에서 가장 넓은 신뢰구간이다.

## 7.4 붓스트랩 가설검정

앞에서 표준오차와 편의의 붓스트랩 추정, 그리고 붓스트랩 구간추정에 대해 알아보았다. 붓스트랩 방법은 가설검정에서도 효과적으로 사용될 수 있다.

이표본 위치문제(two-sample location problem)를 고려하자. $x=(x_1,\cdots,x_{n_1})$는 cdf가 $F(x)$인 분포에서 추출한 확률표본이고, $y=(y_1,\cdots,y_{n_2})$는 cdf $F(x-\delta)$, $\delta\in R$인 분포에서 추출한 확률표본이라 하자. 모수 $\delta$는 두 표본 사이의 위치 이동이다. 즉, $\delta$는 위치모수의 차이라고 할 수 있다. 만약 평균 $\mu_X$와 $\mu_Y$가 존재한다면 $\delta=\mu_Y-\mu_X$이다. 아래의 단측검정을 고려하자.

$$H_0:\delta=0 \text{ vs. } H_1:\delta>0$$

검정통계량으로 표본평균의 차, $V=\overline{Y}-\overline{X}$를 사용한다. $V$의 값이 크면 귀무가설 $H_0$를 기각하게 되며, 실제로는 $p$값을 계산하여 결정한다. 실제 표본평균값이 각각 $\overline{x}$와 $\overline{y}$이면 검정의 $p$값은 아래와 같다.

$$\hat{p}=P_{H_0}[V\geq\overline{y}-\overline{x}] .$$

목표는 $p$값의 붓스트랩 추정값을 구하는 것이다. 여기서 붓스트랩은 $H_0$가 참일 때 시행되어야 한다. 이를 위한 쉬운 방법은 두 표본을 하나의 큰 표본으로 결합한 후에, 결합된 표본에서 복원추출로 하나는 표본크기 $n_1$(새로운 $x$들), 다른 하나는 표본크기

$n_2$(새로운 $y$들)인 2개의 표본을 재표집하는 것이다. 따라서 재표집은 하나의 분포 하에서 시행된다. 즉, $H_0$가 참인 경우에 시행된다. 붓스트랩 $p$ 값을 구하는 알고리즘은 다음과 같다.

이표본 붓스트랩 검정 알고리즘

1. 관측된 표본으로부터 검정통계량 $v=\overline{y}-\overline{x}$ 을 계산한다.
2. 두 표본을 하나의 표본으로 결합한다: $z=(x, y)$ .
3. 붓스트랩의 반복 $b\,(b=1,\dots,B)$ 에 대하여
   (a) $z$ 에서 복원추출로 표본 $x^*=(x_1^*,\cdots,x_{n_1}^*)$ 을 생성한 후, $\overline{x}^{(b)}$를 계산한다.
   (b) $z$ 에서 복원추출로 표본 $y^*=(y_1^*,\cdots,y_{n_2}^*)$ 을 생성한 후, $\overline{y}^{(b)}$를 계산한다.
   (c) $v^{(b)}=\overline{y}^{(b)}-\overline{x}^{(b)}$를 계산한다.
4. 붓스트랩 $p$ 값을 다음과 같이 계산한다.

$$\hat{p}^*=\frac{1}{B}\sum_{b=1}^{B}I\{v^{(b)}\ge v\}.$$

예제 7.14 (이표본 붓스트랩 가설검정)
$W$를 오염비율 $\epsilon=0.20$와 $\sigma_c=4$인 오염된 정규분포를 따르는 확률변수라고 하자.

$$f_W(w)=\phi(w)(1-\epsilon)+\phi(w/\sigma_c)\frac{\epsilon}{\sigma_c}.$$

위의 오염된 정규분포로부터 30개의 독립인 관측값 $w_1,\cdots,w_{30}$ 을 생성하였다. 그리고 $x_i=10w_i+100$, $y_i=10w_{i+15}+120$, $1\le i\le 15$라 하자. 따라서 참 이동모수는 $\delta=20$이다. 생성된 실제 데이터는 아래와 같다.

| | |
|---|---|
| $x$ 변량 | 94.2 111.3 90.0 99.7 116.8 92.2 166.0 95.7 109.3 106.0<br>111.7 111.9 111.6 146.4 103.9 |
| $y$ 변량 | 125.5 107.1 67.9 98.2 128.6 123.5 116.5 143.2 120.3 118.6<br>105.0 111.8 129.3 130.8 139.8 |

상자그림을 통해 데이터를 살펴보았을 때, 두 데이터의 척도는 동일한 것으로 보이나, $y$변량(표본2)이 $x$변량(표본1)에 비해 오른쪽으로 이동한 것으로 보인다.

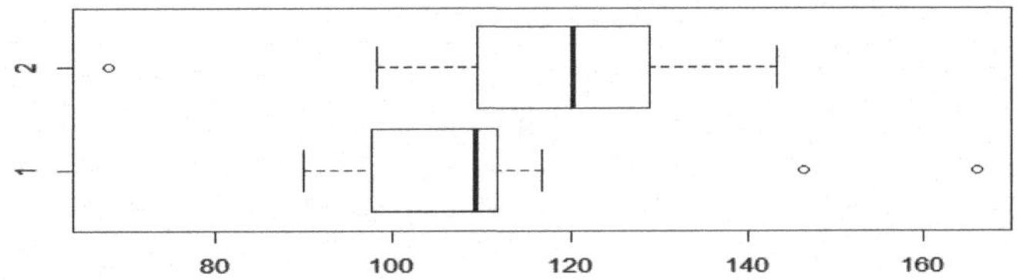


그리고 데이터셋에는 세 개의 이상치가 있다. 이 데이터에 대한 검정통계량 값은 $v=\overline{y}-\overline{x}=117.74-111.11=6.63$이다. 반복 $B=3{,}000$으로 위의 붓스트랩 검정 알고리즘을 시행하자.

```
> boottesttwo(x,y,b=3000)
> boottesttwo<-function(x,y,b)
+  {
+   n1<-length(x)              #변량x의 표본크기
+   n2<-length(y)              #변량y의 표본크기
+   v<-mean(y)-mean(x)         #검정통계량
+   z<-c(x,y)                  #표본 결합
+   counter<-0
+   teststatall<-rep(0,b)      #붓스트랩 검정통계량
+   for(i in 1:b)
+     {
+     xstar<-sample(z,n1,replace=T)
+     ystar<-sample(z,n2,replace=T)
+     vstar<-mean(ystar)-mean(xstar)
+     if(vstar >= v){counter<-counter+1}
+     teststatall[i]<-vstar
+     }
+   pvalue<-counter/b
+   list(origtest=v, pvalue=pvalue, teststatall=teststatall)
+  }
x<-c(94.2,111.3,90.0,99.7,116.8,92.2,166.0,95.7,109.3,106.0,111.7,111.9,111.6,
146.4,103.9)
y<-c(125.5,107.1,67.9,98.2,128.6,123.5,116.5,143.2,120.3,118.6,105.0,111.8,129
.3,130.8,139.8)
> boottesttwo(x,y,b=3000)
```

```
$origtest
[1] 6.626667

$pvalue
[1] 0.169

$teststatall
  [1]  -0.753333333  -2.640000000   5.286666667   6.686666667  -6.846666667
  [6]  -2.633333333   3.320000000   3.500000000  -9.406666667   0.113333333
 [11]  -1.446666667   7.706666667   6.946666667  -1.473333333   5.533333333
   ⋮
```

붓스트랩 $p$ 값은 $\hat{p}^* = 0.169$이다. 이것은 (0.169)(3000)=507개의 붓스트랩 검정통계량이 검정통계량 값을 초과한다는 것을 의미한다. 이 붓스트랩 통계량 값들은 $H_0$하에서 생성되었다. 실제로 이처럼 큰 $p$ 값에 대해서 $H_0$는 일반적으로 기각되지 않는다. 그림 7.3에 주어진 3,000개의 붓스트랩 검정통계량 값에 대한 히스토그램에서 검정통계량 값 6.63을 수평축에 나타내면 전체영역에 대한 오른쪽 영역의 비율이 근사적으로 $\hat{p}^*$와 동일하다.

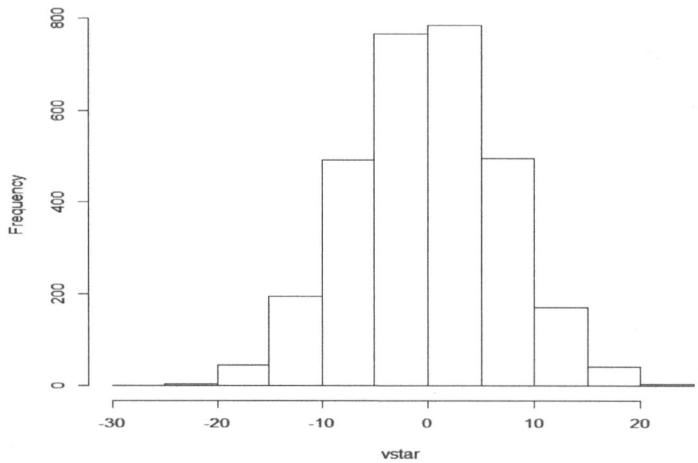


그림 7.3: 3000개의 붓스트랩 검정통계량 $v^{(b)}$값에 대한 히스토그램

비교를 위해 이표본 "합동(pooled)" t-검정을 실시하였다. 이 데이터에 대해서 t=0.93이고 $p$ 값은 0.18이므로, 이는 붓스트랩 $p$ 값과 매우 유사하다.

```
> t.test(x,y,alt="less",var.equal=TRUE)

        Two Sample t-test

data:  x and y
t = -0.92983, df = 28, p-value = 0.1802
alternative hypothesis: true difference in means is less than 0
95 percent confidence interval:
     -Inf 5.496842
sample estimates:
mean of x mean of y
 111.1133  117.7400
```

다음으로 일표본 위치문제(one-sample location problem)를 생각해 보자. $X_1, X_2, \cdots, X_n$을 평균 $\mu$를 갖는 연속형 cdf $F(x)$에서 추출한 확률표본이라고 하자. 아래 가설을 검정하고자 한다.

$$H_0 : \mu = \mu_0 \text{ vs. } H_1 : \mu > \mu_0$$

여기서 $\mu_0$는 정해진 상수이다. 검정통계량으로 $\overline{X}$를 사용하며, $\overline{X}$의 값이 크면 $H_0$를 기각한다. 실제 표본평균의 값이 $\overline{x}$이면 검정의 $p$ 값은 아래와 같다.

$$\hat{p} = P_{H_0}(\overline{X} \geq \overline{x}) .$$

붓스트랩 검정은 이 $p$ 값의 붓스트랩 추정값을 구하는 것이다. $p$ 값은 $H_0$ 하에서 추정되어야 한다. $H_0$가 참임을 보장하는 한 가지 방법은 실제 관측값 $x_1, x_2, \cdots, x_n$을 붓스트랩하는 대신 아래의 값을 붓스트랩하는 것이다.

$$z_i = x_i - \overline{x} + \mu_0, \quad i = 1, 2, \cdots n$$

여기서 붓스트랩 절차는 $z_1, z_2, \cdots, z_n$으로부터 무작위로 복원추출하는 것이다. $z^*$를 붓스트랩 관측값이라 할 때 $E(z^*) = \mu_0$임을 쉽게 보일 수 있다. 따라서 $z_i$를 사용하여

$H_0$ 하에서 붓스트랩 재표집이 수행된다.

일표본 붓스트랩 검정 알고리즘

1. 이동된 관측값의 벡터 $z=(z_1,z_2,\cdots,z_n)$ 를 만든다: $z_i=x_i-\bar{x}+\mu_0$.
2. 붓스트랩의 반복 $b\,(b=1,...,B)$ 에 대하여
   (a) $z$ 에서 복원추출로 표본 $z^*=(z_1^*,\cdots,z_n^*)$ 을 생성한다.
   (b) 표본평균 $\bar{z}^{(b)}$를 계산한다.
3. 붓스트랩 $p$ 값을 다음과 같이 계산한다.

$$\hat{p}^* = \frac{1}{B}\sum_{b=1}^{B} I\{\bar{z}^{(b)} \geq \bar{x}\}.$$

예제 7.15 (일표본 붓스트랩 가설검정)
$W_i$가 오염비율 $\epsilon=0.20$와 $\sigma_c=4$인 오염된 정규분포를 따른다고 할 때, $n=20$인 관측값 $X_i=10W_i+100$을 생성한다. 아래의 가설을 검정하고자 한다.

$$H_0:\mu=90 \text{ versus } H_1:\mu>90$$

여기서 $X_i$의 실제 평균이 100이므로 귀무가설은 거짓이다. 생성된 자료가 다음과 같다.

| | | | | | | | | | |
|---|---|---|---|---|---|---|---|---|---|
| 119.7 | 104.1 | 92.8 | 85.4 | 108.6 | 93.4 | 67.1 | 88.4 | 101.0 | 97.2 |
| 95.4 | 77.2 | 100.0 | 114.2 | 150.3 | 102.3 | 105.8 | 107.5 | 0.9 | 94.1 |

표본평균은 $\bar{x}$=95.27이며, 이는 90보다 크다. 그러나 이 값이 90보다 유의할 정도로 큰 값인가? $z_i=x_i-95.27+90$에 의한 값들을 붓스트랩하여 이를 확인해 보자.

```
> boottestone<-function(x,theta0,b)
+   {
+   n<-length(x)                #표본x의 표본크기
+   xbar<-mean(x)               #검정통계량
+   z<-x-mean(x)+theta0
+   counter<-0
+   teststatall<-rep(0,b)        #붓스트랩 검정통계량
+     for(i in 1:b)
+     {
```

```
+     xstar<-sample(z,n,replace=T)
+     vstar<-mean(xstar)
+     if(vstar >= xbar){counter<-counter+1}
+     teststatall[i]<-vstar
+     }
+   pvalue<-counter/b
+   list(origtest=v, pvalue=pvalue, teststatall=teststatall)
+   }
x<-c(119.7,104.1,92.8,85.4,108.6,93.4,67.1,88.4,101.0,97.2,95.4,77.2,100.0,114
.2,150.3,102.3,105.8,107.5,0.9,94.1)
> boottestone(x,theta0=90,b=3000)
$origtest
[1] 95.27

$pvalue
[1] 0.1876667

$teststatall
   [1]  83.555  90.070  92.365  96.755  76.510  91.995  93.575  92.410
   [9]  86.350  87.055  85.845  85.175  97.055  97.985 101.445  74.080
  [17]  81.665  81.875  90.560  89.960  97.430  92.460  97.860  97.145
  [25]  95.100  90.980 101.805  88.590  92.315  83.850  97.240  90.480
    ⋮
```

생성한 3,000개의 붓스트랩 검정통계량 $\bar{z}^{(b)}$를 사용하여 그린 히스토그램은 그림 7.4에 나타내었다. 이들 3,000개 값의 평균은 89.96으로 90에 매우 가깝다. 이 중 563개가 $\bar{x}$=95.27보다 크다. 따라서 붓스트랩 검정의 $p$ 값은 0.188이다. 히스토그램에서 95.27의 오른쪽의 총 넓이에 대한 비율이 근사적으로 0.188과 같다. 이정도 큰 $p$ 값은 일반적으로 유의하지 않은 것으로 간주된다. 따라서 귀무가설은 기각되지 않는다.

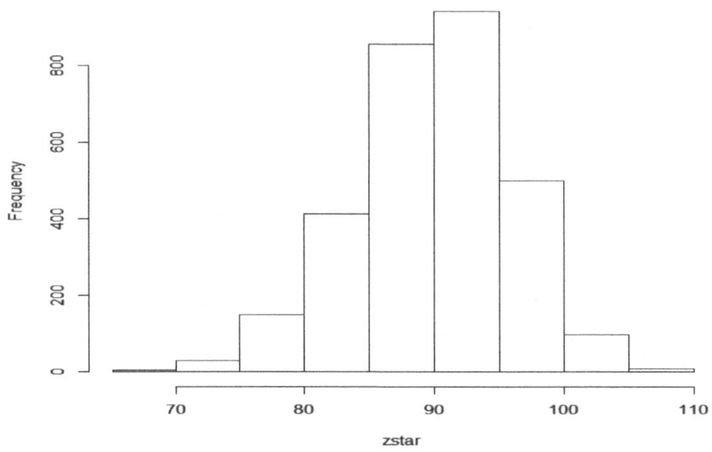


그림 7.4: 3000개의 붓스트랩 검정통계량 $\bar{z}^{(b)}$값에 대한 히스토그램

비교를 위해 단일표본 t-검정을 실시하였다. 이 데이터에 대해 $t = 0.84$이고 $p$ 값이 0.20이므로, 이는 붓스트랩 $p$ 값과 매우 유사하다.

```
> t.test(x,alternative="greater", mu=90)

        One Sample t-test

data:  x
t = 0.8448, df = 19, p-value = 0.2044
alternative hypothesis: true mean is greater than 90
95 percent confidence interval:
 84.48276      Inf
sample estimates:
mean of x
    95.27
```

## 7.5 응용: 교차타당성

교차타당성(cross validation)이란 모수에 대한 추정값의 안정성(stability), 분류(classification) 알고리즘의 정확성, 모형의 적합성 등을 평가하기 위해 사용되는 자료분할 방법이다. 잭나이프는 추정량의 편의와 표준오차를 추정하기 위해 주로 사용되기 때문에 교차타당성의 특별한 경우로 간주될 수 있다.

연구자는 자료를 훈련(training)자료와 시험(test)자료로 분할할 수 있다. 모형은 훈련자료만을 사용하여 적합하고, 오분류율은 시험자료에 분류자(classifier)를 적용시켜 분류를 수행함으로써 추정할 수 있다. 유사하게, 어떤 모형의 적합성을 평가할 때에는, 훈련자료만을 사용하여 모형을 적합한 후 시험자료를 사용하여 모형이 새로운 자료에 얼마나 잘 적합하는지를 확인한다.

교차타당성의 다른 형태는 "$n$-겹($n$-fold)"의 교차타당성으로서, 이는 자료를 $n$개의 시험자료(혹은 시험 점(test point))로 분할한다. 잭나이프 추정에서 소개된 "하나의 관측값을 제외한(leave-one-out)" 절차가 그 예이다. 자료는 어떤 $K$개의 분할된 자료로 나누어질 수 있고, 이에 따라 $K$개의 시험자료가 만들어진다. 모형 적합성을 평가한다고 할 때, 하나의 시험자료를 차례로 제외하고 모형을 적합할 수 있으며, 이는 결국 $K$번의 모형 적합이 이루어짐을 의미한다.

예제 7.14 (모형선택)

ironslag(DAAG) 자료는 화학적(chemical) 방법과 자성적(magnetic) 방법을 이용하여 철 내용물을 측정한 53개의 관측값을 포함한다. 그림 7.3에 주어진 자료의 산점도를 살펴보면, 화학적 변수와 자성적 변수가 양의 상관관계를 가지지만, 선형관계는 아닐지도 모른다. 그림에서 직선보다 2차 다항식이나 지수 혹은 로그 모형이 자료에 더 잘 적합할지도 모른다는 것을 알 수 있다.

모형선택에는 몇 가지 방법이 있지만, 예측오차(prediction error)에 초점을 맞추고자 한다. 예측오차는 오차변수에 대한 강한 분포 가정 없이 교차타당성에 의해 추정될 수 있다. 화학적 방법을 이용한 측정값($X$)으로부터 자성적 방법을 이용한 측정값($Y$)을 예측하기 위해 제안된 모형은 다음과 같다.

1. 선형 : $Y = \beta_0 + \beta_1 X + \epsilon$.
2. 2차 : $Y = \beta_0 + \beta_1 X + \beta_2 X^2 + \epsilon$.
3. 지수 : $\log(Y) = \log(\beta_0) + \beta_1 X + \epsilon$.
4. 로그-로그 : $\log(Y) = \beta_0 + \beta_1 \log(X) + \epsilon$.

4개의 모형에서 모수 추정을 위한 코드는 아래에 주어져 있다. 그림 7.5에 각 모형에 따라 $X$값에 대응하는 예측값($\hat{Y}$)의 그림이 제시되어 있다. 4개의 그림을 동시에 한 창에 출력하기 위해 par(mfrow=c(2,2))를 사용하였다.

```
> library(DAAG); attach(ironslag)
> a <- seq(10, 40, .1)      # sequence for plotting fits
> L1 <- lm(magnetic ~ chemical)
> plot(chemical, magnetic, main="Linear", pch=16)
> yhat1 <- L1$coef[1]+L1$coef[2]*a
> lines(a, yhat1, lwd=2)
> L2 <- lm(magnetic ~ chemical+I(chemical^2))
> plot(chemical, magnetic, main="Quadratic", pch=16)
> yhat2 <- L2$coef[1]+L2$coef[2]*a+L2$coef[3]*a^2
> lines(a, yhat2, lwd=2)
> L3 <- lm(log(magnetic) ~ chemical)
> plot(chemical, magnetic, main="Exponential", pch=16)
> logyhat3 <- L3$coef[1]+L3$coef[2]*a
> yhat3 <- exp(logyhat3)
> lines(a, yhat3, lwd=2)
> L4 <- lm(log(magnetic) ~ log(chemical))
> plot(log(chemical), log(magnetic), main="Log-Log", pch=16)
> logyhat4 <- L4$coef[1]+L4$coef[2]*log(a)
> lines(log(a), logyhat4, lwd=2)
```

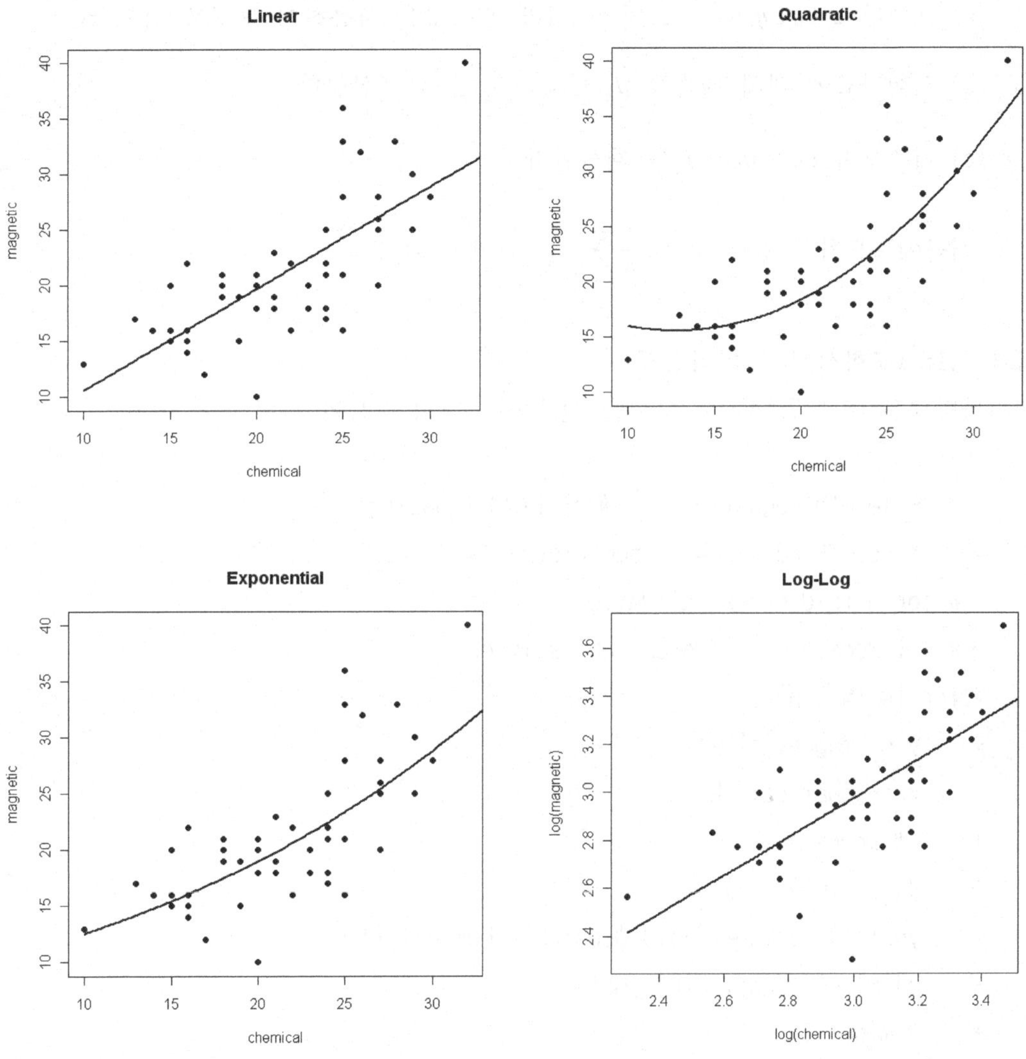


그림 7.5: ironslag 자료에 대한 제안된 4가지 모형

일단 모형이 적합되고 나면, 얼마나 잘 적합했는지 모형의 적합성을 평가하기를 원한다. 교차타당성은 예측오차를 추정하기 위해 사용될 수 있다.

$n$-겹의 (하나의 관측값을 제외한) 교차타당성에 의한 예측오차 추정 절차

1. $k(k=1, \ldots, n)$에 대하여, 관측값 $(x_k, y_k)$를 시험자료로 두고 나머지 $n-1$개

의 관측값을 사용하여 모형을 적합한다.

(a) 훈련자료 $(x_i, y_i)(i \neq k)$의 $n-1$개 관측값을 사용하여 모형을 적합한다.

(b) 시험자료에 대해 예측값 $\hat{y}_k = \hat{\beta}_0 + \hat{\beta}_1 x_k$ 를 계산한다.

(c) 예측오차 $e_k = y_k - \widehat{y_k}$를 계산한다.

2. 제곱예측오차의 평균 $\hat{\sigma}_\epsilon^2 = \frac{1}{n}\sum_{k=1}^{n} e_k^2$ 을 계산한다.

예제 7.15 (모형선택: 교차타당성)
교차타당성은 예제 7.14에서 모형을 선택하기 위해 다음과 같이 적용된다.

```
> n <- length(magnetic)     # in DAAG ironslag
> e1 <- e2 <- e3 <- e4 <- numeric(n)
> # for n-fold cross validation
> # fit models on leave-one-out samples
> for (k in 1:n) {
+     y <- magnetic[-k]
+     x <- chemical[-k]
+      # model 1
+     J1 <- lm(y ~ x)
+     yhat1 <- J1$coef[1]+J1$coef[2]*chemical[k]
+     e1[k] <- magnetic[k]-yhat1
+     # model 2
+     J2 <- lm(y ~ x+I(x^2))
+     yhat2 <- J2$coef[1]+J2$coef[2]*chemical[k]+
+             J2$coef[3]*chemical[k]^2
+     e2[k] <- magnetic[k]-yhat2
+     # model 3
+     J3 <- lm(log(y) ~ x)
+     logyhat3 <- J3$coef[1]+J3$coef[2]*chemical[k]
+     yhat3 <- exp(logyhat3)
+     e3[k] <- magnetic[k]-yhat3
```

```
+    # model 4
+    J4 <- lm(log(y) ~ log(x))
+    logyhat4 <- J4$coef[1]+J4$coef[2]*log(chemical[k])
+    yhat4 <- exp(logyhat4)
+    e4[k] <- magnetic[k]-yhat4
+ }
```

다음의 예측오차에 대한 추정값은 $n$-겹의 교차타당성으로부터 얻어진다.

```
> c(mean(e1^2), mean(e2^2), mean(e3^2), mean(e4^2))
[1] 19.55644 17.85248 18.44188 20.45424
```

예측오차 판정기준에 따르면, 2차 모형이 자료에 가장 적합한 모형이다.

```
> L2
Call : lm(formula = magnetic ~ chemical + I(chemical^2))
Coefficients:
(Intercept)      chemical      I(chemical^2)
 24.49262       -1.39334        0.05452
```

2차 모형에 의해 적합된 회귀모형식은 다음과 같다.

$$\widehat{Y} = 24.49262 - 1.39334X + 0.05452X^2$$

이 모형에 대한 잔차그림(residual plot)은 그림 7.6에 제시되어 있다. 잔차그림을 그리는 가장 쉬운 방법은 plot(L2)를 입력하는 것이다. 대안으로, 다음을 이용하여 비슷한 그림을 그릴 수 있다.

```
par(mfrow = c(2,2))                # layout for graphs
plot(L2$fit, L2$res)               # residuals vs. fitted values
abline(0,0)                        # reference line
qqnorm(L2$res)                     # normal probability plot
qqline(L2$res)                     # reference line
par(mfrow = c(1,1))                # restore display
```

다음은 적합한 2차 모형에 대한 요약의 일부이다.

```
Residuals :
    Min        1Q      Median      3Q       Max
-8.4335   -2.7006   -0.2754   2.5446   12.2665
```

2차 모형에서 설명변수 $X$와 $X^2$은 높은 상관관계가 있다. 다른 접근방법으로 직교다항식을 위해 poly() 함수를 살펴보라.

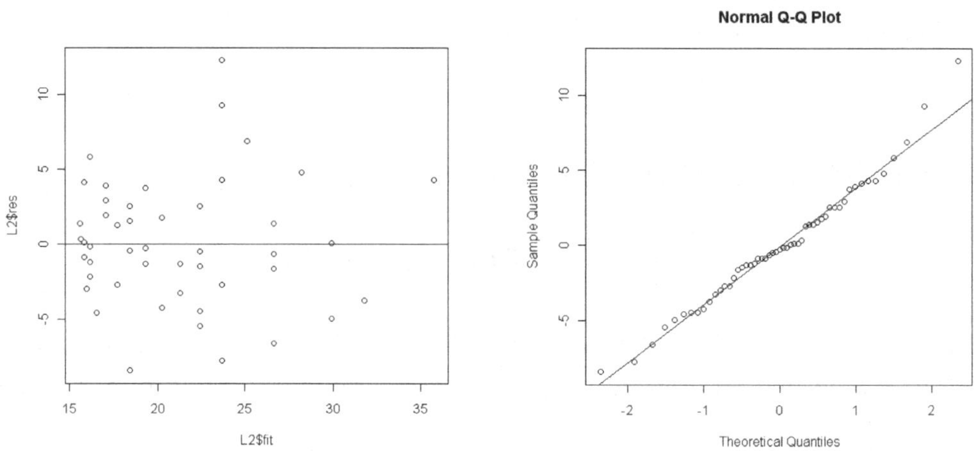


그림 7.6: ironslag 자료에 대한 2차 모형의 잔차그림

# <부록> R 실습: 재표집과 자료분할

## C.1 boot() 함수의 사용

붓스트랩은 boot() 함수를 이용하여 수행할 수 있다. 일반적으로 붓스트랩에서 표본은 복원추출되며, 기본 구문은 다음과 같다.

```
boot(data, statistic, R)
```

여기서 data는 관측된 표본이고, R은 붓스트랩 반복수이다. 디폴트는 sim = "ordinary" 이고, 이는 복원추출에 의한 기본적인 붓스트랩을 실행한다.

두 번째 인수 statistic()는 반복되는 통계량을 계산하기 위한 함수 또는 함수이름이다. 이 함수를 $f$ 라고 하자. boot() 함수는 각 반복에 대해 확률색인(random indices) $i=(i_1, \ldots, i_n)$ 를 생성하고, data와 색인벡터 $i$ 를 함수 $f$ 에 전달한다. 함수 $f$ 는 재표집된 붓스트랩 표본에 대응하는 통계량 $\hat{\theta}^{(b)}$ 를 계산한다. 예제 B.1에서는 $f$ 내에서의 계산에서 표본을 어떻게 추출하는지에 대해 알아보고자 한다.

**예제 C.1** (색인벡터를 사용한 붓스트랩 표본추출)
sample() 함수가 벡터로부터 표본을 복원추출하는데 사용된다는 것을 알고 있다. 다시 말해, 만약 $x$ 가 길이가 $n$ 인 벡터라면, 색인벡터 $1:n$ 으로부터 복원추출할 수 있고, 그 결과값을 사용하여 $x$ 개의 원소를 추출할 수 있다. 아래 두 가지 방법은 동일한 표본을 생성한다.

```
> set.seed(123)
> sample(letters[1:10], size=10, replace=TRUE)
 [1] "c" "h" "e" "i" "j" "a" "f" "i" "f" "e"
> set.seed(123)
> i <- sample(1:10, size=10, replace=TRUE)
> letters[i]
 [1] "c" "h" "e" "i" "j" "a" "f" "i" "f" "e"
```

이와 유사하게, [ ] 연산자를 사용하여 데이터프레임과 $x[i, ]$인 행렬로부터 붓스트랩 표본을 추출할 수 있다.

```
> x
      [,1] [,2] [,3] [,4]
[1,]   16   14   17   12
[2,]   14   13   16   14
[3,]   13   13   14   11
[4,]   19   11   15   11
[5,]   14   10    8   11

> i
[1] 1 3 3 2 1

> x[i, ]
      [,1] [,2] [,3] [,4]
[1,]   16   14   17   12
[2,]   13   13   14   11
[3,]   13   13   14   11
[4,]   14   13   16   14
[5,]   16   14   17   12
```

boot() 함수는 관측된 표본 $x$와 $b$번째 색인벡터 $i$를 전달하고, 사용자 함수 $f$ (statistic)는 x[i, ] 또는 x[i]를 사용하여 검정통계량을 계산한다. 예를 들어, $x$가 이변량 표본이고 반복 계산될 통계량이 상관계수이면, 함수 $f$는 다음과 같이 작성할 수 있다.

```
> f <- function(x,i) {
+     cor(x[i,1], x[i,2])
+ }
```

재표집을 포함하는 실험에 대해서는, boot() 함수가 붓스트랩을 수행하기 위해 사용되는지의 여부와 관계없이, 위의 $f$와 같이 함수에서 통계량을 계산하는 코드를 직접 작성하는 것이 유용하다.

## C.2 비복원추출

boot() 함수는 재표집이 비복원추출로 이루어지는 상황에서도 적용될 수 있다. 만약 boot() 함수를 사용하지 않는다면, 각 반복에 대해 표본 관측값들의 순열을 생성할 필요가 있다. 데이터프레임 또는 행렬 x에서 표본 관측값들의 순열은 i에 sample(1:n)을 이용하여 표본 원소들의 색인에 대한 순열을 저장한 후, $x[i,\ ]$를 사용하면 얻을 수 있다.

잭나이프와 교차타당성과 같은 상황에서는 추출하지 말아야 할 것을 구체적으로 지정하는 것이 더 편리하다. 배제되어야 할 원소들을 구체적으로 지정하기 위해서 음의 인수를 가진 [ ]연산자를 사용한다. 예를 들어, 행렬 $A$의 $i$번째 행을 제외한 모든 행을 추출하기 위해서는 A[-i, ]를 사용한다. 일반적으로 i는 벡터가 될 수 있고, A[-i, ]는 $i$번째 행을 제외한 행렬 $A$의 부분행렬이다.

**예제** C.2 (행렬로부터 특정한 행의 추출)
다음과 같이 행렬로부터 특정한 행들을 추출할 수 있다.

```
> A <- matrix(1:25,5,5)
> A[-(2:3),]
     [,1] [,2] [,3] [,4] [,5]
[1,]    1    6   11   16   21
[2,]    4    9   14   19   24
[3,]    5   10   15   20   25

> A[-(2:3),4]
[1] 16 19 20
```

마지막 줄에서는 결과가 벡터로 바뀌었음을 알 수 있다. 3×1행렬을 얻기 위해서는 as.matrix(A[-(2:3), 4])를 사용한다.

크기가 $k$ 또는 $n-k$인 확률표본은 크기가 $n$인 표본 $x$로부터 비복원으로 다음과 같이 추출할 수 있다.

```
> i <- sample(1:n, size=k)
> x1 <- x[i,]
> x2 <- x[-i,]
```

그러면 {x1, x2}는 원래 표본 $x$의 하나의 자료분할을 형성한다.

# 연습문제

7.1 예제 7.2에서 상관 통계량의 편의와 표준오차의 잭나이프 추정값을 계산하라.

7.2 예제 7.2(law 자료(bootstrap) 참조)에서 상관 통계량에 대한 붓스트랩 $t$ 신뢰구간을 구하라.

7.3 (aircondit 자료(boot) 참조) 12개의 관측값은 냉난방 장치의 고장 사이의 시간이다.

3 5 7 18 43 85 91 98 100 130 230 487

고장 사이의 시간 간격은 모수가 $\lambda$인 지수분포 Exp($\lambda$)를 따른다고 가정하자. 위험률 $\lambda$의 최대우도추정량(MLE)을 구하고, 붓스트랩을 사용하여 추정값의 편의와 표준오차를 추정하라.

7.4 (연습문제 7.3 참조) 정규, 기본, 그리고 백분위수 방법에 의해 고장 사이의 평균 시간 $1/\lambda$에 대한 95% 붓스트랩 신뢰구간을 구하라. 신뢰구간들을 비교하고, 왜 신뢰구간들이 다른지에 대해 설명하라.

7.5 (scor 자료(bootstrap) 참조) 패키지 bootstrap의 데이터셋 scor는 5개 과목에 걸쳐 시험을 친 88명의 학생들의 시험점수에 관한 자료이다. 처음 2과목(기계공학, 벡터)은 책을 보지 않고 시험을 쳤고, 나머지 3과목(대수학, 해석학, 통계학)은 책을 보면서 시험을 쳤다고 한다. 데이터프레임의 각 행은 $i$번째 학생에 대한 점수 $(x_{i1}, \ldots, x_{i5})$이다. 각 쌍의 시험점수에 대한 산점도를 작성하고, 산점도와 표본상관계수를 비교해 보아라. 다음의 각 추정값 $\hat{\rho}_{12} = \hat{\rho}$(기계공학, 벡터), $\hat{\rho}_{34} = \hat{\rho}$(대수학, 해석학), $\hat{\rho}_{35} = \hat{\rho}$(대수학, 통계학), $\hat{\rho}_{45} = \hat{\rho}$(해석학, 통계학)에 대한 표준오차의 붓스트랩 추정값을 구하라.

7.6 (연습문제 7.5 참조) 5차원의 점수자료는 5×5 공분산행렬 $\Sigma$와 양의 고유값 $\lambda_1 > \cdots > \lambda_5$ 을 가진다. 주성분분석에서, $\theta = \dfrac{\lambda_1}{\sum_{j=1}^{5} \lambda_j}$는 첫 주성분에 의해 설명되는 분산비율을 측정한다. $\hat{\lambda}_1 > \cdots > \hat{\lambda}_5$ 을 $\hat{\Sigma}$의 고유값이라 하자. 여기서 $\hat{\Sigma}$은 $\Sigma$의 최대우도추정량(MLE)이다. $\theta$의 표본추정값 $\hat{\theta} = \dfrac{\hat{\lambda}_1}{\sum_{j=1}^{5} \hat{\lambda}_j}$를 계산하라. 붓스트랩을 사용하여 $\hat{\theta}$의 편의와 표준오차를 추정하라.

7.7 (연습문제 7.6 참조) $\hat{\theta}$의 편의와 표준오차의 잭나이프 추정값을 구하라.

7.8 (연습문제 7.6 참조) $\theta$에 대한 95% 백분위수 붓스트랩과 붓스트랩 $t$ 신뢰구간을 계산하라.

# 제8장
# 마르코프 연쇄 몬테칼로

마르코프 연쇄 몬테칼로 방법을 소개한다. 기본개념과 더불어 마르코프 연쇄 몬테칼로 알고리즘을 R에서 어떻게 구현하는지를 이해하고자 한다. 마르코프 연쇄를 생성하는 방법으로 메트로폴리스-해스팅스 표집기, 확률보행 메트로폴리스 표집기, 깁스 표집기 등을 설명하고, 생성한 마르코프 연쇄가 수렴하는지를 확인하는 수렴진단 방법을 소개한다.

## 8.1 마르코프 연쇄 몬테칼로 적분

마르코프 연쇄 몬테칼로(Markov Chain Monte Carlo; MCMC) 방법은 몬테칼로 적분에 대한 개념을 포함하고 있다. 5장에 소개된 몬테칼로 적분은 아래의 적분

$$\int_A g(t)dt$$

을 어떤 확률밀도함수 $f(x)$ 에 관한 기댓값으로 바꾸어 표현한 후 표본평균을 사용하여 적분을 추정한다. 따라서 적분문제는 목표 확률밀도함수 $f(x)$ 로부터 표본을 생성하는 방법을 찾는 문제로 바뀌게 된다.

그러나 다차원 적분 문제와 같이 목표 확률밀도함수 $f(x)$ 로부터 표본을 직접 생성하는 것이 쉽지 않거나 불가능한 경우에는 MCMC가 해결방안을 제공한다. $f(x)$ 로부터의 표본추출에 대한 MCMC 접근은 $f(x)$ 를 정상분포로 가지는 마르코프 연쇄를 생성한 후, 연쇄가 정상분포에 수렴할 때까지 충분히 긴 시간동안 연쇄를 실행하는 것이다.

### 베이지안 추론에서의 적분문제

마르코프 연쇄 몬테칼로 방법은 베이지안 추론 문제에 많이 사용된다. 베이지안 관점에서 통계적 모형에서의 관측값과 모수는 모두 랜덤이다. 관측자료 $x=\{x_1,\ldots,x_n\}$ 과 모수 $\theta$ 가 주어졌을 때, $x$ 는 모수 $\theta$ 에 의존한다. 이는 우도함수 $f(x_1,\ldots,x_n|\theta)$ 에 의해 표현된다. 따라서 $(x,\theta)$ 의 결합확률분포는 다음과 같다.

$$f(x,\theta)=f(x|\theta)\pi(\theta)\equiv f(x_1,\ldots,x_n|\theta)\pi(\theta) \quad .$$

표본 $x = \{x_1, \ldots, x_n\}$ 의 정보가 주어지면 $\theta$의 분포를 업데이트할 수 있다. 즉, 베이즈 정리에 의해 $\theta$의 사후분포는 다음과 같이 주어진다.

$$\pi(\theta|x) = \frac{f(x_1, \ldots, x_n|\theta)\pi(\theta)}{\int f(x_1, \ldots, x_n|\theta)\pi(\theta)d\theta} = \frac{f(x|\theta)\pi(\theta)}{\int f(x|\theta)\pi(\theta)d\theta} .$$

이때, 사후밀도함수와 관계된 함수 $g(\theta)$의 사후평균은 다음과 같다.

$$E[g(\theta)|x] = \int g(\theta)\pi(\theta|x)d\theta = \frac{\int g(\theta)f(x|\theta)\pi(\theta)d\theta}{\int f(x|\theta)\pi(\theta)d\theta} . \quad (8.1)$$

이를 보다 일반적인 형태로 기술하면 다음과 같다.

$$E[g(Y)] = \frac{\int g(t)f(t)dt}{\int f(t)dt} . \quad (8.2)$$

여기서 $f(t)$는 밀도함수 또는 우도함수이다. 만약 $f(t)$가 밀도함수이면, 식 (8.2)는 단지 $E[g(Y)] = \int g(t)f(t)dt$ 이다. 만약 $f(t)$가 우도함수이면, 분모에 정규화 상수가 필요하다. 베이지안 분석에서 $f(t)$는 사후밀도함수이다.

그러나 실제 문제에서 식 (8.2)에 주어진 적분은 흔히 수학적으로 다루기 힘들며, 특히 높은 차원에서는 수치적 방법에 의해 계산하기가 매우 어렵다. MCMC는 이러한 형태의 적분문제에 대한 해결 방법을 제공한다.

### 마르코프 연쇄 몬테칼로 적분

$E[g(X)] = \int g(x)f(x)dx$ 의 몬테칼로 추정값은 표본평균

$$\bar{g} = \frac{1}{m}\sum_{i=1}^{m} g(x_i)$$

이다. 여기서 $x_1, ..., x_m$ 은 밀도함수 $f(x)$를 가지는 분포로부터의 표본이다. 만약 $x_1, ..., x_m$ 이 독립(확률표본)이면 대수의 법칙에 의해 표본크기 $m$이 커짐에 따라 표본평균 $\bar{g}$는 $E[g(X)]$로 확률수렴한다. 이 경우 $\bar{g}$를 추정함에 있어 원하는 정도(precision)를 얻기 위해서는 충분히 큰 몬테칼로 표본을 추출할 수 있다. 이는 몬테칼로 적분만 사용되었기 때문에 "MCMC"의 첫 번째 "MC"는 필요하지 않다.

그러나 식 (8.1)과 같은 문제에서 $f(x)$로부터 독립인 표본을 생성하는 것이 어렵거나 불가능한 경우가 종종 있다. 하지만 비록 표본 관측값들이 종속일지라도, 그들의 결합밀도함수가 확률표본의 결합밀도함수와 거의 같도록 관측값을 생성한다면, 몬테칼로 적분이 사용될 수 있다. 이 부분에서 첫 번째 "MC"가 필요하다. MCMC 방법은 결국 몬테칼로 적분에 의하여 식 (8.1) 혹은 (8.2)의 적분을 추정하고, 마르코프 연쇄가 목표분포(target distribution)로부터 표본을 생성하는 표집기(sampler)를 제공한다.

만약 $\{X_0, X_1, X_2, ...\}$ 이 정상분포 $f$를 가지는 기약이고 에르고딕인 마르코프 연쇄이면, 대수의 강법칙(SLLN)의 일반화에 의해,

$$\overline{g(X)} = \frac{1}{m}\sum_{t=0}^{m} g(X_t)$$

은 $m \to \infty$일 때 $E[g(X)]$로 확률1수렴한다. 여기서 $X$는 정상분포 $f$를 밀도함수로 가지며, 기댓값 $E[g(X)]$은 $f$에 관한 것이다.

## 8.2 MCMC 알고리즘 기본개념

마르코프 연쇄는 다음을 만족하는 확률과정 $\{X_1, X_2, ..., X_N\}$ 이며,

$$P(X_{n+1} | X_1, ..., X_n) = P(X_{n+1} | X_n) \quad ,$$

만약 마르코프 연쇄가 기약이고 에르고딕이면, $n \to \infty$일 때, $X_n$의 분포는 정상분포로 수렴하고, 이는 초깃값 $X_0$와 독립임을 2장에서 이미 다루었다. 목표분포 $f(x)$로부터 표본을 생성하기 위해, 다음과 같은 두 가지 성질을 만족하는 마르코프 연쇄를 생성해야 한다.

(1) $P(X_{n+1} | X_n)$으로부터 표본을 생성하기 쉬워야 한다.

(2) 관심 있는 목표분포가 마르코프 연쇄의 정상분포가 되어야 한다.

위의 두 가지 조건을 만족하는 마르코프 연쇄를 생성한다고 가정하자. 그러면 MCMC 알고리즘의 전반적인 개요를 다음과 같이 정리할 수 있다.

1. 초깃값 $X_0$를 지정한다.
2. 마르코프 연쇄가 정상분포에 도달할 때까지 $N$개의 관측값, $\{X_n, n=1, \ldots, N\}$을 생성한다.
3. 수렴진단 방법을 이용하여 알고리즘의 수렴 여부를 확인한다. 만약 수렴하지 않으면, 더 많은 관측값을 생성한다.
4. 초기 $B$개의 관측값을 제거한 후, $\{X_{B+1}, \ldots, X_N\}$ 을 분석을 위한 표본으로 간주한다.
5. 생성한 표본을 이용하여, 요약통계량(평균, 중앙값, 표준편차, 분위수, 상관계수 등) 및 분포를 추정한다.

기본 용어

MCMC 방법론에서 가장 중요한 기본개념을 정리한다.

**정상분포**: MCMC 알고리즘의 목표분포라 할 수 있다. MCMC 알고리즘을 설계하는데 사용되는 마르코프 연쇄의 극한분포이며, 이러한 연쇄는 초기 난수 제거(burn-in) 기간인 $B$보다 큰 $n$시점 후에 정상분포로 수렴한다. 그러므로 $X_n$과 $X_{n+1}$의 분포는 정상분포와 같아질 것이다. 즉, 일단 연쇄가 정상분포에 도달하면, MCMC 알고리즘은 해당 정상분포로부터 약한 형태의 종속인(독립이 아닌) 난수를 생성한다.

**알고리즘의 수렴**: 알고리즘이 수렴한다는 것은 알고리즘으로부터 생성된 마르코프 연쇄가 정상분포에 도달하여 원하는 목표분포로부터 난수를 생성한다는 것을 의미한다. 일반적으로 목표분포로부터 표본을 얻기 위해 얼마나 많이 알고리즘을 반복해야하는가에 대해서 정확하게 알 수는 없으나, 알고리즘의 수렴 여부를 조사하기 위한 수렴진단 방법을 이용할 수 있다. 이는 8.4절에서 자세히 다루도록 한다.

**초깃값**: 마르코프 연쇄를 초기화하는데 사용되는, 연쇄가 처음 시작할 때의 값이다. 만약 초깃값이 목표분포의 확률이 높은 부분받침으로부터 멀리 떨어진 값이거나, 모

의실험한 표본의 크기가 초깃값의 영향을 제거할 만큼 충분히 크지 않다면, 초깃값은 MCMC의 결과에 영향을 미칠 수도 있다. 이는 처음 몇 개의 관측값을 제거하거나, 알고리즘 반복 수 자체를 크게 하거나 혹은 초깃값을 달리하여 MCMC를 수행한 결과들을 이용함으로써 초깃값의 영향을 제거할 수 있다.

번인(burn-in): 번인 기간이 $B$라는 것은 초깃값의 영향을 제거하기 위해, 생성된 표본 중 처음 $B$개의 관측값을 제거하는 것이다. 만약 생성된 표본이 충분히 크다면, MCMC의 결과인 요약통계량에 미치는 번인의 효과는 굉장히 작다.

표집시차(sampling lag): MCMC로부터 생성된 표본은 독립이 아니라는 것을 알고 있다. 따라서 생성된 난수들의 자기상관을 확인할 필요가 있다. 이러한 자기상관을 줄이기 위해서 1보다 큰 $L$만큼 표집시차를 지정하여 표본을 추출할 수 있다. 즉, 첫 번째 생성된 난수에서 매 $L$ 반복 후의 난수들만 표본으로 추출하면, 독립인 표본이 생성될 수도 있을 것이다. 예를 들어, 표집시차가 3이라면 첫 번째 난수를 추출한 후, 매 세 번째에 해당하는 난수들만 표본으로 추출한다.

## 8.3 메트로폴리스-해스팅스 알고리즘

메트로폴리스-해스팅스(Metropolis-Hastings; M-H) 알고리즘은 MCMC 방법의 한 종류로서, 메트로폴리스 표집기, 확률보행 메트로폴리스 표집기, 깁스 표집기 등을 포함한다. 핵심 아이디어는 적절한 마르코프 연쇄 $\{X_t | t=0,1,2,...\}$ 를 생성하여 그것의 정상분포가 목표분포가 되도록 하는 것이다. 알고리즘은 주어진 상태 $X_t$ 에 대해 다음 상태 $X_{t+1}$을 어떻게 생성할지 구체적으로 정해야한다. 모든 M-H 알고리즘 내에는 제안분포(proposal distribution) $g(\cdot|X_t)$로부터 생성되는 후보점(candidate point) $Y$가 있다. 만일 이 후보점 $Y$가 채택된다면, 연쇄는 시점 $t+1$ 에서 상태 $Y$로 이동하고($X_{t+1}=Y$), 그렇지 않으면 연쇄가 상태 $X_t$에 머물게 된다($X_{t+1}=X_t$). 제안분포는 이전 상태 $X_t$에 의존하는 함수이다. 예를 들어, 만약 제안분포를 정규분포라 가정할 경우, $g(\cdot|X_t)$를 어떤 고정된 $\sigma^2$에 대해 $N(\mu_t=X_t, \sigma^2)$ 으로 선택할 수 있다.

제안분포의 선택은 매우 다양하지만, 선택한 제안분포에 의해서 생성된 연쇄는 반드시 어떤 정칙조건(regularity conditions)을 만족해야 한다. 제안분포는 생성된 연쇄가 정상분포(즉, 목표분포 $f$)에 수렴하도록 선택되어야만 한다. 생성된 연쇄에 요구되는 정칙조건은 기약성, 양의 재귀성 그리고 비주기성이다. 목표분포와 동일한 받침을 갖는 제안분포는 보통 이러한 정칙조건을 만족한다.

### 메트로폴리스-해스팅스 표집기

메트로폴리스-해스팅스 표집기(M-H sampler)는 다음과 같이 마르코프 연쇄 $\{X_0, X_1, ...\}$ 를 생성한다.

1. 제안분포 $g(\cdot|X_t)$를 선택한다.
2. 분포 $g$로부터 $X_0$를 생성한다.
3. 다음을 반복한다(연쇄가 정상분포로 수렴할 때 까지):
   (a) $g(\cdot|X_t)$로부터 $Y$를 생성한다.
   (b) $U(0,1)$로부터 $U$를 생성한다.
   (c) 만약 $U \le \dfrac{f(Y)g(X_t|Y)}{f(X_t)g(Y|X_t)}$ 이면, $Y$를 채택하고 $X_{t+1} = Y$ 로 둔다;

   그렇지 않으면 $X_{t+1} = X_t$ 로 둔다.
   (d) $t$를 증가한다.

단계 3(c)에서 후보점 $Y$는 아래의 확률로 채택된다.

$$\alpha(X_t, Y) = min\left(1, \frac{f(Y)g(X_t|Y)}{f(X_t)g(Y|X_t)}\right) \tag{8.3}$$

따라서 목표분포 $f$의 밀도함수는 상수를 제외하고 알려져 있어도 충분하다.

제안분포가 정칙조건을 만족한다고 가정하면, M-H 연쇄는 유일한 정상분포 $\pi$로 수렴할 것이다. 이 알고리즘은 M-H 연쇄의 정상분포 $\pi$가 실제 목표분포 $f$가 되도록 설계되었다.

예제 8.1 (M-H 표집기)
메트로폴리스-해스팅스 알고리즘을 이용하여 랄리 분포로부터 표본을 생성하고자 한다. 랄리 밀도함수는 다음과 같다.

$$f(x) = \frac{x}{\sigma^2} e^{-x^2/(2\sigma^2)}, \quad x \geq 0, \sigma > 0 .$$

이 분포는 $\sigma$에서 최빈값을 가지고, $E[X] = \sigma\sqrt{\pi/2}$ 이고 $Var(X) = \sigma^2(4-\pi)/2$ 이다.

제안분포로 자유도가 $X_t$인 카이제곱 분포를 고려해 보자. 이 예제에 대한 M-H 알고리즘은 다음과 같다. R에서 배열의 기본이 1이므로, x[1]에 연쇄의 초깃값 $X_0$를 저장한다.

1. $g(\cdot|X)$를 $\chi^2(X)$의 밀도함수로 둔다.
2. 분포 $\chi^2(1)$로부터 $X_0$를 생성하고, x[1]에 저장한다.
3. $i = 2, \ldots, N$ 에 대해 다음을 반복한다.
   (a) $\chi^2(df = X_t) = \chi^2(df = \text{x[i-1]})$로부터 $Y$를 생성한다.
   (b) $U(0,1)$로부터 $U$를 생성한다.
   (c) $X_t = \text{x[i-1]}$을 사용하여 다음을 계산한다.

$$r(X_t, Y) = \frac{f(Y)g(X_t|Y)}{f(X_t)g(Y|X_t)}$$

   여기서 $f$는 모수가 $\sigma$인 랄리 분포이고, $g(Y|X_t)$은 밀도함수 $\chi^2(df = X_t)$에서 $Y$에 해당하는 값이고, $g(X_t|Y)$는 밀도함수 $\chi^2(df = Y)$에서 $X_t$에 해당하는 값이다.
   만약 $U \leq r(X_t, Y)$ 이면 $X_{t+1} = Y$ 로 두고(x[i]=$Y$), 그렇지 않으면, $X_{t+1} = X_t$ 로 둔다(x[i]=$X_{t+1}$).
   (d) $t$를 증가한다.

밀도함수에 포함된 상수는 서로 상쇄되어 다음과 같은 식이 성립한다.

$$r(x_t, y) = \frac{f(y)g(x_t|y)}{f(x_t)g(y|x_t)} = \frac{ye^{-y^2/2\sigma^2}}{x_t e^{-x_t^2/2\sigma^2}} \times \frac{\Gamma\left(\frac{x_t}{2}\right)2^{x_t/2} x_t^{y/2-1} e^{-x_t/2}}{\Gamma\left(\frac{y}{2}\right)2^{y/2} y^{x_t/2-1} e^{-y/2}}$$

위의 식을 더 간단하게 만들 수 있겠지만, 이해를 돕기 위해, 아래 시뮬레이션에서 랄리와 카이제곱 밀도함수를 각각 계산한다. 다음은 랄리 밀도함수를 계산하는 함수이다.

```
> f <- function(x, sigma) {
+     if (any(x < 0)) return(0)
+     stopifnot(sigma > 0)
+     return((x/sigma^2)*exp(-x^2/(2*sigma^2)))
+ }
```

아래 시뮬레이션에서는 카이제곱 분포를 제안분포로 사용하여 $\sigma = 4$ 인 랄리 표본을 생성한다. 각 전이에서 후보점 $Y$는 $\chi^2(\nu = X_{i-1})$ 로부터 생성된다.

```
> xt <- x[i-1]
> y <- rchisq(1,df=xt)
```

그리고 각 y에 대해, $r(X_{i-1}, Y)$의 분자와 분모는 num과 den에서 계산된다. 카운터 k는 기각된 후보점들의 수를 헤아린다.

```
> m <- 10000
> sigma <- 4
> x <- numeric(m)
> x[1] <- rchisq(1,df=1)
> k <- 0
> u <- runif(m)
> for (i in 2:m) {
+     xt <- x[i-1]
+     y <- rchisq(1,df=xt)
```

```
+     num <- f(y,sigma)*dchisq(xt,df=y)
+     den <- f(xt,sigma)*dchisq(y,df=xt)
+     if (u[i] <= num/den) x[i] <- y else {
+         x[i] <- xt
+         k <- k+1                    # y is rejected
+         }
+     }
> print(k)
[1] 4009
```

후보점의 기각률은 보통 [0.15, 0.5] 범위 안에 있어야 한다. 이 예제에서 후보점들의 약 40%가 기각되었으므로 연쇄는 효률적이라 볼 수 있다.

확률과정의 구현으로 생성된 표본을 살펴보기 위해 트레이스 그림(trace plot)을 그려볼 수 있다. 트레이스 그림이란 생성된 표본이 반복수(시간)에 따라 어떻게 변하는지를 시각적으로 표현한 시도표(time plot)의 다른 용어이다. 다음은 반복수 5,000에서 시작하는 부분의 트레이스 그림을 그리는 R 코드이다.

```
> index <- 5000:5500
> y1 <- x[index]
> plot(index, y1, type="l", main="", ylab="x")
```

그림 8.1은 M-H 알고리즘에 의해 생성된 랄리 분포의 연쇄 일부분에 대한 트레이스 그림이다. 그림 8.1을 살펴보면, 때때로 연쇄가 움직이지 않는 부분(짧은 수평경로)을 확인할 수 있으며, 이는 후보점들이 기각되는 시점이다.

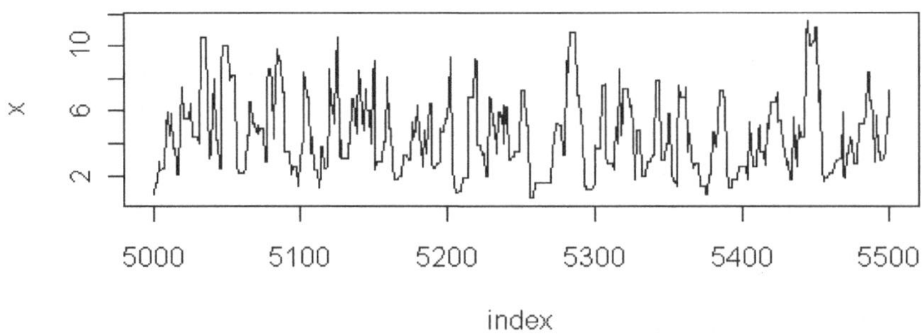


그림 8.1: 랄리 분포의 연쇄 일부분에 대한 트레이스 그림

예제 8.1은 M-H 표집기를 어떻게 실행하는지를 예시하는 간단한 예제이다. 물론 랄리 분포로부터 표본을 생성하는 더 좋은 방법이 있다. 실제 랄리 분포의 분위수(quantile)에 대한 공식은 다음과 같다.

$$x_q = F^{-1}(q) = \sigma\{-2\log(1-q)\}^{1/2}, \quad 0 < q < 1 \tag{8.4}$$

$F^{-1}$ 사용하여 대조추출 및 역변환법을 이용하면, 랄리 분포의 난수생성기를 쉽게 작성할 수 있다.

예제 8.2 (예제 8.1 계속)
다음은 목표분포인 $\sigma = 4$ 인 랄리 분포의 분위수와 생성된 연쇄의 분위수를 비교하기 위해 Q-Q 그림과 히스토그램을 만드는 R 코드이다.

```
> b <- 2001                          # discard the burn-in sample
> y <- x[b:m]
> a <- ppoints(100)
> QR <- sigma*sqrt(-2*log(1-a))      # quantiles of Rayleigh
> Q <- quantile(x,a)
> qqplot(QR, Q, main="",
+     xlab="Rayleigh Quantiles", ylab="Sample Quantiles")
> hist(y, breaks="scott", main="", xlab="", freq=FALSE)
> lines(QR, f(QR, 4))
```

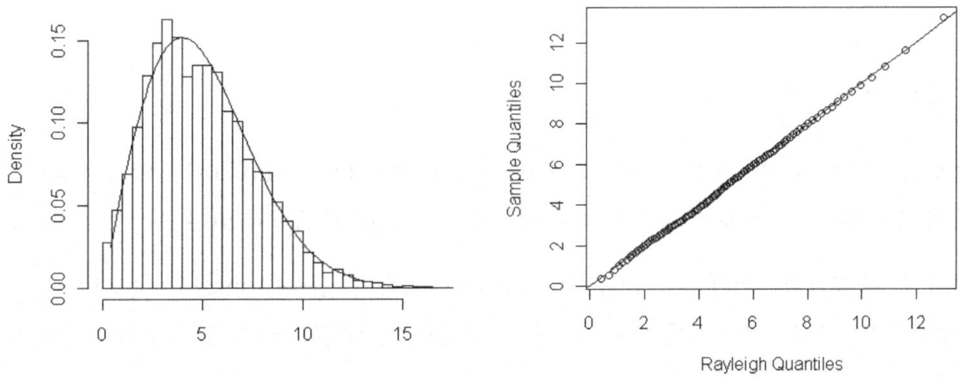


(a) (b)

그림 8.2: 랄리 표본에 대한 히스토그램과 Q-Q 그림

그림 8.2(a)는 M-H 알고리즘을 이용하여 생성된 랄리 표본의 히스토그램과 $\sigma=4$인 랄리 분포의 밀도함수가 겹쳐 그린 것이며, 그림 8.2(b)는 Q-Q 그림을 그린 것이다. Q-Q 그림은 목표분포와 비교했을 때 표집기를 이용하여 생성된 표본의 적합도를 평가하는 시각적 방법이다. 그림 8.2에서 살펴본 바와 같이 표본 분위수들이 이론상의 분위수와 근사적으로 일치함을 알 수 있다.

### 메트로폴리스 표집기

M-H 표집기는 메트로폴리스 표집기(metropolis sampler)의 일반적인 형태이다. 메트로폴리스 표집기에서는 제안분포가 대칭이다. 즉, 제안분포 $g(\cdot|X_t)$는 다음을 만족한다.

$$g(X|Y)=g(Y|X)$$

따라서 식 (8.3)은 다음과 같고,

$$r(X_t, Y)=\frac{f(Y)g(X_t|Y)}{f(X_t)g(Y|X_t)}=\frac{f(Y)}{f(X_t)}$$

후보점 $Y$는 아래의 확률로 채택된다.

$$\alpha(X_t, Y)=\min\left(1, \frac{f(Y)}{f(X_t)}\right)$$

### 확률보행 메트로폴리스 표집기

확률보행 메트폴리스 표집기(random walk metropolis sampler)는 메트로폴리스 표집기의 한 예이다. 후보점 $Y$는 대칭인 제안분포 $g(Y|X_t)=g(|X_t-Y|)$ 로부터 생성된다고 가정한다. 이때 각 반복에서, 랜덤증분(혹은 잡음(noise)) $Z$는 $g(\cdot)$으로부터 생성되고, $Y$는 $Y=X_t+Z$에 의해 정의된다. 예를 들어, 랜덤증분이 평균이 0이고 분산이 $\sigma^2>0$인 정규분포를 따른다면, 후보점은 $Y|X_t \sim N(X_t, \sigma^2)$ 이다.

확률보행 메트로폴리스의 수렴은 흔히 척도모수의 선택에 민감하다. 증분의 분산이 너무 크면, 후보점의 대부분이 기각되므로 알고리즘은 매우 비효율적이다. 만약 증분의 분산이 너무 작으면, 후보점이 대부분 채택되어 확률보행 메트로폴리스는 거의 확률보행인 연쇄를 생성하므로 역시 비효율적이다. 척도모수를 선택하는 한 가지 접근 방법은 기각률(rejection rate)을 확인하는 것이며, 이는 [0.50, 0.75] 범위 안에 있어야 한다.

예제 8.3 (확률보행 메트로폴리스 표집기)

목표분포로 자유도가 $\nu$인 스튜던트 $t$ 분포를 생성하기 위해 제안분포 $N(X_t, \sigma^2)$을 이용하여 확률보행 메트로폴리스 표집기를 실행하고자 한다. 제안분포의 분산의 선택에 따른 효과를 확인하기 위해, $\sigma$의 값을 달리하면서 모의실험을 반복하고자 한다.

$t(\nu)$의 밀도함수는 $(1+x^2/\nu)^{-(\nu+1)/2}$에 비례하기 때문에 다음의 식이 성립한다.

$$r(x_t, y) = \frac{f(Y)}{f(X_t)} = \frac{\left(1+\frac{y^2}{\nu}\right)^{-(\nu+1)/2}}{\left(1+\frac{x_t^2}{\nu}\right)^{-(\nu+1)/2}}$$

아래의 모의실험에서, $r(x_{i-1}, y)$에 있는 $t$ 밀도함수는 R의 dt() 함수를 이용하여 계산할 수 있다. 그러면 $X_i$는 아래와 같이 생성된다.

```
> if (u[i] <= (dt(y,n)/dt(x[i-1],n)) {x[i] <- y} else
+     {x[i] <- x[i-1]}
```

모수 $n$과 $\sigma$, 초깃값 $X_0$, 그리고 연쇄의 길이(반복수) $N$이 주어졌을 때, 이 단계들은 다음과 같이 함수로 결합되어 연쇄를 생성한다.

```
> rw.Metropolis <- function(n,sigma,x0,N) {
+     x <- numeric(N)
+     x[1] <- x0
+     u <- runif(N)
```

```
+    k <- 0
+    for (i in 2:N) {
+        y <- rnorm(1, x[i-1], sigma)
+            if (u[i] <= (dt(y,n)/dt(x[i-1],n))) x[i] <- y  else
+                {
+                x[i] <- x[i-1]
+                k <- k+1
+                }
+        }
+    return(list(x=x, k=k))
+   }
```

제안분포의 $\sigma^2$의 값을 달리하면서 다음과 같이 4개의 연쇄를 생성하였다.

```
> n <- 4           # degrees of freedom for target Student t dist.
> N <- 2000
> sigma <- c(.05,.5,2,16)
> x0 <- 25
> rw1 <- rw.Metropolis(n, sigma[1], x0, N)
> rw2 <- rw.Metropolis(n, sigma[2], x0, N)
> rw3 <- rw.Metropolis(n, sigma[3], x0, N)
> rw4 <- rw.Metropolis(n, sigma[4], x0, N)
> # number of candidate points rejected
> print(c(rw1$k, rw2$k, rw3$k, rw4$k)/2000)
[1] 0.0030 0.1025 0.4545 0.9085
```

오직 세 번째 연쇄만이 범위 $[0.50, 0.75]$에 가까운 기각률을 갖는다. 그림 8.3은 확률보행 메트로폴리스 표집기가 제안분포의 분산에 매우 민감함을 보여준다. $t(\nu)$ 분포의 분산은 $\nu/(\nu-2)$, $(\nu>2)$이다. 여기서 $\nu=4$ 이고 목표분포의 표준편차는 $\sqrt{2}$ 이다.

그림 8.3의 첫 번째 그림($\sigma=0.05$)에서 비율 $r(X_t, Y)$는 값이 큰 경향이 있으며 거의 대부분의 후보점들은 채택된다. 증분은 작고, 연쇄는 실제 확률보행처럼 보인다.

연쇄 1은 2,000번의 반복으로는 목표분포에 수렴되지 않는다. 두 번째 그림($\sigma = 0.5$)의 연쇄는 매우 천천히 수렴하고 있고 훨씬 긴 번인 기간이 요구된다. 세 번째 그림($\sigma = 2$)의 연쇄는 잘 혼합되어 있고 약 500번이라는 짧은 번인 기간 후에도 목표분포로 수렴하고 있다. 마지막으로, 네 번째 그림($\sigma = 16$)에서 비율 $r(X_t, Y)$는 작고 대부분의 후보점들이 기각된다. 네 번째 연쇄는 수렴하지만 비효율적이다.

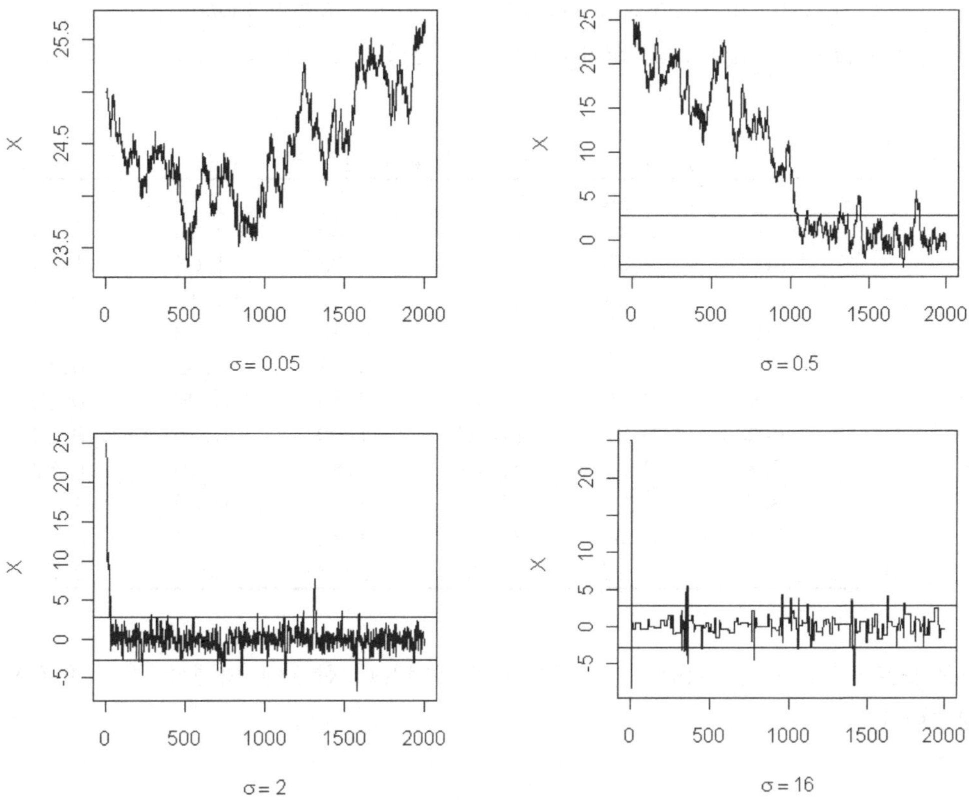


그림 8.3: 제안분포에서 분산을 달리했을 때 생성된 확률보행 메트로폴리스 연쇄

**예제 8.4** (예제 8.3 계속)

MCMC 문제에서 알고리즘의 성능을 비교하기 위해, 목표분포의 이론적 분위수를 구할 수 있는 경우는 드물다. 그러나 예제 8.3의 확률보행 메트로폴리스 연쇄의 결과는 목표분포의 이론적 분위수와 비교될 수 있다. 초기 난수값의 영향을 제거하기 위해 각 연쇄의 처음 500개의 난수값을 버린다. 분위수는 apply() 함수에 의해서 계산된다. (행렬의 열에 quantile() 함수를 사용한다.) 목표분포의 분위수와 4개의 연쇄의

표본 분위수 rw1, rw2, rw3, rw4는 표 8.1에 주어져 있다.

```
> a <- c(.05,seq(.1,.9,.1),.95)
> Q <- qt(a,n)
> rw <- cbind(rw1$x, rw2$x, rw3$x, rw4$x)
> mc <- rw[501:N,]
> Qrw <- apply(mc, 2, function(x) quantile(x,a))
> print(round(cbind(Q,Qrw),3))             # not shown
> xtable::xtable(round(cbind(Q,Qrw),3))    # latex format
```

표 8.1: 목표분포 및 4개 연쇄의 분위수

| | Q | rw1 | rw2 | rw3 | rw4 |
|---|---|---|---|---|---|
| 5% | -2.13 | 23.35 | -1.35 | -2.15 | -1.46 |
| 10% | -1.53 | 23.81 | -0.88 | -1.63 | -1.29 |
| 20% | -0.94 | 23.94 | -0.41 | -1.11 | -0.75 |
| 30% | -0.56 | 24.02 | -0.10 | -0.70 | -0.52 |
| 40% | -0.27 | 24.10 | 0.21 | -0.36 | -0.16 |
| 50% | 0.00 | 24.18 | 0.55 | -0.06 | 0.10 |
| 60% | 0.27 | 24.29 | 1.09 | 0.25 | 0.36 |
| 70% | 0.56 | 24.44 | 2.80 | 0.56 | 0.89 |
| 80% | 0.94 | 24.59 | 8.14 | 0.90 | 1.21 |
| 90% | 1.53 | 25.01 | 17.12 | 1.61 | 1.81 |
| 95% | 2.13 | 25.21 | 18.83 | 2.23 | 2.36 |

『R 노트』 표 8.1은 xtable 패키지 속의 xtable() 함수에 의해 LaTex 형식으로 출력되었다.

예제 8.5 (단순 투자모형에서 베이지안 추론)
일반적으로 여러 투자들의 수익은 독립이 아니다. 위험을 줄이기 위해 종종 포트폴리오(portfolios)를 구성하는데, 증권들의 수익은 음의 상관관계를 가진다. 따라서 수익의 상관관계를 살피기보다는, 매일의 성과에 순위를 매기고자 한다. 예를 들면, 5개의 주식이 연간 250 거래일동안 추적되어, 해당 시장에서의 최대 수익을 근거로 매일 "우승주"가 선정된다고 하자. $X_i$를 증권 $i$가 우승주인 날짜의 수라고 하면, 관측된 도수의 벡터 $(x_1, \ldots, x_5)$는 $(X_1, \ldots, X_5)$의 결합분포로부터의 관측값이다. 과거 자료로부터, 각 증권이 어떤 정해진 날에 우승주가 될 사전승산(prior odds)은

$[1: (1-\beta): (1-2\beta): 2\beta: \beta]$ 이라고 가정하자. 여기서 $\beta \in (0, 0.5)$는 알려지지 않은 모수이다. 우승자의 최근 연도에 대한 $\beta$의 추정값을 업데이트하자.

이 모형에 따르면, $X_1, \dots, X_5$ 의 다항결합분포는 다음의 확률벡터를 모수로 가진다.

$$p = (p_1, p_2, p_3, p_4, p_5) = \left(\frac{1}{3}, \frac{(1-\beta)}{3}, \frac{(1-2\beta)}{3}, \frac{2\beta}{3}, \frac{\beta}{3}\right)$$

따라서 $(x_1, \dots, x_5)$ 가 주어졌을 때 $\beta$의 사후분포는 다음과 같다.

$$\pi(\beta | x_1, \dots, x_5) = \frac{250!}{x_1! x_2! x_3! x_4! x_5!} p_1^{x_1} p_2^{x_2} p_3^{x_3} p_4^{x_4} p_5^{x_5}$$

$\beta$에 대한 사후분포가 알려진 분포가 아니므로, 이 사후분포로부터 직접 확률변량을 생성할 수 없다. $\beta$를 추정하기 위한 한 가지 접근법은 사후분포로 수렴하는 연쇄를 생성하고, 생성된 연쇄로부터 $\beta$를 추정하는 것이다. 균일 랜덤증분(잡음) $U(-0.25, 0.25)$를 가진 확률보행 메트로폴리스를 사용하여, $\beta$의 사후분포를 생성하고자 한다. 이 경우 후보점 $Y$는 다음의 확률로 채택된다.

$$\alpha(X_t, Y) = min\left(1, \frac{f(Y)}{f(X_t)}\right)$$

다중계수는 $\alpha(X, Y)$내의 비로부터 상쇄되므로 다음 식과 같다.

$$\frac{f(Y)}{f(X_t)} = \frac{(1/3)^{x_1}((1-Y)/3)^{x_2}((1-2Y)/3)^{x_3}((2Y)/3)^{x_4}(Y/3)^{x_5}}{(1/3)^{x_1}((1-X_t)/3)^{x_2}((1-2X_t)/3)^{x_3}((2X_t)/3)^{x_4}(X_t/3)^{x_5}}$$

위 식을 더 간단하게 만들 수 있겠지만, 아래의 R 코드에서는 분자와 분모를 각각 계산한다. 결과를 확인하기 위해서, 정해진 $\beta$ $(\beta = 0.2)$를 가지는 분포로부터 관측된 도수를 생성해 보자.

```
> b <- .2                    # actual value of beta
> w <- .25                   # width of the uniform support set
> m <- 5000                  # length of the chain
> burn <- 1000               # burn-in time
```

```
> days <- 250
> x <- numeric(m)          # the chain
> # generate the observed frequencies of winners
> i <- sample(1:5, size=days, replace=TRUE,
+         prob=c(1, 1-b, 1-2*b, 2*b, b))
> win <- tabulate(i)
> print(win)
[1] 81 61 58 33 17
```

win의 도수는 모의실험에서 각 증권이 일일 우승주였던 거래일의 수를 나타낸다. 이번 연도의 관측된 우승주의 분포에 근거하여, 모수 $\beta$를 추정해 보자.

아래의 함수 prob()은 (상수를 제외한) 목표밀도함수를 계산한다.

```
> prob <- function(y, win) {
+    # computes (without the constant) the target density
+    if (y < 0 || y >= 0.5)
+        return (0)
+    return((1/3)^win[1]*
+    ((1-y)/3)^win[2]*((1-2*y)/3)^win[3]*
+            ((2*y)/3)^win[4] * (y/3)^win[5])
+ }
```

마지막으로 확률보행 메트로폴리스 연쇄가 생성된다. 두 개의 균일난수가 필요한데, 하나는 제안분포를 위해, 다른 하나는 후보점의 채택 또는 기각 여부를 결정하기 위해 필요하다.

```
> u <- runif(m)                  # for accept/reject step
> v <- runif(m,-w,w)             # noise distribution
> x[1] <- .25
> for (i in 2:m) {
+    y <- x[i-1]+v[i]
+    if (u[i] <= prob(y,win) / prob(x[i-1],win))
+        x[i] <- y  else
```

```
+           x[i] <- x[i-1] }
```

그림 8.4(a)에 주어진 연쇄의 트레이스 그림은 연쇄가 목표분포에 근사적으로 수렴되었음을 보여준다. 초기 난수를 제거한 후, 생성된 연쇄로부터 $\beta$를 추정할 수 있다. 그림 8.4(b)에 주어진 표본 히스토그램에 의하면, $\beta$의 가장 가능성이 높은 추정값은 0.2에 가까움을 알 수 있다.

원래 표본의 상대도수표와 다항확률의 MCMC 추정값은 다음과 같다.

```
> print(win)
[1] 81 61 58 33 17
> print(round(win/days, 3))
[1] 0.324 0.244 0.232 0.132 0.068
> print(round(c(1, 1-b, 1-2*b, 2*b, b)/3, 3))
[1] 0.333 0.267 0.200 0.133 0.067
> xb <- x[(burn+1):m]
> print(mean(xb))
[1] 0.1891286
```

생성된 연쇄의 표본평균은 0.1891286이다.

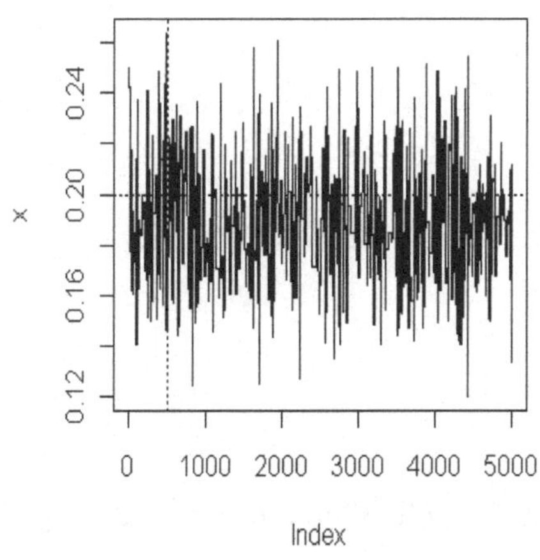

(a)

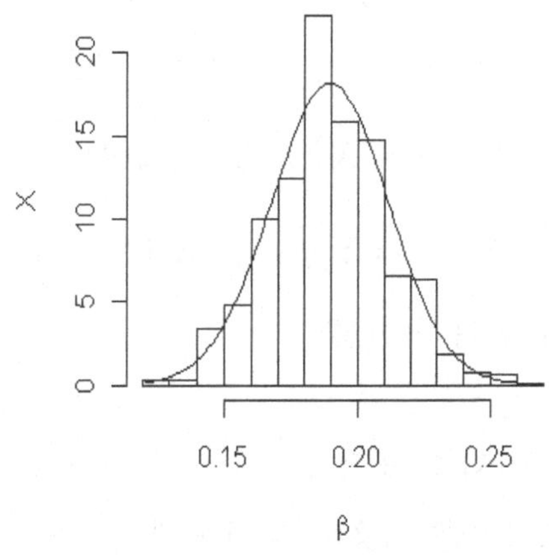

(b)

그림 8.4: $\beta$에 대한 확률보행 메트로폴리스 연쇄

## 8.4 깁스 표집기

깁스 표집기(gibbs sampler)는 메트로폴리스-해스팅스 표집기의 다른 특별한 경우로서, 목표분포가 다변량분포일 때 주로 이용된다. 모든 단변량 조건부 밀도함수가 완전히 알려진 형태이고, 이들로부터 표본추출 하기가 쉽다고 가정하자. 연쇄는 목표분포의 단변량 조건부분포로부터의 표본추출을 통해 생성되고, 모든 후보점은 채택된다.

$X=(X_1,\ldots,X_d)$ 는 $R^d$ 상의 확률벡터라고 하자. $d-1$ 차원 확률벡터를 다음과 같이 정의하자.

$$X_{(-j)}=(X_1,\ldots,X_{j-1},X_{j+1},\ldots,X_d)$$

$X_{(-j)}$ 가 주어졌을 때 $X_j$의 단변량 조건부밀도함수를 $f(X_j|X_{(-j)})$ 로 표기하자. 깁스 표집기는 $d$개의 각 조건부밀도함수 $f(X_j|X_{(-j)})$ 로부터 표본을 추출함으로써 연쇄를 생성한다.

다음과 같은 깁스 표집기에 대한 알고리즘에서, $X_t$를 $X(t)$ 로 표기하자.

1. 점 $t=0$ 에서 $X(0)$ 을 초기화한다.
2. $t=1,2,\ldots$ 에 대해 다음을 반복한다.
   (a) $x_1=X_1(t-1)$ 라고 둔다.
   (b) 각 좌표 $j=1,\ldots,d$ 에 대해,
      (1) $f(X_j|x_{(-j)})$ 로부터 $X_j^*(t)$ 를 생성한다.
      (2) $x_j=X_j^*(t)$ 로 업데이트한다.
   (c) $X(t)=(X_1^*(t),\ldots,X_d^*(t))$ 로 둔다(즉, 모든 후보는 채택된다).
   (d) $t$ 를 증가한다.

예제 8.6 (깁스 표집기)

깁스 표집기를 사용하여 이변량 정규분포 $(X_1,X_2)\sim BVN(\mu_1,\ \mu_2,\ \sigma_1^2,\ \sigma_2^2,\ \rho)$ 를 따르는 확률벡터를 생성하고자 한다.

이변량의 경우, $X=(X_1,X_2)$ , $X_{(-1)}=X_2$ , $X_{(-2)}=X_1$ 이다. 이변량 정규분포의

조건부밀도함수는 아래와 같은 모수를 가지는 단변량 정규분포가 된다.

$$E[X_2|x_1] = \mu_2 + \rho\frac{\sigma_2}{\sigma_1}(x_1 - \mu_1)$$

$$Var(X_2|x_1) = (1-\rho^2)\sigma_2^2$$

아래의 완전 조건부분포(full conditional distribution)로부터 표본을 추출함으로써 연쇄가 생성된다.

$$f(x_1|x_2) \sim N(\mu_1 + \rho\frac{\sigma_1}{\sigma_2}(x_2 - \mu_2), (1-\rho^2)\sigma_1^2)$$

$$f(x_2|x_1) \sim N(\mu_2 + \rho\frac{\sigma_2}{\sigma_1}(x_1 - \mu_1), (1-\rho^2)\sigma_2^2)$$

이변량 $(X_1, X_2)$ 에 대해, 반복 $t\ (t=2, \ldots, N\ )$에서 깁스 표집기는 다음과 같다.

1. $(x_1, x_2) = X(t-1)$ 이라 둔다;
2. $f(X_1|x_2)$로부터 $X_1^*(t)$를 생성한다;
3. $x_1 = X_1^*(t)$ 로 업데이트한다;
4. $f(X_2|x_1)$로부터 $X_2^*(t)$를 생성한다;
5. $X(t) = (X_1^*(t), X_2^*(t))$ 라 둔다.

모의실험을 위해 이변량 정규분포 $BVN(0, 2, 1, 0.25, -0.75)$를 고려하자. 확률표본을 생성하기 위해 깁스 알고리즘을 수행하는 R 코드는 다음과 같다.

```
> # initialize constants and parameters
> N <- 5000                  # length of chain
> burn <- 1000               # burn-in length
> X <- matrix(0,N,2)         # the chain, a bivariate sample
> rho <- -.75                # correlation
> mu1 <- 0
```

```
> mu2 <- 2
> sigma1 <- 1
> sigma2 <- .5
> s1 <- sqrt(1-rho^2)*sigma1
> s2 <- sqrt(1-rho^2)*sigma2

> # generate the chain
> X[1,] <- c(mu1,mu2)            # initialize
> for (i in 2:N) {
+    x2 <- X[i-1,2]
+    m1 <- mu1+rho*(x2-mu2)*sigma1/sigma2
+    X[i,1] <- rnorm(1,m1,s1)
+    x1 <- X[i,1]
+    m2 <- mu2+rho*(x1-mu1)*sigma2/sigma1
+    X[i,2] <- rnorm(1,m2,s2)
+ }
> b <- burn+1
> x <- X[b:N, ]
```

연쇄에서 처음 1,000개의 관측값을 제거하고, 나머지 관측값을 행렬 X에 저장하였다. 요약통계량으로 표본평균, 표본공분산, 상관행렬이 아래에 제시되어 있다.

```
> # compare sample statistics to parameters
> colMeans(x)
[1] -0.01751468  1.99942301
> cov(x)
           [,1]       [,2]
[1,]  0.9671892 -0.3642264
[2,] -0.3642264  0.2433005
> cor(x)
           [,1]       [,2]
[1,]  1.0000000 -0.7508344
[2,] -0.7508344  1.0000000
```

```
> plot(x, main="", cex=.5, xlab=bquote(X[1]),
+       ylab=bquote(X[2]), ylim=range(x[,2]))
```

표본평균, 분산, 그리고 상관계수는 모두 모수의 참값에 가깝고, 그림 8.5는 음의 상관을 가진 이변량 정규분포의 타원형 대칭을 보여주고 있다.

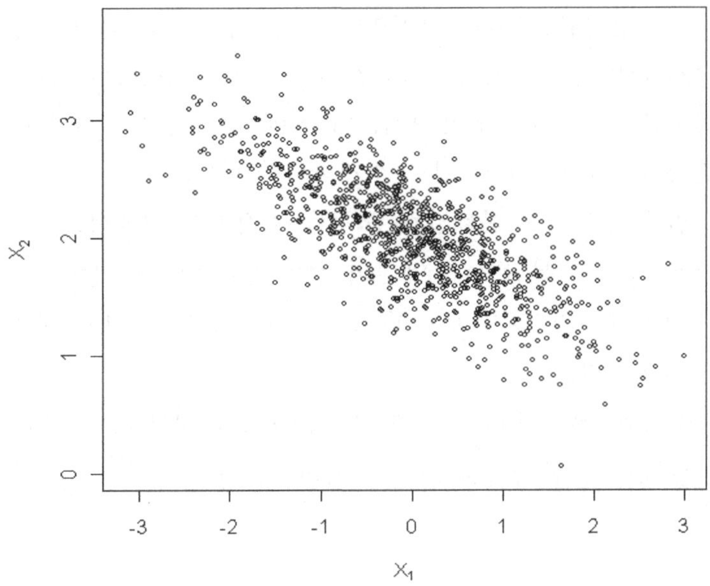

그림 8.5: 깁스 표집기에 의해 생성된 이변량 정규 연쇄

## 8.5 수렴진단

MCMC 알고리즘의 수렴여부는 MCMC 알고리즘으로부터 생성된 표본이 정확하게 목표분포로부터 추출된 것인지 아닌지를 판단하는 기준이 된다. 따라서 이를 확인하는 것은 MCMC를 이용한 분포추론에서 굉장히 중요한 절차라고 할 수 있다. 수렴진단 방법에는 여러 가지가 있으나 그 중에서도 간단한 방법인 몬테칼로 오차, 그래프를 이용한 방법, 게웍 검정, 겔만-루빈 방법을 소개한다. 이들 방법은 R 패키지 CODA (Convergence Diagnosis and Output Analysis)에 잘 구현되어 있다.

## 몬테칼로 오차

수렴여부를 진단하는 방법 중 가장 간단한 방법은 몬테칼로 오차(monte carlo error; MC error)를 확인하는 것이다. 몬테칼로 오차는 MCMC 알고리즘의 모의실험으로 인한 각 추정값의 변동을 의미하는 것으로, MCMC 결과 분석에서 반드시 확인해야 하는 중요한 값이다. 몬테칼로 오차의 값이 작다는 것은 높은 정도(precision)로 모수추정값을 계산함을 의미하며, 즉, 알고리즘의 수렴여부를 알 수 있는 가장 간단한 방법이 될 수 있다.

몬테칼로 오차는 생성된 표본의 크기의 역수에 비례한다. 따라서 알고리즘의 반복수를 충분히 크게 하면 몬테칼로 오차의 값이 작도록 조정할 수 있다. 몬테칼로 오차를 추정하는 방법은 여러 가지가 있으나, 이 장에서는 쉽게 계산할 수 있어 흔히 사용되는 뱃치 평균(batch mean) 방법을 소개하고자 한다.

뱃치 평균 방법을 이용하여 몬테칼로 오차를 추정하기 위해서는 먼저 $N$개의 생성된 표본을 $K$개의 뱃치로 분할한다. 계산의 정확성을 높이기 위해서는 분할한 뱃치의 개수와 각 뱃치 당 표본의 크기 $\nu = N/K$가 모두 충분히 커야 하며, 보통 $K=30$ 또는 $K=50$을 사용한다.

$g(X)$의 평균에 대한 몬테칼로 오차를 계산한다고 가정하자. 각 $b\,(b=1,\ldots,K\ )$에 대해 뱃치별 평균 $\overline{g(X)}_b$를 다음과 같이 계산할 수 있고,

$$\overline{g(X)}_b = \frac{1}{\nu}\sum_{t=(b-1)\nu+1}^{bv} g(X_t)$$

이를 이용하여 전체 표본 평균은 다음과 같이 표현할 수 있다.

$$\overline{g(X)} = \frac{1}{N}\sum_{n=1}^{N} g(X_t) = \frac{1}{K}\sum_{b=1}^{K}\overline{g(X)}_b$$

몬테칼로 오차는 뱃치 평균 추정치 $\overline{g(X)}_b$의 표준편차를 계산하여 다음과 같이 추정한다.

$$MCE[g(X)] = \widehat{se}[\overline{g(X)}] = \sqrt{\frac{1}{K(K-1)}\sum_{b=1}^{K}(\overline{g(X)}_b - \overline{g(X)}\ )^2}$$

예제 8.7 (몬테칼로 오차, 예제 8.3 계속)
예제 8.3의 확률보행 메트로폴리스 연쇄의 결과에 대해 몬테칼로 오차를 추정하고 이 알고리즘의 수렴여부를 진단하고자 한다. 초기 난수값의 영향을 제거하기 위해 500개의 난수를 번인한다. 다음과 같은 MCE 함수()를 작성하여 몬테칼로 오차를 추정할 수 있다. 이때, MCE() 함수는 뱃치의 개수를 지정할 수 있는 인수 batch와 MCMC의 결과로 생성된 표본을 지정하는 인수 x를 가진다.

```
> MCE <- function(batch,x){
+ v <- N/batch                    # N : sample size after burn-in period
+ batch.m <- numeric(batch)
+ for(b in 1:batch){
+    batch.m[b] <- mean(x[((b-1)*v+1):(b*v)])
+    }
+    sample.m <- mean(x)
+   return(MCE <- sqrt(sum((batch.m-sample.m)^2)/(batch*(batch-1))))
+ }
```

예제 8.3의 4개의 다른 연쇄에서 생성된 표본을 각각 저장한 후, 위의 MCE() 함수를 이용하여 계산한 결과를 출력하면 다음과 같다.

```
> N <- 1500            # burn-in : 500
> b.rw1 <- rw1$x[501:2000];b.rw2<-rw2$x[501:2000]
> b.rw3 <- rw3$x[501:2000];b.rw4<-rw4$x[501:2000]
> cbind(MCE(30,b.rw1),MCE(30,b.rw2),MCE(30,b.rw3),MCE(30,b.rw4))
[1,] 0.1593254 1.525433 0.07995319 0.1375054
```

예제 8.3의 결과 해석과 동일하게 몬테칼로 오차 또한 세 번째 연쇄에서 가장 작은 값을 가짐을 확인할 수 있다.

### 그래프를 이용한 수렴진단

그래프를 이용한 수렴진단 방법으로 트레이스 그림(trace plot)과 자기상관 그래프(autocorrelation graph)를 소개하고자 한다. 트레이스 그림은 반복수(시점)에 따라

생성된 표본의 경로를 그린 그림으로 이미 예제 8.1에서 소개한 바 있다. 만약 트레이스 그림이 어떤 특정한 주기성이나 혹은 경향성을 띄지 않는다면 마르코프 연쇄가 잘 수렴한다고 할 수 있다. 예를 들어, 그림 8.3의 세 번째 연쇄에 대한 트레이스 그림은 어떤 주기성이나 경향성 없이 임의로 그려진 것을 확인할 수 있으며, 이는 알고리즘이 잘 수렴한다고 해석할 수 있다.

자기상관 그래프를 확인하는 것 또한 수렴 여부를 진단하는 방법이다. 자기상관이 빠르게 없어질 때 마르코브 연쇄가 강하게 혼합된다고 하며, 이는 바람직하다고 할 수 있다. 만약 자기상관이 빠르게 없어지지 않으면 수렴에 문제가 있다고 판단한다. 따라서 자기상관 그래프에서 표집시차를 적당히 조절하여 자기상관이 없어지는 표집시차(sampling lag)을 찾아야 한다. 자기상관 그래프는 R 함수 acf()를 이용하여 쉽게 그림을 그릴 수 있다.

예제 8.8 (자기상관 그래프, 예제 8.3, 8.7 계속)
예제 8.3의 확률보행 메트로폴리스 연쇄의 결과에 대해 자기상관 그래프를 그려보자. 마찬가지로 초기 난수값의 영향을 제거하기 위해 500개의 난수를 번인한다. 예제 8.3에서 4개의 연쇄에 대한 그래프를 한꺼번에 그리기 위해 acf.plot() 함수를 작성하자. 이때, acf.plot() 함수는 MCMC의 결과로 생성된 표본을 지정하는 x를 인수로 가진다. 여기서 par(mfrow=c(2,2))는 R에서 2행 2열로 4개의 그래프를 한꺼번에 출력하는 함수이다. 출력결과는 그림 8.6에 주어져있다.

```
> acf.plot <- function(x){
+   index <- c(1:N)
+   acf(x, type="correlation", plot=TRUE, main="Autocorrelation")
+ }
> par(mfrow=c(2,2))
> acf.plot(b.rw1); acf.plot(b.rw2); acf.plot(b.rw3); acf.plot(b.rw4)
```

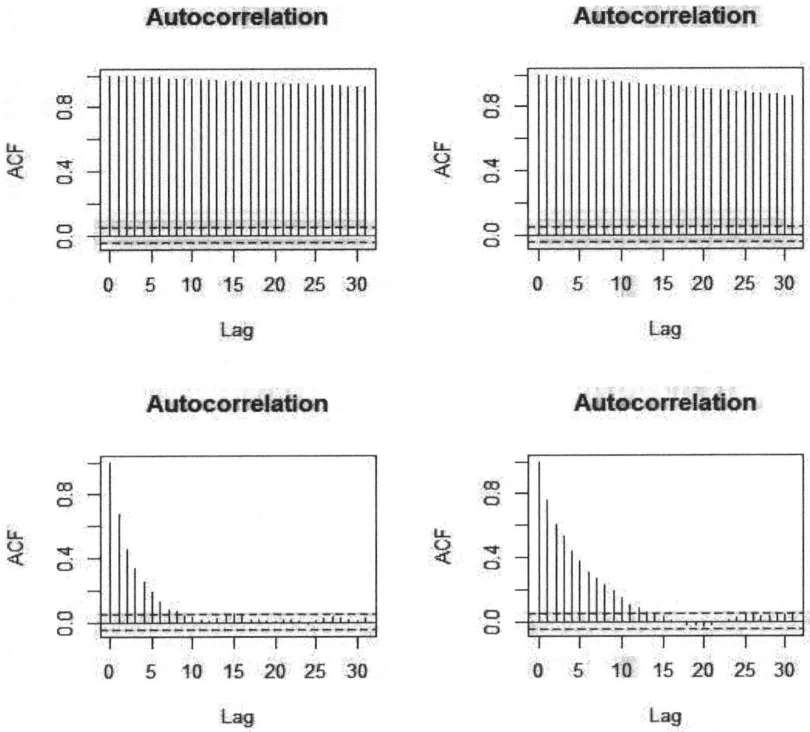


그림 8.6: 제안분포에서 분산을 달리했을 때 생성된 확률보행 메트로폴리스 연쇄의 자기상관 그래프

그림 8.6을 살펴보면, 세 번째 연쇄의 자기상관이 가장 낮으며, 즉, 4개의 연쇄 중 알고리즘의 수렴 속도가 가장 빠르다는 것을 알 수 있다. 그러나 여전히 lag이 10일 때까지는 자기상관이 존재함을 알 수 있으며, 이는 10의 간격으로 난수를 추출할 경우에는 독립적으로 난수가 추출된다는 것을 의미한다. 이를 수행하기 위해 다음과 같이 R 코드를 작성할 수 있다.

```
> N <- 15500
> rw3 <- rw.Metropolis(n,sigma[3],x0,N)
> index <- seq(501,15500,by=10)          # sampling lag: 10
> b.rw3 <- rw3$x[index]                  # sample size: 1,500
> acf.plot(b.rw3)
```

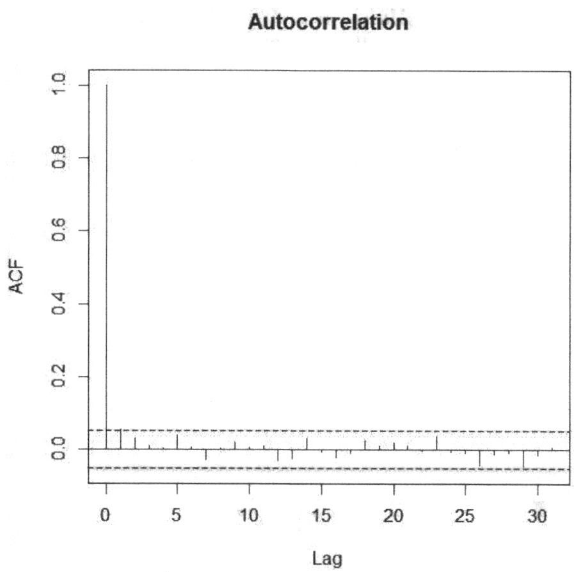


그림 8.7: 표집시차를 10으로 주었을 때 세 번째 연쇄의 자기상관 그래프

### 게웍 검정

게웍(Geweke) 검정은 시계열 방법에 근기한 수렴진단이며, 이는 마르코프 연쇄의 정상성(stationarity) 검정이다. 게웍 검정은 단일연쇄(single chain)를 사용하며, 반복의 처음 10%와 마지막 50%를 포함하는 2개의 "윈도우(window)"로 마르코프 연쇄를 나눈다. 만약 전체 연쇄가 정상적(stationary)이면 처음 부분의 평균과 마지막 부분의 평균이 비슷할 것이다.

$\overline{X}_1$, $S_1^2$을 길이 $n_1$인 처음 부분 윈도우에서의 표본 평균과 분산이라 하고, $\overline{X}_2$, $S_2^2$을 길이 $n_2$인 마지막 부분 윈도우에서의 표본 평균과 분산이라 하자. 게웍 검정의 검정통계량은 다음과 같다.

$$G = \frac{\overline{X}_1 - \overline{X}_2}{\sqrt{S_1^2/n_1 + S_2^2/n_2}}$$

$n_1$과 $n_2$가 충분히 큰 경우 $G$는 표준정규분포를 따른다. 여기서 표본분산 $S_1^2$과 $S_2^2$은 스펙트럼 밀도함수(spectral denity)를 사용하여 추정되었다. 게웍 검정은 CODA 패키지 R 함수 geweke.diag()로 실행할 수 있다. 게웍 검정은 번인(burn-in) 기간을 결정하기 위해 흔히 사용된다.

### 겔만-루빈 방법

겔만과 루빈(Gelman and Rubin)은 단일연쇄를 조사해서는 결코 발견될 수 없는 느린 수렴의 예들을 제시하였다. 이 경우 생성된 값이 목표분포가 가지는 받침의 일부 내에서 작은 분산을 가짐으로 인해 단일연쇄가 수렴하는 것처럼 보일 수 있지만, 실제로 연쇄가 받침 내의 모든 점을 탐색한 것은 아니다. 그러나 여러 개의 병렬연쇄(parallel chain)를 사용하여 목표분포에 대한 연쇄의 초깃값들이 과대산포되도록(overdispersed) 한다면, 수렴 속도를 더 명백하게 조사할 수 있다.

겔만-루빈 방법은 하나 또는 그 이상의 스칼라(scalar) 요약통계량의 분산에 관하여 여러 연쇄의 성능을 비교한다. 통계량의 분산 추정값은 일원분산분석(one-way ANOVA)에서 표본 간(between-sample) 그리고 표본 내(within-sample) 평균제곱오차에 근거한 추정값과 유사하다.

$\psi$를 목표함수의 어떤 모수를 추정하는 스칼라 요약통계량이라고 하자. 길이 $n$의 $k$개의 연쇄 $\{X_{ij}: 1 \le i \le k, 1 \le j \le n\}$ 를 생성한다. 시점 $n$에서 각 연쇄에 대한 $\{\psi_{in} = \psi(X_{i1}, \dots, X_{in})\}$ 을 계산한다. 만약 $n \to \infty$ 일 때 연쇄가 목표분포로 수렴한다면, 통계량 $\{\psi_{in}\}$의 표본분포는 공통분포로 수렴할 것으로 기대한다.

겔만-루빈 방법은 $\psi$의 수열 간 분산과 $\psi$의 수열 내 분산을 이용하여 $\psi$의 분산의 상한과 하한을 추정하며, 연쇄가 목표분포에 수렴함에 따라 이들은 각각 위로부터 그리고 아래로부터 $\psi$의 분산에 수렴하게 된다.

초깃값의 영향을 제거하기 위해 번인 과정을 거친 후의 반복수가 $n$인 연쇄를 고려하자. 이는 $n$개의 관측값을 가진 $k$개의 그룹에 대한 일원분산분석으로부터의 자료를 나타낸다. ANOVA에서 처리제곱합과 오차제곱합 그리고 각각의 평균제곱오차와 유사한 표본 간 분산과 표본 내 분산의 추정값을 계산한다.

수열 간 분산은 다음과 같이 주어진다.

$$B = \frac{1}{k-1} \sum_{i=1}^{k} \sum_{j=1}^{n} (\overline{\psi}_{i.} - \overline{\psi}_{..})^2 = \frac{n}{k-1} \sum_{i=1}^{k} (\overline{\psi}_{i.} - \overline{\psi}_{..})^2$$

여기서 $\overline{\psi}_{i.} = (1/n) \sum_{j=1}^{n} \psi_{ij}$ 그리고 $\overline{\psi}_{..} = (1/(nk)) \sum_{i=1}^{k} \sum_{j=1}^{n} \psi_{ij}$ 이다. 한편, 자유도가 $n-1$인 $i$ 번째 수열 내 표본분산은

$$s_i^2 = \frac{1}{n-1} \sum_{j=1}^{n} (\psi_{ij} - \overline{\psi}_{i.})^2$$

이고, 수열 내 분산의 합동추정값은 다음과 같다.

$$W = \frac{1}{k(n-1)} \sum_{i=1}^{k} (n-1) s_i^2 = \frac{1}{k} \sum_{i=1}^{k} s_i^2$$

분산의 수열 간 그리고 수열 내 추정값들은 $Var(\psi)$에 대한 상한을 추정하기 위해서 다음과 같이 결합된다.

$$\widehat{Var}(\psi) = \frac{n-1}{n} W + \frac{k+1}{nk} B \tag{8.5}$$

만약 연쇄가 목표분포로부터의 확률표본이면, 식 (8.5)는 $Var(\psi)$의 불편추정량이 된다. 이 경우 만약 연쇄의 초깃값들이 과대산포되었다면 식 (8.5)는 $\psi$의 분산에 대해 양의 편의가 생기게 되지만, $n \to \infty$일 때 $Var(\psi)$로 결국 수렴한다. 반면에, 만약 연쇄가 시점 $n$까지 수렴하지 않는다면 연쇄는 목표분포의 받침 전체에 길처 아직 잘 혼합되지 않았으므로 표본 내 분산 $W$는 $\psi$의 분산을 과소추정한다. $n \to \infty$ 일 때 식 (8.5)의 기댓값은 $Var(\psi)$로 위로부터 수렴하고 $W$는 $Var(\psi)$로 아래로부터 수렴한다. 만약 $\widehat{Var}(\psi)$ 이 $W$에 비해 상대적으로 크면 이는 연쇄가 목표분포에 아직 수렴하지 않음을 의미한다.

겔만-루빈 통계량은 추정된 잠재척도감소(estimated potential scale reduction)

$$\hat{R} = \frac{\widehat{Var}(\psi)}{W} \tag{8.6}$$

이다. 이는 연쇄의 확장에 의해 $\psi$의 분산을 감소시키는 요인을 측정한 것으로 해석할 수 있다. 만약 연쇄의 길이가 무한대로 커진다면 요인 $\hat{R}$은 1로 감소한다. 따라서 만약 연쇄가 근사적으로 목표함수에 수렴한다면 $\hat{R}$은 1에 가까워져야 한다. 겔만에 의하면 $\hat{R}$ 이 1.1 또는 1.2보다 작아야 한다고 한다.

예제 8.9 (겔만-루빈의 수렴진단 방법)
겔만-루빈 방법으로 메트로폴리스 연쇄의 수렴 여부를 확인하고자 한다. 목표함수는 $N(0,1)$ 이고, 제안분포는 $N(X_t, \sigma^2)$ 이다. 스칼라 요약통계량 $\psi_{ij}$ 는 시점 $j$까지의 $i$ 번째 연쇄의 평균이다. 모든 연쇄를 생성한 후 패키지 CODA에 있는 gelman.diag() 함수를 이용하면 겔만-루빈 통계량 값을 얻을 수 있다. 참고로 패키지 CODA는 R에 설치되어 있는 기본 패키지가 아니므로, 패키지를 설치하여 로딩한 후에 gelman.diag() 함수를 사용할 수 있다.

여러 가지 연쇄를 생성하기 때문에, M-H 표집기를 다음과 같은 normal.chain() 함수를 작성하기로 한다.

```
> normal.chain <- function(sigma, N, X1) {
+    # generates a Metropolis chain for Normal(0,1)
+    # with Normal(X[t], sigma) proposal distribution
+    # and starting value X1
+    x <- rep(0, N)
+    x[1] <- X1
+    u <- runif(N)
+    for (i in 2:N) {
+        xt <- x[i-1]
+        y <- rnorm(1,xt,sigma)      # candidate point
+        r1 <- dnorm(y,0,1)*dnorm(xt,y,sigma)
+        r2 <- dnorm(xt,0,1)*dnorm(y,xt,sigma)
+        r <- r1/r2
+        if (u[i] <= r) x[i] <- y else
+            x[i] <- xt
+        }
+    return(x)
+ }
```

아래 모의실험에서는 $\sigma^2 = 0.04$ 인 제안분포를 고려하였다. 목표분포에 비해 분산이 작을 때, 연쇄는 보통 천천히 수렴한다. 초깃값을 달리하여 4개의 연쇄를 고려해 보자.

```
> sigma <- .2       # parameter of proposal distribution
> k <- 4            # number of chains to generate
> n <- 15000        # length of chains
> b <- 1000         # burn-in length
> # choose overdispersed initial values
> x0 <- c(-10, -5, 5, 10)
> # generate the chains
> X <- matrix(0, nrow=k, ncol=n)
> for (i in 1:k)   X[i, ] <- normal.chain(sigma, n, x0[i])
```

다음은 분산에 따른 연쇄의 수렴속도를 비교하기 위해 $\sigma^2 = 4$인 제안분포를 고려하여 위와 동일한 알고리즘을 수행하였다. 목표분포에 비해 분산이 작을 때, 연쇄는 보통 천천히 수렴한다.

```
> sigma <- 2        # parameter of proposal distribution
> # generate the chains
> Y <- matrix(0, nrow=k, ncol=n)
> for (i in 1:k)   Y[i, ] <- normal.chain(sigma, n, x0[i])
```

두 개의 다중연쇄로부터 생성한 표본들을 이용하여 겔만-루빈 통계량을 계산한 결과는 다음과 같다.

```
> library(coda)
> # compute diagnostic statistics of X
> Xhat <- list(X1=as.mcmc(X[1,(b+1):n]),X2=as.mcmc(X[2,(b+1):n]),
+ X3=as.mcmc(X[3,(b+1):n]),X4=as.mcmc(X[4,(b+1):n]))
> gelman.diag(Xhat)
Potential scale reduction factors:

     Point est. Upper C.I.
[1,]       1.01       1.03
```

```
> # compute diagnostic statistics of Y
> Yhat <- list(Y1=as.mcmc(Y[1,(b+1):n]),Y2=as.mcmc(Y[2,(b+1):n]),
+ Y3=as.mcmc(Y[3,(b+1):n]),Y4=as.mcmc(Y[4,(b+1):n]))
> gelman.diag(Yhat)
Potential scale reduction factors:

     Point est. Upper C.I.
[1,]          1          1
```

제안분포의 분산이 $\sigma^2 = 0.04$ 와 $\sigma^2 = 4$ 일 때 모두 겔만-루빈 통계량이 거의 1인 것을 확인할 수 있다. 좀 더 구체적인 수렴 속도를 파악하기 위해 위의 겔만-루빈 통계량을 그림으로 표현해 보자. 반복수에 따른 겔만-루빈 통계량을 그리는 R 코드는 다음과 같으며, 출력결과는 그림 8.8에 제시되어 있다.

```
> # Gelman-Rubin plot
> gelman.plot(Xhat, main="Rhat of X")
> gelman.plot(Yhat, main="Rhat of Y")
```

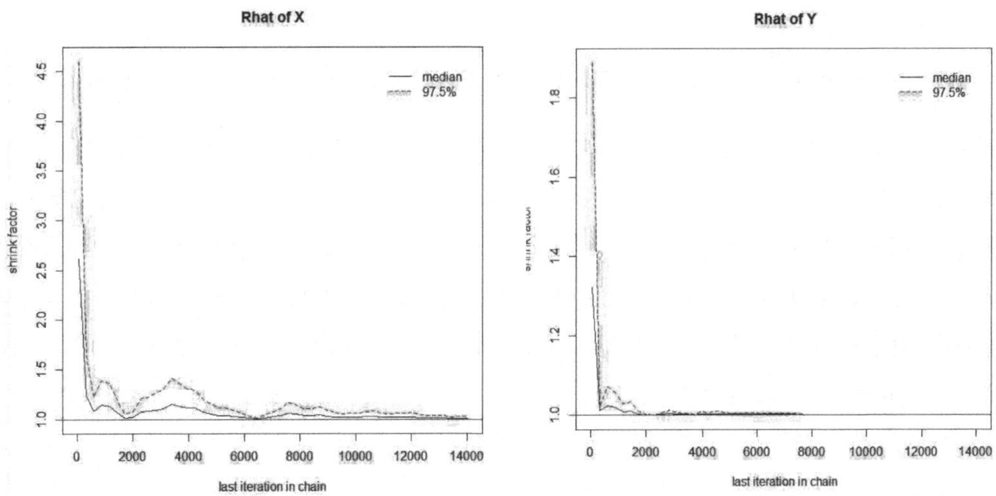


(a) (b)

그림 8.8: 메트로폴리스-해스팅스 연쇄에 대한 겔만-루빈 $\hat{R}$ 값

(a) $\sigma = 0.2$ , (b) $\sigma = 2$

그림 8.8(a)에 주어진 시점 1,001부터 15,000까지의 $\hat{R}$ 그림에 의하면 제안분포의 분산이 $\sigma^2 = 0.04$인 연쇄는 약 10,000번의 반복 ($\hat{R} = 1.1166$) 내에서 근사적으로 목표분포에 수렴함을 알 수 있다. 반면, 그림 8.8(b)를 보면, 제안분포의 분산이 $\sigma^2 = 4$인 연쇄는 2,000번의 반복 이후로 $\hat{R}$이 1에 매우 가까운 것으로 보아 더욱 빠르게 수렴한다는 것을 알 수 있다.

『R 노트』 R에는 이 장에서 소개한 MCMC 알고리즘을 실행하는 여러 가지 R 패키지가 있다. 패키지 mcmc, MCMCpack 등이 대표적인 예이다. 예제 8.9에서 이미 사용한 바가 있는 패키지 CODA(Convergence Diagnosis and Output Analysis)는 패키지 MCMCpack에 있는 함수에 의해 만들어지는 mcmc 객체의 요약, 그림, 수렴진단의 도구를 제공한다.

## 8.6 응용: 변화점 분석

포아송 과정은 희귀사건의 빈도를 모형화하기 위해 흔히 사용된다. 상수 비율 $\lambda$를 가지는 동질적 포아송 과정 $\{X(t), t \geq 0\}$ 이란 $X(0)=0$ 이고 $[0, t]$ 에서 사건의 수 $X(t)$가 $Poisson(\lambda t)$ 분포를 따르는 독립이고 정상증분(stationary increment)을 가지는 셈과정이다.

단위시간 동안 발생한 사건의 기대수인 모수 $\lambda$가 시점 $k$에서 변한다고 가정하자. 즉, $0 < t \leq k$ 일 때 $X_t \sim Poisson(\mu t)$ 이고, $k < t$ 일 때 $X_t \sim Poisson(\lambda t)$ 이다. 이 과정을 따르는 $n$개 관측값이 주어졌을 때, 문제는 $\mu$, $\lambda$ 그리고 $k$를 추정하는 것이다.

잘 알려진 다음의 예제를 구체적으로 고려해 보자. boot 패키지에 주어진 coal 자료는 1851년 3월 15일부터 1962년 3월 22일까지 10명 또는 그 이상의 사망자가 발생한 191번의 탄광 폭발 날짜를 제공한다. 이 문제에서 탄광 재난의 연간 발생수의 변화점(change point)을 추정하기 위하여 베이지안 모형과 깁스 표집기를 사용할 수 있다.

예제 8.10 (탄광 재난 자료)
포아송 과정은 희귀사건의 빈도를 모형화하기 위해 흔히 사용된다. 상수 비율 $\lambda$를 가지는 동질적 포아송 과정 $\{X(t), t \geq 0\}$ 이란 $X(0)=0$ 이고 $[0, t]$ 에서 사건의 수 $X(t)$가 $Poisson(\lambda t)$ 분포를 따르는 독립이고 정상증분을 가지는 셈과정이다.

단위시간 동안 발생한 사건의 기대수인 모수 $\lambda$ 가 시점 $k$ 에서 변한다고 가정하자. 즉, $0 < t \leq k$ 일 때 $X_t \sim Poisson(\mu t)$ 이고, $k < t$ 일 때 $X_t \sim Poisson(\lambda t)$ 이다. 이 과정을 따르는 $n$ 개 관측값이 주어졌을 때, 문제는 $\mu$, $\lambda$ 그리고 $k$ 를 추정하는 것이다.

잘 알려진 다음의 예제를 구체적으로 고려해 보자. boot 패키지에 주어진 coal 자료는 1851 년 3 월 15 일부터 1962 년 3 월 22 일까지 10 명 또는 그 이상의 사망자가 발생한 191 번의 탄광 폭발 날짜를 제공한다. 이 문제에서 탄광 재난의 연간 발생수의 변화점을 추정하기 위하여 베이지안 모형과 깁스 표집기를 사용할 수 있다.
coal 자료에는 재난의 날짜가 주어져 있다. 자료의 정수부분은 연도를 제공한다. 단순화를 위해 연도의 소수 부분은 삭제하기로 한다. 분석의 첫 단계로서 연간 재난의 수를 표로 작성하여 시도표를 그려 보자.

```
> library(boot)                # for coal data
> data(coal)
> year <- floor(coal)
> y <- table(year)
> plot(y)                      # a time plot
```

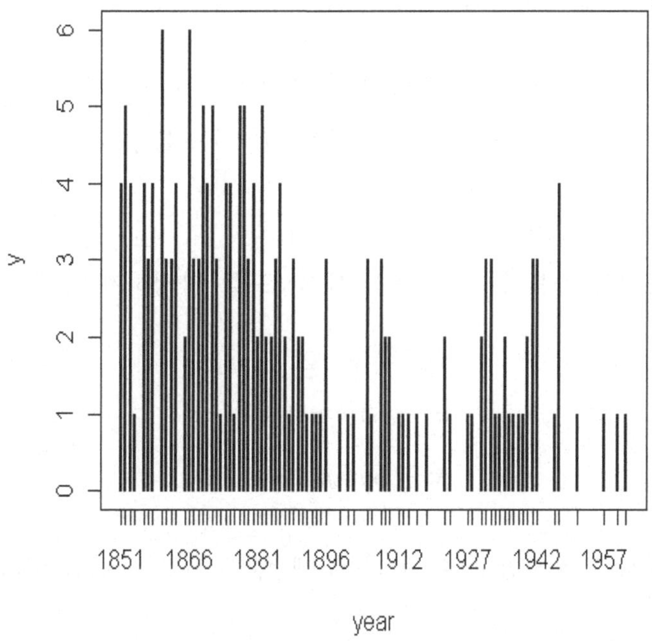


그림 8.9: 탄광 재난의 연간 발생수

그림 8.9를 살펴보면 세기가 바뀌는 근처에서 연간 재난의 평균수에 변화가 일어났을 가능성이 있음을 알 수 있다. 함수 table()에 의해 반환되는 빈도벡터는 연도를 생략하며, 빈도수 0인 것도 존재한다. 따라서 변화점 분석을 위해 table() 함수 대신 tabulate() 함수를 사용한다.

```
> y <- floor(coal[[1]])
> y <- tabulate(y)
> y <- y[1851:length(y)]
Sequence of annual number of coal mining disasters:

4 5 4 1 0 4 3 4 0 6 3 3 4 0 2 6 3 3 5 4 5 3 1 4 4
1 5 5 3 4 2 5 2 2 3 4 2 1 3 2 2 1 1 1 1 3 0 0 1 0
1 1 0 0 3 1 0 3 2 2 0 1 1 1 0 1 0 1 0 0 0 2 1 0 0
0 1 1 0 2 3 3 1 1 2 1 1 1 1 2 3 3 0 0 0 1 4 0 0 0
1 0 0 0 0 0 1 0 0 1 0 1
```

$Y_i$를 연도 $i$의 재난 발생수라고 하자. 여기서 1851년이 연도 1이다. 연도 $k$에서 변화점이 나타나며, 연도 $i$에서 재난의 수는 포아송 확률변수라고 가정하자. 즉,

$$Y_i \sim Poisson(\mu),\ i = 1, \dots, k,$$
$$Y_i \sim Poisson(\lambda),\ i = k+1, \dots, n.$$

1962년까지 전체 $n = 112$개의 관측값이 있다.

베이지안 모형에서 다음과 같은 독립 사전분포를 가정하자.

$$k \sim U\{1, 2, \dots, n\}$$
$$\mu \sim Gamma(0.5, b_1)$$
$$\lambda \sim Gamma(0.5, b_2)$$

위의 사전분포에서 추가적인 모수 $b_1$과 $b_2$에 대해 서로 독립인 $Gamma(0.5, 1)$ 분포를 가정하자.

$S_k = \sum_{i=1}^{k} Y_i$와 $S_k' = S_n - S_k$라고 두자. 깁스 표집기를 이용하기 위해 완전히

알려진 조건부확률분포가 필요하다. 모수 $\mu$, $\lambda$, $b_1$ 그리고 $b_2$에 대한 조건부확률분포는 다음과 같이 주어진다.

$$\mu | y, \lambda, b_1, b_2, k \sim Gamma(0.5 + S_k, k + b_1)$$
$$\lambda | y, \mu, b_1, b_2, k \sim Gamma(0.5 + S_k', n - k + b_2)$$
$$b_1 | y, \mu, \lambda, b_2, k \sim Gamma(0.5, \mu + 1)$$
$$b_2 | y, \mu, \lambda, b_1, k \sim Gamma(0.5, \lambda + 1)$$

그리고 변화점 $k$의 조건부확률분포는 다음과 같이 주어진다.

$$f(k | Y, \mu, \lambda, b_1, b_2) = \frac{L(Y; k, \mu, \lambda)}{\sum_{j=1}^{n} L(Y; j, \mu, \lambda)} \tag{8.7}$$

여기서 우도함수는 다음과 같다.

$$L(Y; k, \mu, \lambda) = e^{k(\lambda - \mu)} \left( \frac{\mu}{\lambda} \right)^{S_k}$$

위에서 주어진 모형의 변화점 분석을 위한 깁스 표집기의 알고리즘은 다음과 같다. ($G(a, b)$는 형상모수가 $a$이고 비율모수가 $b$인 감마 분포를 나타낸다).

1. $\{1, ..., n\}$ 으로부터 임의로 값을 뽑아서 $k$를 초기화한다. 그리고 $\lambda$, $\mu$, $b_1$, $b_2$를 1로 초기화한다.
2. $t = 1, 2, ...$ 에 대해서 다음을 반복한다.
   (a) $G(0.5 + S_k(t-1), k(t-1) + b_1(t-1))$ 로부터 $\mu(t)$를 생성한다.
   (b) $G(0.5 + S_k'(t-1), n - k(t-1) + b_2(t-1))$ 로부터 $\lambda(t)$를 생성한다.
   (c) $G(0.5, \mu(t) + 1)$ 로부터 $b_1(t)$를 생성한다.
   (d) $G(0.5, \lambda(t) + 1)$ 로부터 $b_2(t)$를 생성한다.
   (e) $\lambda, \mu, b_1, b_2$의 업데이트된 값을 이용하여 식 (8.7)에서 정의된 다항분포로부터 $k(t)$를 생성한다.
   (f) $X(t) = (\mu(t), \lambda(t), b_1(t), b_2(t), k(t))$ (모든 후보점은 채택된다).

(g) $t$를 증가한다.

이 문제에 대한 깁스 알고리즘의 수렴여부를 진단하는 겔만-루빈 통계량을 계산하기 위해 초깃값을 달리하여 4개의 다중연쇄를 고려하자. 이를 위해 먼저 coal.chain() 함수를 다음과 같이 작성한다.

```
> coal.chain <- function(y,m,mu0,lambda0,k0,b1.0,b2.0){
+  # initialization
+  k[1] <- k0
+  mu[1] <- mu0
+  lambda[1] <- lambda0
+  b1 <- b1.0
+  b2 <- b2.0
+  # run the Gibbs sampler
+  for (i in 2:m)
+  {
+  kt <- k[i-1]
+  # generate mu
+  r <- .5+sum(y[1:kt])
+  mu[i] <- rgamma(1, shape=r, rate=kt+b1)
+  # generate lambda
+  if (kt+1 > n) r <- .5+sum(y) else
+  r <- .5+sum(y[(kt+1):n])
+  lambda[i] <- rgamma(1, shape=r, rate=n-kt+b2)
+  # generate b1 and b2
+  b1 <- rgamma(1, shape=.5, rate=mu[i]+1)
+  b2 <- rgamma(1, shape=.5, rate=lambda[i]+1)
+         for (j in 1:n)
+           {
+           L[j] <- exp((lambda[i]-mu[i])*j)*
+                  (mu[i]/lambda[i])^sum(y[1:j])
+            }
+  L <- L/sum(L)
```

```
+  # generate k from discrete distribution L on 1:n
+  k[i] <- sample(1:n, prob=L, size=1)
+  }
+  return(list(mu=mu,lambda=lambda,k=k))
+ }
> n <- length(y)                    # length of the data
> m <- 5000                         # length of the chain
> d <- 4                    # number of chains
> b <- 1000                         # burn-in period
> mu <- lambda <- k <- numeric(m)
> L <- numeric(n)
> # choose overdispersed initial values
> mu0 <- c(0,1,.5,2)
> lambda0 <- c(1,0,2,.5)
> b1.0 <- c(1,1,1,1)
> b2.0 <- c(1,1,1,1)
> k0 <- sample(1:n, 4)
> # generate the chains
> mu.mc <- lambda.mc <- k.mc <- matrix(0, nrow=m, ncol=d)
> for(i in 1:d)
+    {
+    mc <- coal.chain(y,m,mu0[i],lambda0[i],k0[i],b1.0[i],b2.0[i])
+    k.mc[,i] <- mc$k
+    mu.mc[,i] <- mc$mu
+    lambda.mc[,i] <- mc$lambda
+    }
```

이렇게 얻어진 깁스 표집기의 출력 결과에서 초깃값의 영향을 제거하기 위해 1,000개를 번인한 후 나머지 4,000개로 사후평균을 계산한다. 추정된 변화점은 4개의 연쇄에서 동일하게 $k \doteq 40$ 이었고, 연도 $k=1$ (1851)부터 $k=40$ (1890)까지 추정된 포아송 평균은 $\hat{\mu} \doteq 3.1$ 이고, 연도 $k=41$ (1891)부터 추정된 포아송 평균은 $\hat{\lambda} \doteq 0.93$ 이다.

```
> post.k <- post.mu <- post.lambda <- numeric(d)
> for(i in 1:d)
+    {
+    post.k[i] <- mean(k.mc[(b+1):m,i])
+    post.mu[i] <- mean(mu.mc[(b+1):m,i])
+    post.lambda[i] <- mean(lambda.mc[(b+1):m,i])
+    }
> cbind(post.k, post.mu, post.lambda)
       post.k   post.mu  post.lambda
[1,] 39.92575  3.124617   0.9240048
[2,] 39.93000  3.124751   0.9259035
[3,] 39.92425  3.123169   0.9266414
[4,] 39.93900  3.125919   0.9235889
```

또한, 다음의 R 코드를 이용하면 그림 8.10과 같은 $k$, $\mu$, $\lambda$ 각각의 생성된 표본에 대한 히스토그램을 그릴 수 있다.

```
> hist(k.mc[(b+1):m,], freq=FALSE, main="", ylab="density",
+ xlab="change point")
> hist(mu.mc[(b+1):m,], freq=FALSE, main="", ylab="density", xlab="mu")
> hist(lambda.mc[(b+1):m,], freq=FALSE, main="", ylab="density",
+ xlab="lambda")
```

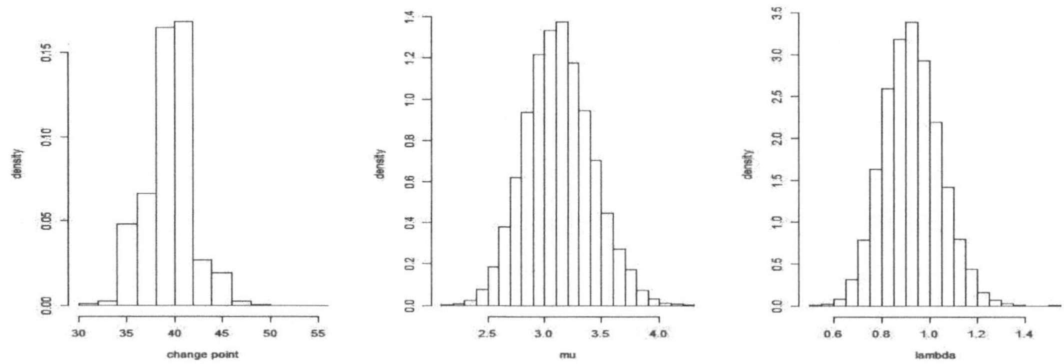


그림 8.10: 탄광 재난 자료의 변화점 분석에서 $k$, $\mu$, 그리고 $\lambda$의 분포

위의 알고리즘이 수렴하는지를 확인하기 위해 자기상관 그래프와 트레이스 그림을 그려 보고, 겔만-루빈 통계량을 계산해 보자. R 코드는 다음과 같고, 결과는 그림 8.11와 그림 8.12에 제시되어 있다.

```
> # autocorrelation
> par(mfrow=c(3,4))
> for(i in 1:d){
+ acf(k.mc[(b+1):m,i], type="correlation", plot=TRUE,
+ main="Autocorrelation", ylab="k")
+ acf(mu.mc[(b+1):m,i], type="correlation", plot=TRUE,
+ main="Autocorrelation", ylab="mu")
+ acf(lambda.mc[(b+1):m,i], type="correlation", plot=TRUE,
+ main="Autocorrelation", ylab="lambda")
+ }

> # trace plot
> par(mfrow=c(1,3))
> plot(1:m, k.mc[,1], type="l", ylab="k", xlab="index")
> for(i in 2:d)
+ {
+ lines(1:m, k.mc[,i], type="l", col=i)
+ }
> plot(1:m, mu.mc[,1], type="l", ylab="mu", xlab="index")
> for(i in 2:d)
+ {
+ lines(1:m, mu.mc[,i], type="l", col=i)
+ }
> plot(1:m, lambda.mc[,1], type="l", ylab="lambda", xlab="index")
> for(i in 2:d)
+ {
+ lines(1:m, lambda.mc[,i], type="l", col=i)
+ }
```

```
> # Gelman-Rubin
> library(coda)
> # k
> k.hat <- list(y1=as.mcmc(k.mc[(b+1):m,1]),
+ y2=as.mcmc(k.mc[(b+1):m,2]), y3=as.mcmc(k.mc[(b+1):m,3]),
+ y4=as.mcmc(k.mc[(b+1):m,4]))
> gelman.diag(k.hat)
Potential scale reduction factors:

     Point est. Upper C.I.
[1,]          1          1

> gelman.plot(k.hat, main="Rhat of k")
> # mu
> mu.hat <- list(y1=as.mcmc(mu.mc[(b+1):m,1]),
+ y2=as.mcmc(mu.mc[(b+1):m,2]), y3=as.mcmc(mu.mc[(b+1):m,3]),
+ y4=as.mcmc(mu.mc[(b+1):m,4]))
> gelman.diag(mu.hat)
Potential scale reduction factors:

     Point est. Upper C.I.
[1,]          1          1

> gelman.plot(mu.hat, main="Rhat of mu")
> # lambda
> lambda.hat <- list(y1=as.mcmc(lambda.mc[(b+1):m,1]),
+ y2=as.mcmc(lambda.mc[(b+1):m,2]),
+ y3=as.mcmc(lambda.mc[(b+1):m,3]),
+ y4=as.mcmc(lambda.mc[(b+1):m,4]))
> gelman.diag(lambda.hat)
Potential scale reduction factors:
```

```
     Point est. Upper C.I.
[1,]          1          1

> gelman.plot(lambda.hat, main="Rhat of lambda")
```

$k$, $\mu$, $\lambda$에 대한 자기상관 그래프를 보면 자기상관가 거의 0에 가까우므로 수렴 속도가 빠르다는 것을 알 수 있고, 트레이스 그림이 모두 특정한 패턴 없이 그려지므로 알고리즘이 잘 수렴한다고 판단할 수 있다. 또한, 겔만-루빈 통계량이 모두 1에 가까우므로 위 예제에 적용한 깁스 알고리즘이 잘 수렴함을 알 수 있다.

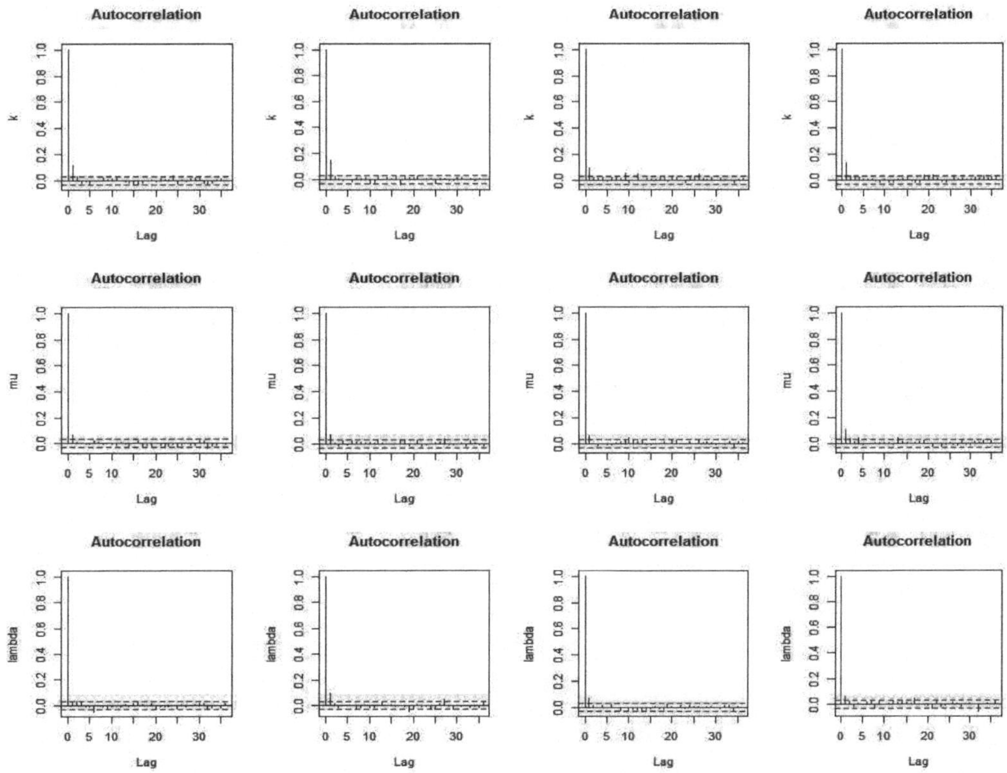


그림 8.11: $k$, $\mu$, 그리고 $\lambda$에 대한 각 연쇄 별 자기상관 그래프

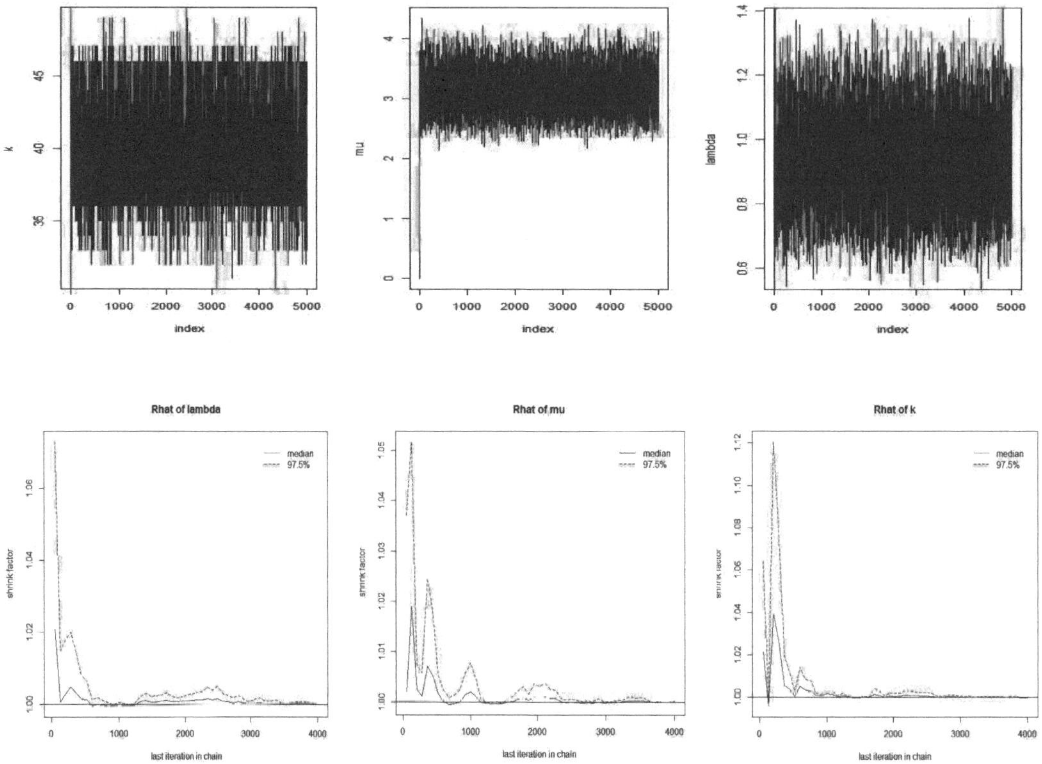


그림 8.12: $k$, $\mu$, 그리고 $\lambda$ 에 대한 트레이스 그림과 겔만-루빈 그래프

# 연습문제

8.1 예제 8.1에서와 같이 랄리($\sigma=2$) 분포로부터 확률표본을 생성하라. 예제 8.1과 이 문제에 대한 메트로폴리스-해스팅스 표집기의 성능을 비교하라. 특히 그림 8.1에 대응되는 그림에서의 차이점은 무엇인가?

8.2 제안분포 $Y \sim Gamma(X_t, 1)$ (즉, 형상모수=$X_t$, 비율모수=1)을 이용하여 예제 8.1을 반복하라.

8.3 메트로폴리스-해스팅스 표집기를 이용하여 표준 코쉬 분포로부터 확률변수를 생성하라. 1,000개의 초기 난수를 제거한 후 생성된 관측값들의 십분위수와 표준 코쉬 분포의 이론적 십분위수를 비교하라.(R 함수 qcauchy() 또는 $df=1$ 인 qt()를 이용하라.) $Cauchy(\theta, \eta)$ 분포는 아래의 밀도함수를 가진다.

$$f(x)=\frac{1}{\theta\pi(1+[(x-\eta)/\theta]^2)}, \qquad -\infty < x < \infty, \ \ \theta > 0$$

여기서 표준 코쉬 분포는 $Cauchy(\theta=1, \eta=0)$의 밀도함수를 가진다. (표준 코쉬 밀도함수는 자유도 1인 스큐던트 $t$ 밀도함수와 동일하다.)

8.4 (연습문제 4.2 참조) 표준 라플라스 분포로부터 난수를 생성하기 위해 확률보행 메트로폴리스 표집기를 수행하고, 이때, 랜덤 증분은 정규분포로부터 생성하라. 제안분포에서 분산을 달리했을 때 생성된 연쇄를 비교해 보라. 또한 각 연쇄의 채택율을 계산해 보라.

8.5 예제 8.5에서 제안분포로 $U(-w, w)$를 사용하였다. 제안분포의 받침을 정하는 $w$가 연쇄의 혼합에 어떠한 영향을 미치는가? 난수발생에서의 씨앗값(seed)을 고정하고 $w$의 값을 달리하면서 모의실험을 반복해 보라.

8.6 이 자료는 4개의 범주로 구별된 197마리 동물들의 유전적 연관에 관한 것이다. 그룹의 크기는 (125, 18, 20, 34)로 주어져 있다. 대응되는 다항분포의 확률은 다음과 같다고 가정하자.

$$\left(\frac{1}{2}+\frac{\theta}{4}, \frac{1-\theta}{4}, \frac{1-\theta}{4}, \frac{\theta}{4}\right)$$

관측된 표본이 주어졌을 때 $\theta$의 사후분포를 추정하라.

8.7 평균 0, 분산 1 그리고 상관계수 0.9인 이변량 정규 연쇄 $(X_t, Y_t)$를 생성하기 위해 깁스 표집기를 수행하라. 적당한 크기의 번인 과정을 거친 후 생성된 표본을 그림으로 표현해 보라. 단순선형회귀모형 $Y=\beta_0+\beta_1 X+\varepsilon$ 을 표본에 적합시키고, 정규성과 등분산성을 진단하기 위해 모형의 잔차를 확인해 보라.

8.8 아래의 이변량 밀도함수를 고려하자.

$$f(x,y) \propto \binom{n}{x} y^{x+a-1}(1-y)^{n-x+b-1}, \quad x=0,1,\ldots,n, \ 0 \le y \le 1$$

고정된 $a$, $b$, 그리고 $n$에 대해, 조건부분포들은 $Binomial(n,y)$와 $Beta(x+a, n-x+b)$이다. 깁스 표집기를 사용하여 목표결합밀도함수 $f(x,y)$를 가지는 연쇄를 생성하라.

8.9 아래와 같은 베타-이항모형을 고려하자.

$$\begin{aligned} X \mid n, y &\sim Bin(n,y), \\ y &\sim Beta(\alpha,\beta), \\ n &\sim Poisson(\lambda). \end{aligned}$$

여기서 $n$과 $y$는 독립이며, $\lambda=16$, $\alpha=2$, $\beta=4$를 가정하자. 깁스 표집기를 실행하기 위한 $x$, $y$, $n$에 대한 조건부확률분포를 구하여라.

8.10 다음과 같은 확률효과모형을 고려하자.

$$y_{ij}=\mu+\alpha_i+\varepsilon_{ij}, \ i=1,\ldots,k, \ j=1,\ldots,n$$

여기서 $\alpha_i$와 $\varepsilon_{ij}$는 서로 독립이고, $\alpha_i \sim N(0,\sigma_\alpha^2)$, $\varepsilon_{ij} \sim N(0,\sigma^2)$이다. 모수 $\mu$, $\sigma_\alpha$, $\sigma^2$에 무정보적 사전분포를 가정하자. 즉, $\pi(\mu,\sigma_\alpha^2,\sigma^2) \propto 1$이다. 이 경우 목

표분포인 결합사후분포 $\pi(\alpha_1, \ldots, \alpha_k, \mu, \sigma_\alpha^2, \sigma^2 | y_{ij},\ i=1, \ldots, k,\ j=1, \ldots, n)$ 로부터 표본을 추출하는 깁스 표집기를 실행하기 위해 아래의 각 조건부확률분포를 구하여라.

(a) $\alpha_i | \boldsymbol{y}, \mu, \sigma_\alpha^2, \sigma^2, \quad i=1, \ldots, k$

(b) $\mu | \boldsymbol{y}, \alpha_1, \ldots, \alpha_k, \sigma_\alpha^2, \sigma^2$

(c) $\sigma_\alpha^2 | \boldsymbol{y}, \alpha_1, \ldots, \alpha_k, \mu, \sigma^2$

(d) $\sigma^2 | \boldsymbol{y}, \alpha_1, \ldots, \alpha_k, \mu, \sigma_\alpha^2$

여기서 $\boldsymbol{y}=(y_{11}, \ldots, y_{1n}, \ldots, y_{k1}, \ldots, y_{kn})$ 이다.

8.11 (예제 8.1 참조) 몬테칼로 오차, 트레이스 그림, 자기상관 그래프 및 겔만-루빈 방법을 이용하여 생성된 연쇄의 수렴여부를 관찰하고, 연쇄가 근사적으로 목표분포에 수렴할 때까지 연쇄를 실행하라.

8.12 (예제 8.5 참조) 몬테칼로 오차, 트레이스 그림, 자기상관 그래프 및 겔만-루빈 방법을 이용하여 생성된 연쇄의 수렴여부를 관찰하고, 연쇄가 근사적으로 목표분포에 수렴할 때까지 연쇄를 실행하라.

8.13 (예제 8.6 참조) 몬테칼로 오차, 트레이스 그림, 자기상관 그래프 및 겔만-루빈 방법을 이용하여 생성된 연쇄의 수렴여부를 관찰하고, 연쇄가 근사적으로 목표분포에 수렴할 때까지 연쇄를 실행하라.

# 제9장
# 수치적 적분과 최적화

통계계산에서 몬테칼로 방법과 구별되는 접근 방법으로 수치적 방법이 있다. 적분 문제에는 몬테칼로 적분과 수치적 적분이 있으며, 최적화 문제에도 몬테칼로 방법과 수치적 방법이 있다. 몬테칼로 적분은 이미 충분히 다루었으나 몬테칼로 최적화 방법은 이 책의 수준을 넘는다. 이 장에서는 수치적 적분과 수치적 최적화 방법을 소개한다. 구체적으로 수치적 적분, 실수함수의 근, 최대우도추정, 일차원 최적화, 다차원 최적화 등을 이해하고자 한다.

## 9.1 수치적 적분

수치적 적분 방법은 피적분함수를 적분구간 상의 유한개 점에서 계산하고 이들 함수값들의 가중합을 사용하여 적분값을 계산한다. 즉, $\int_a^b f(x)dx$ 의 수치적 적분값은 $\sum_{i=0}^{n} w_i f(x_i)$ 형태이다. 여기서 $\{x_i\}$는 $[a, b]$ 상에서의 점(노드)이고, $\{w_i\}$는 적절한 가중값이다.

### 사다리꼴 공식

가장 간단한 형태인 사다리꼴 공식(trapezoid rule)은 적분구간 $[a, b]$ 를 $n$ 개의 같은 길이 $h=(b-a)/n$ 의 부분구간으로 나눈다. 그림 9.1과 같이 부분구간의 끝점을 $x_0, x_1, \ldots, x_n$ 라 두고, 사다리꼴의 면적을 계산하여 각 부분구간에서 적분의 근삿값을 구한다. 즉, 부분구간 $(x_i, x_{i+1})$ 에서 근삿값은 $(f(x_i)+f(x_{i+1}))(h/2)$ 이다. 이를 합하면 $\int_a^b f(x)dx$ 의 수치적 추정값은 다음과 같다.

$$\frac{h}{2}f(a)+h\sum_{i=1}^{n-1}f(x_i)+\frac{h}{2}f(b)=\sum_{i=0}^{n} w_i f(x_i) \ ,$$

여기서 $w_i = h$ $(i=1, \ldots, n-1)$ 그리고 $w_i = h/2$ $(i=0, n)$이다.

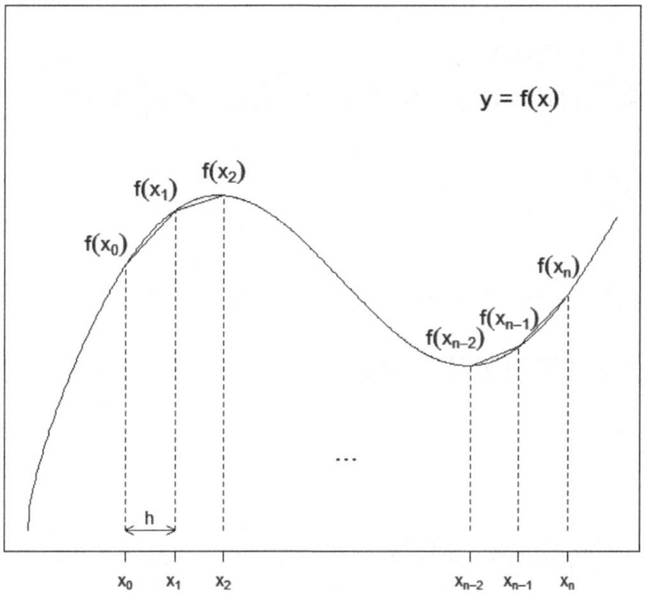


그림 9.1: 사다리꼴 공식

예제 9.1 (사다리꼴 공식을 사용한 수치적 적분)
사다리꼴 공식을 사용하여 아래에 주어진 적분을 계산해 보자.

$$\int_0^1 x^3(1-x)^4 dx.$$

구간 $[0, 1]$ 을 1,000개의 구간으로 나누면 길이 $h=(1-0)/1000=0.001$의 부분구간으로 나누어진다. 이러한 구간의 분배는 R 함수 seq()를 사용하면 쉽게 실행할 수 있다.

```
> seq(0,1,by=0.001)
```

각 구간의 값들을 순서대로 $x_0, x_1, \dots, x_n$ 에 할당한 후, 사다리꼴 공식에 대입하면 적분은 쉽게 계산된다. 사다리꼴 공식을 사용한 수치적 적분 R 코드는 다음과 같다.

```
> n <- 1000
> a <- 0
> b <- 1
> f <- function(x){x^3*(1-x)^4}
```

```
> h <- (b-a)/n
> x <- seq(0,1,by=0.001)
> int <- h/2*f(x[1])+h*sum(f(x[2:1000]))+h/2*f(x[1001])
> int
[1] 0.003571429
```

계산 결과, 사다리꼴 공식을 이용한 수치적 적분값은 0.003571429 이고, 이는 실제 적분값 $\frac{\Gamma(4)\Gamma(5)}{\Gamma(9)}=0.003571429$ 와 일치한다.

가우스 구적법

구적법(quadrature method)은 유한개의 점에서 피적분함수를 계산하지만, 점 $\{x_i\}$들이 동일한 간격을 가질 필요는 없다. $w(x)$를 모든 $k \geq 0$에 대해 $\int_a^b x^k w(x)dx < \infty$ 이 되는 음이 아닌 함수($w(x) \geq 0$)라고 가정하자. 그러면 피적분함수 $f(x)$를 $g(x)w(x)$로 표현할 수 있다.

$$\int_a^b f(x)dx = \int_a^b w(x)g(x)dx$$

여기서 $g(x)$는 다항식이며, $w(x)$는 알려진 가중함수이다.

$w(x)/\int_a^b w(x)dx$ 는 유한한 양의 적률을 가지는 밀도함수라고 가정한다. 예를 들어, 가우스-에르미트 구적(Gauss-Hermite quadrature)이라고 불리는 $w(x)=\exp(-x^2/2)$을 고려하자. 이 경우 모든 $k \geq 0$에 대하여 $\int_{-\infty}^{\infty} x^k w(x)dx < \infty$ 이며, 이는 실수 상의 임의의 구간 $(a,b)$에 적용된다. 가우스 구적(Gaussian quadrature)에서 점 $\{x_i\}$는 $w$에 관한 일련의 직교다항식의 근으로 선택되고, 가중값 $\{w_i\}$은 정규화된 직교다항식에 의해 결정된다.

피적분함수가 적분구간의 한 부분에서는 잘 적분되지만 다른 부분에서 그렇지 않을 경우, 각 부분을 다르게 취급하는 것이 도움이 된다. 적응적(adaptive) 방법은 피적분함수의 국소적 형태에 근거하여 부분구간을 선택한다. 그러나 비적응적(nonadaptive) 방법은 적분의 전체 범위에서 동일한 규칙을 적용한다.

R 함수 integrate()는 적응적 구적법을 사용하여 단변량 함수의 적분의 근사값을 계산한다. 적분범위의 한계는 무한대가 될 수 있다. 부분구간의 최대 개수, 상대오차, 절대오차 등을 지정할 수 있지만, 많은 문제에서 합리적인 디폴트 값을 가진다.

**예제** 9.2 (R 함수 integrate()를 이용한 수치적 적분)
$-1<\rho<1$, $-1<r<1$ 은 상수이고 $n\geq 2$ 은 정수일 때, 아래와 같은 적분을 계산하고자 한다.

$$\int_0^{\infty}\frac{dy}{(\cosh y-\rho r)^{n-1}}. \tag{9.1}$$

피적분함수의 그래프는 그림 9.2(a)에서 주어져 있다. R에서 제공되는 integrate() 함수를 사용하여 적응적 구적법을 적용한다.

먼저 피적분함수의 값을 반환하는 함수를 작성한다. 이 함수는 노드벡터를 첫 번째 인수로 가지고, 같은 길이의 벡터를 반환한다. 물론 추가적인 인수가 보충될 수 있다. 함수 또는 함수의 이름이 integrate()에서의 첫 번째 인수이다.

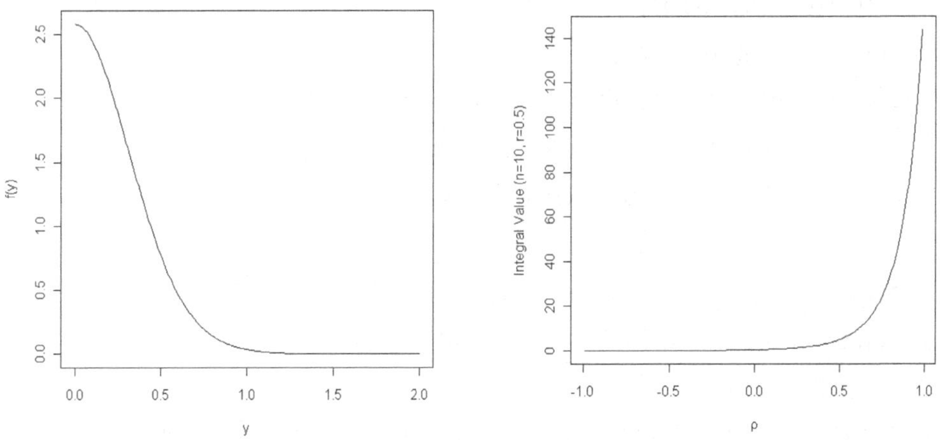


(a) (b)

**그림** 9.2: (a) 피적분함수, (b) $\rho$의 함수로써 적분값. ($n=10$, $r=0.5$, $\rho=0.2$)

고정된 모수, 예를 들어 $n=10$, $r=0.5$, $\rho=0.2$ 에 대해 적분을 계산하는 간단한 방법은 다음과 같다.

```
> integrate(function(y){(cosh(y)-0.1)^(-9)},0,Inf)
1.053305 with absolute error < 2.3e-05
```

임의의 $(n, r, \rho)$에 대한 적분이 필요하므로, 이들을 인수로 가지는 보다 일반적인 피적분함수를 작성하고, 추가적인 인수를 사용하여 함수 integrate()를 호출하자.

```
> f <- function(y,N,r,rho) (cosh(y)-rho*r)^(1-N)
> integrate(f, lower=0, upper=Inf,
+           rel.tol=.Machine$double.eps^0.25,
+           N=10, r=0.5, rho=0.2)
```

이 버전은 위와 동일한 적분값을 산출한다.

결과가 $\rho$에 어떻게 의존하는지 알아보기 위해서, $n=10$, $r=0.5$로 고정하고, $\rho$의 함수로서 적분값을 그림으로 그려 보자. 아래의 코드를 실행하면 그림 9.2(b)가 만들어진다.

```
> ro <- seq(-.99,.99,.01)
> v <- rep(0, length(ro))
> for (i in 1:length(ro)) {
+    v[i] <- integrate(f, lower=0, upper=Inf,
+               rel.tol=.Machine$double.eps^0.25,
+               N=10, r=0.5, rho=ro[i])$value
+ }
> plot(ro, v, type="l", xlab=expression(rho),
+     ylab="Integral Value (n=10, r=0.5)")
```

『R 노트』 때로는 명명된 인수와 옵션에서의 사용자-제공 인수 간에 충돌이 발생한다. 충돌을 피하기 위해서, 옵션의 인수에 다른 이름을 선택하거나, 양쪽 인수 모두를 제공해야 한다. 예를 들어, 다음 코드는 에러를 발생한다. 왜냐하면 인수 rel.tol과 r 사이의 모호함 때문이다.

```
> integrate(f, lower=0, upper=Inf, n=10, r=0.5, rho=0.2)
```

```
이하에 에러f(x, ...) : unused argument(s) (n=10)
```

식 (9.1)은 다음 예제의 밀도함수에 나타난다.

**예제 9.3** (표본상관계수의 밀도함수)
표본상관계수는 두 변수 사이의 선형적 연관성을 측정한다. $(X, Y)$의 모집단 상관계수는 다음과 같다.

$$\rho = \frac{E[(X-E(X))(Y-E(Y))]}{\sqrt{Var(X)Var(Y)}}.$$

짝진 표본 관측값 $\{(X_j, Y_j),\ j=1, ..., n\}$ 에 대해, 표본상관계수는 다음과 같다.

$$R = \frac{\sum_{j=1}^{n}(X_j-\overline{X})(Y_j-\overline{Y})}{\left[\sum_{j=1}^{n}(X_j-\overline{X})^2\sum_{j=1}^{n}(Y_j-\overline{Y})^2\right]^{1/2}}.$$

짝진 표본 $\{(X_j, Y_j), j=1, ..., n\}$ 가 이변량 정규분포 $BVN(\mu_1, \mu_2, \sigma_1, \sigma_2, \rho)$ 를 따른다고 가정하자. 만약 $\rho=0$ 이면, $R$ 의 밀도함수는 다음과 같다.

$$f(r) = \frac{\Gamma((n-1)/2)}{\Gamma(1/2)\Gamma((n-2)/2)}(1-r^2)^{(n-4)/2},\ \ -1<r<1. \qquad (9.2)$$

$0<|\rho|<1$ 이면 $R$의 밀도함수는 더욱 복잡해지며, 이 경우 밀도함수의 한 형태는 다음과 같이 주어진다.

$$f(r) = \frac{(n-2)(1-\rho^2)^{(n-1)/2}(1-r^2)^{(n-4)/2}}{\pi}\int_0^\infty \frac{dw}{(cosh\,w-\rho r)^{n-1}}, -1<r<1. \qquad (9.3)$$

밀도함수 (9.3)을 계산하기 위해서는 적분을 반드시 계산해야 한다. 이 적분은 예제 9.2에서 이미 다루었다.

$\rho=0$ 인 경우는 간단한 공식 (9.2)을 사용함으로써 다르게 취급될 수 있다. 다만, 상수 $\Gamma((n-1)/2)/\Gamma((n-2)/2)$을 계산할 때 약간의 주의를 기울일 필요가 있다. $n$이 큰 경우 R 함수 gamma()는 Inf를 반환하고, 계산결과는 NaN을 반환하게 된다.

이러한 문제점을 극복하기 위해 gamma() 함수에 로그를 취한 lgamma() 함수를 사용하는 것이 바람직하다.

아래 함수는 이러한 결과들을 결합하여 상관계수 통계량의 밀도함수를 구한다.

```
> .dcorr <- function(r, N, rho=0) {
+     # compute the density function of sample correlation
+     if (abs(r) > 1 || abs(rho) > 1) return (0)
+     if (N < 4) return (NA)
+     if (isTRUE(all.equal(rho, 0.0))) {
+         a <- exp(lgamma((N-1)/2)-lgamma((N-2)/2))/sqrt(pi)
+         return (a*(1-r^2)^((N-4)/2))
+     }
+     # if rho not 0, need to integrate
+     f <- function(w, R, N, rho)
+         (cosh(w)-rho*R)^(1-N)
+     # need to insert some error checking here
+     i <- integrate(f, lower=0, upper=Inf,
+         R=r, N=N, rho=rho)$value
+     c1 <- (N-2)*(1-rho^2)^((N-1)/2)
+     c2 <- (1-r^2)^((N-4)/2)/pi
+     return(c1*c2*i)
+ }
```

밀도함수의 계산을 확인하기 위해 밀도곡선을 그려보자. $\rho=0$일 때 밀도 곡선은 0에서 대칭이어야 하고, 형태는 대칭인 베타 밀도와 유사해야 한다. 이는 그림 9.3에서 확인할 수 있다.

```
> r <- as.matrix(seq(-1, 1, .01))
> d1 <- apply(r, 1, .dcorr, N=10, rho=.0)
> d2 <- apply(r, 1, .dcorr, N=10, rho=.5)
> d3 <- apply(r, 1, .dcorr, N=10, rho=-.5)
> plot(r, d2, type="l", lty=2, lwd=2, ylab="density")
> lines(r, d1, lwd=2)
```

```
> lines(r, d3, lty=4, lwd=2)
> legend("top", inset=.02, c("rho=0","rho=0.5","rho=-0.5"),
+ lty=c(1,2,4), lwd=2)
```

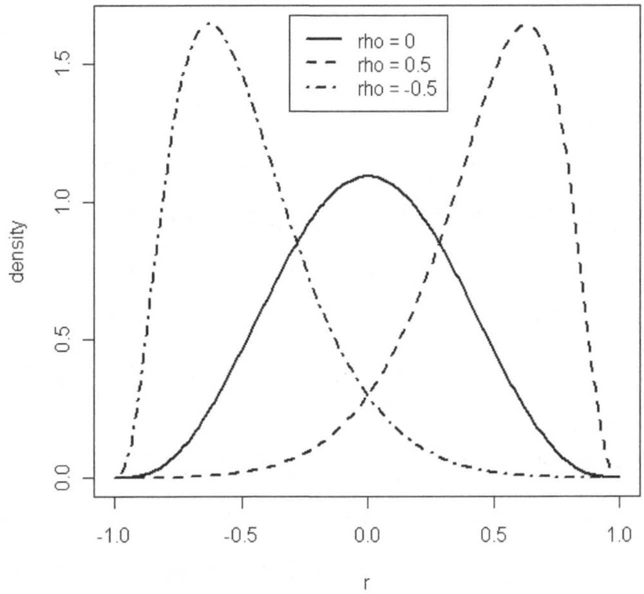


그림 9.3: 표본크기가 10인 상관계수 통계량의 밀도곡선

『R 노트』 R에서 밀도함수는 벡터화되어 있지만, 예제 9.3에서의 .dcorr() 함수는 벡터라기보다는 스칼라 $r$에 대한 함수이다. 이후 이 함수는 벡터인수를 받아들이는 dnorm(), dgamma() 등과 같이 일반적인 버전으로 확장될 수 있을 것이다.

## 9.2 실수함수의 근

실수함수의 근을 찾는 R 함수 uniroot()는 브렌트 최소화 알고리즘에 근거한다. 브렌트 방법과 이 방법의 주요 아이디어가 되는 이분법을 소개하고 예제를 통해 이를 예시하고자 한다. 아울러 비선형방정식을 수치적으로 풀기 위한 뉴튼 방법을 소개한다.

$f(x)$를 연속함수 $f: R^1 \to R^1$ 라고 하자. $f(x)=c$의 근은 $g(x)=f(x)-c=0$의 근이다. 따라서 방정식 $f(x)=0$을 푸는 문제를 고려하기로 한다.

이 문제를 다루는 두 가지 접근 방법이 있는데, 하나는 $f(x)$의 일차 미분을 필요로 하는 것이고 다른 하나는 미분을 필요로 하지 않는 방법이다. 뉴튼 방법 또는 뉴튼-랍슨 방법이 첫 번째 형태이고, 이분법과 브렌트 방법이 두 번째 형태이다. 어느 경우든 간에, $f(x)$가 반대 부호를 가지는 두 끝점 사이에 근이 묶여있어야 한다. 이를 확인하기 위해서는 먼저 R에서 함수 $f(x)$의 그림을 그려보는 것이 좋다.

### 이분법

$f(x)$가 $[a,b]$에서 연속이고 $f(a)$와 $f(b)$가 반대 부호를 가진다면, 중간값 정리에 의해서 $f(c)=0$을 만족하는 $c$가 $(a,b)$ 범위 내에 존재한다. 이분법(bisection method)은 각 반복에서 구간의 중간점 $x=(a+b)/2$에서 $f(x)$의 부호만 간단히 확인하여 주어진 구간을 중간점을 이용하여 다시 업데이트하는 절차이다.

예를 들면, $f(a)$와 $f(x)$가 반대 부호를 가진다면 구간은 $[a,x]$로 대체되고, 그렇지 않으면 $[x,b]$로 대체된다. 새롭게 주어진 구간에서 다시 중간점을 이용하여 같은 과정을 반복한다. 각 반복에서 근을 포함하는 구간의 길이는 반으로 감소한다. 그림 9.4를 참고하기 바란다.

이분법은 항상 성공적으로 근을 찾을 수 있고, 정해진 허용한계에 도달하기 위해서 필요한 반복수를 사전에 지정할 수 있다. 만약 최초 구간인 $[a,b]$가 하나 이상의 근을 포함한다면, 이분법은 그 중에서 하나의 근을 찾는다. 이분법 알고리즘의 수렴 비율은 선형이다.

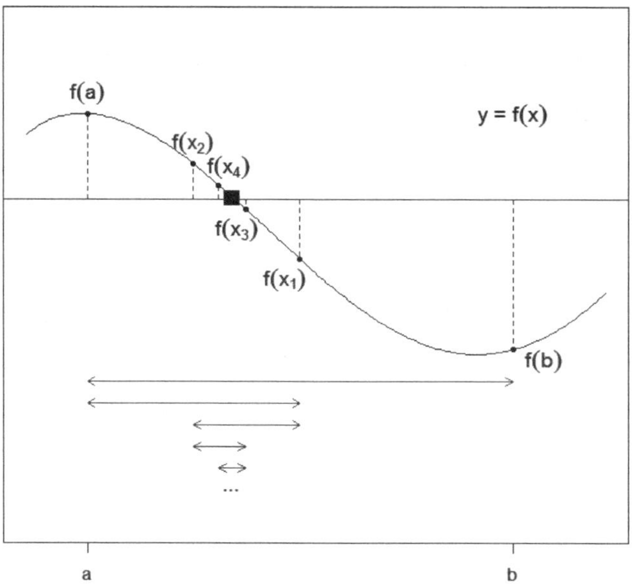


그림 9.4: 이분법

예제 9.4 ($f(x)=0$ 풀기: 이분법)
$a$가 알려진 상수이고 $n>2$ 이 정수일 때, 아래 방정식의 근을 찾고자 한다.

$$a^2+y^2+\frac{2ay}{n-1}=n-2.$$

물론 이 방정식은 간단한 대수적 계산에 의해 근을 바로 계산할 수 있고, 정확한 해는 다음과 같다.

$$y=\frac{-a}{n-1}\pm\sqrt{n-2+a^2+\left(\frac{a}{n-1}\right)^2}.$$

정확한 해를 수치적 해와 비교해 보고자 한다. 수치적 해를 찾기 위해서 이분법을 사용하자. 문제를 다시 서술하면 아래 방정식의 해를 구하는 문제가 된다.

$$f(y)=a^2+y^2+\frac{2ay}{n-1}-(n-2)=0.$$

위 식의 해를 찾기 위한 첫 번째 단계는 함수 $f$ 를 코딩하는 것이다. 다음 단계는 $f(y)$ 가 끝점에서 반대부호를 갖는 구간을 결정하는 것이다. 예를 들어, 만약 $a=1/2$ 과 $n=20$ 이면, 양과 음의 근이 있을 것이다. 아래에서 구간 $(0, 5n)$ 으로부터 시작해서 양의 근을 찾고자 한다.

```
> f <- function(y,a,n) { a^2+y^2+2*a*y/(n-1)-(n-2) }
> a <- 0.5
> n <- 20
> b0 <- 0
> b1 <- 5*n
> # solve using bisection
> it <- 0
> eps <- .Machine$double.eps^0.25
> r <- seq(b0, b1, length=3)
> y <- c(f(r[1], a, n), f(r[2], a, n), f(r[3], a, n))
> if (y[1]*y[3] > 0)
+     stop("f does not have opposite sign at endpoints")
```

```
> while(it < 1000 && abs(y[2]) > eps) {
+     it <- it + 1
+     if (y[1]*y[2] < 0) {
+         r[3] <- r[2]
+         y[3] <- y[2]
+     } else {
+         r[1] <- r[2]
+         y[1] <- y[2] }
+     r[2] <- (r[1]+r[3])/2
+     y[2] <- f(r[2], a=a, n=n)
+     print(c(r[1],y[1],y[3]-y[2])) }
```

정지조건이 만족될 때 근의 추정값은 r[2]의 값이고, r[2]에서 함수의 값은 y[2]의 값이다.

```
> r[2]
[1] 4.186845
> y[2]
[1] 2.984885e-05
> it
[1] 21
```

정확한 해는 $y=4.186841,\ -4.239473$ 이다. (이 문제를 포함한 대부분의 문제들은 아래의 예제 9.5에서 사용하는 uniroot() 함수를 이용하면 좀 더 효율적으로 근을 구할 수 있다.)

### 브렌트 방법

브렌트 방법(Brent's method)은 역 2차 보간법(inverse guadratic interpolation)과 이분법을 결합한 것이다. 이는 $y$의 2차 함수로 근 $x$를 적합한다. 만약 세 개의 점 $(a, f(a))$, $(b, f(b))$, $(c, f(c))$이 있다면, 근에 대한 다음 단계의 추정값은 아래 라그랑즈 보간법 다항식(Lagrange interpolation polynomial)에서 $y=0$으로 두고 보간법으로 찾을 수 있다.

$$x=\frac{[y-f(a)][y-f(b)]c}{[f(c)-f(a)][f(c)-f(b)]}$$

$$+\frac{[y-f(b)][y-f(c)]a}{[f(a)-f(b)][f(a)-f(c)]}+\frac{[y-f(c)][y-f(a)]b}{[f(b)-f(c)][f(b)-f(a)]}.$$

만약 이 추정값이 근을 묶고 있는 것으로 알려진 구간을 벗어난다면, 이 단계에서 이분법이 사용된다. 브렌트 방법은 일반적으로 이분법보다 빠르다.

브렌트 방법은 R 함수 uniroot()의 알고리즘 내에서 구현되는데, 함수값이 반대 부호를 가지는 두 점 사이의 일변량 함수가 0이 되는 근을 찾는다.

예제 9.5 (브렌트 방법으로 $f(x)=0$의 근 찾기: R 함수 uniroot() 사용)

예제 9.4에서와 같이 $a=0.5$이고 $n=20$일 때, 브렌트 방법을 사용하여 아래 식의 근을 찾고자 한다.

$$a^2+y^2+\frac{2ay}{n-1}=n-2.$$

근을 찾기 위한 첫 번째 단계는 R에서 함수 $f$를 코딩하는 것이다. 이 함수는 복잡하지 않으므로, uniroot() 함수 내에서 직접 코딩한다. 다음 단계는 $f(y)$가 끝점에서 반대 부호를 갖는 구간을 결정한다. 이에 대한 R 코드 및 결과는 다음과 같다.

```
> a <- 0.5
> n <- 20
> out <- uniroot(function(y){a^2+y^2+2*a*y/(n-1)-(n-2)},
+          lower=0, upper=n*5)
> unlist(out)
         root        f.root          iter    estim.prec
4.186870e+00 2.381408e-04 1.400000e+01 6.103516e-05
```

uniroot() 함수에서 옵션으로 최대 반복 횟수(디폴트: 1,000) 또는 허용한계(디폴트: .Machine$double.eps^0.25)를 지정할 수 있다. $f(y)=0$에 대한 양의 근은 (근사적으로) $y=4.186870$이다. 음의 근을 찾기 위해서는 다음과 같이 구간을 달리 지정하여 uniroot() 함수를 한 번 더 사용할 수 있다.

```
> uniroot(function(y) {a^2+y^2+2*a*y/(n-1)-(n-2)},
+         interval=c(-n*5, 0))$root
[1] -4.239501
```

참고로 이 문제에서 정확한 해는 $y = 4.186841,\ -4.239473$ 이다.

### 뉴튼 방법

뉴튼(Newton) 방법 또는 뉴튼-랍슨(Newton-Raphson) 방법은 방정식 $f(x)=0$ 의 근을 구함에 있어서 미분을 필요로 한다. 주어진 점 $x_0$ 의 근방에서 테일러 급수전개

$$f(x) = f(x_0) + (x-x_0)f'(x_0) + (x-x_0)^2\frac{f''(x_0)}{2!} + \cdots$$

에 근거하여 다음과 같은 반복식을 얻을 수 있다.

$$x^{(j+1)} = x^{(j)} - \frac{f(x^{(j)})}{f'(x^{(j)})}. \tag{9.4}$$

위 반복식에서 초깃값 $x_0$ 의 선택은 미지의 참값에 가까운 값으로 선택되는 것이 바람직하다. 초깃값은 경우에 따라 참값에 매우 가까운 값을 요구하므로 선택에 신중을 기하여야 한다. 그림 9.5는 뉴튼 방법을 이용하여 근을 찾는 과정을 그림으로 표현한 것이다.

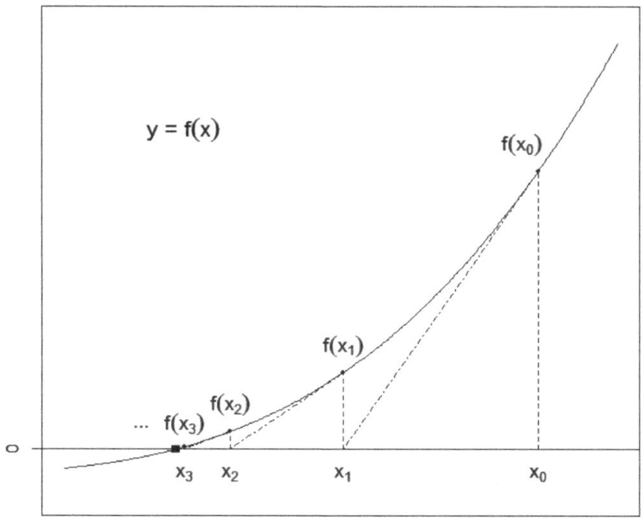


그림 9.5: 뉴튼 방법

**예제 9.6** (뉴튼 방법으로 $f(x)=0$ 의 근 찾기)

예시를 위해 어떤 수 $\mu$ 의 제곱근을 구하는 수치적 루틴을 구하고자 한다. 이는 간단한 방정식 $f(x)=x^2-\mu=0$ 의 근을 찾는 문제이다. $f'(x)=2x$ 이므로 뉴튼 방법을 이용하여 아래와 같은 반복식을 구할 수 있다.

$$x^{(j+1)}=x^{(j)}-\frac{(x^{(j)})^2-\mu}{2x^{(j)}}=\frac{1}{2}(x^{(j)}+\frac{\mu}{x^{(j)}})$$

이를 구현하는 R 코드는 다음과 같다.

```
> NR1 <-  function(mu,x,it){
+  for (i in 1:it)  x <- 0.5*(x+mu/x)
+  return(x)
+ }
> NR1(99,2,3)
[1] 10.74386
> NR1(99,2,6)
[1] 9.949874
```

초깃값 2를 사용하여 3번 반복 후 구한 99의 제곱근은 10.74386으로 이는 부정확한 값이다. 그러나 6번 반복에 의한 값은 9.949874로 꽤 정확한 값이다.

## 9.3 최대우도추정

최대우도추정은 분포의 모수를 추정하는 방법으로, 이는 우도함수가 최대가 되도록 하는 모수의 값을 찾는다. 최대우도 문제는 통계학에서 중요한 최적화 문제 중 하나이다.

$X_1,\ldots,X_n$ 은 모수 $\theta\in\Theta$를 가지는 확률변수라고 하자. 여기서 $\theta$는 벡터일 수 있다. $x_1,\ldots,x_n$ 에서 계산되는 확률변수 $X_1,\ldots,X_n$ 의 우도함수 $L(\theta)$는 다음과 같은 결합밀도로 정의한다.

$$L(\theta)=f(x_1,\ldots,x_n;\theta)\ .$$

만약 $X_1, \dots, X_n$ 이 밀도함수 $f(x;\theta)$ 의 확률표본이면, 우도함수는 다음과 같이 표현할 수 있다.

$$L(\theta) = \prod_{i=1}^{n} f(x_i;\theta).$$

$\theta$ 의 최대우도추정값은 $L(\theta)$를 최대화하는 값 $\hat{\theta}$ 이다. 즉, $\hat{\theta}$ 은 다음 식의 해가 된다.

$$L(\hat{\theta}) = f(x_1, \dots, x_n;\hat{\theta}) = \max_{\theta \in \Theta} f(x_1, \dots, x_n;\theta) \tag{9.5}$$

만약 $\hat{\theta}$ 이 유일하다면 $\hat{\theta}$ 은 $\theta$ 의 최대우도추정량(maximum likelihood estimator; MLE)이다.

만약 $\theta$ 가 스칼라이고 모수공간 $\Theta$ 는 열린 구간이며, $L(\theta)$는 미분가능이고 $\Theta$ 상에 최댓값이 있다면, $\hat{\theta}$ 은 다음 식의 해이다.

$$\frac{d}{d\theta} L(\theta) = 0. \tag{9.6}$$

여기서 로그 우도함수 $\log L(\theta)$ 를 $l(\theta)$ 로 표기하면, 식 (9.6)의 해는 다음 식의 해와 같다.

$$\frac{d}{d\theta} l(\theta) = 0. \tag{9.7}$$

$X_1, \dots, X_n$ 이 확률표본이면 다음 식이 성립하고,

$$l(\theta) = \log \prod_{i=1}^{n} f(x_i;\theta) = \sum_{i=1}^{n} \log f(x_i;\theta),$$

따라서 식 (9.7)은 (9.6)보다 해를 구하기가 쉽다.

**예제 9.7** (R 함수 mle()를 사용한 MLE)

$Y_1$ 과 $Y_2$ 가 밀도함수 $f(y) = \theta e^{-\theta y}\ (y > 0)$ 로부터의 확률표본이라 할 때, $\theta$ 의 MLE를 찾고자 한다.

$Y_1$ 과 $Y_2$ 가 독립이므로 우도함수를 다음과 같이 표현할 수 있다.

$$L(\theta) = (\theta e^{-\theta y_1})(\theta e^{-\theta y_2}) = \theta^2 e^{-\theta(y_1 + y_2)}.$$

따라서 $l(\theta) = 2log\theta - \theta(y_1 + y_2)$ 이므로, 다음과 같은 로그 우도 방정식을 풀면 된다.

$$\frac{d}{d\theta} l(\theta) = \frac{2}{\theta} - (y_1 + y_2) = 0, \quad \theta > 0.$$

유일한 해는 $L(\theta)$를 최대화하는 $\hat{\theta} = 2/(y_1 + y_2)$가 된다. 따라서 MLE는 표본평균의 역수이다.

비록 수학적 해를 구하였지만, R에서 패키지 stats4의 함수 mle()를 사용하여 수치적으로 해가 어떻게 구해지는지 살펴보도록 하자. mle() 함수는 첫 인수로 $-l(\theta) = -log(L(\theta))$ 을 계산하는 함수를 받아들인다. 이는 함수 mle()에서 최소화 루틴인 optim()을 실행하기 때문이며, 음의 로그 우도를 최소화함으로써 로그 우도를 최대화하는 MLE를 계산할 수 있다.

```
> y <- c(0.04304550, 0.50263474)
> mlogL <- function(theta=1) {
+    # minus log-likelihood of exp. density, rate 1/theta
+    return(-(length(y)*log(theta)-theta*sum(y)))
+ }
> library(stats4)
> fit <- mle(mlogL)
> summary(fit)
Maximum likelihood estimation

Call:
mle(minuslogl = mlogL)

Coefficients:
      Estimate Std. Error
theta  3.66515   2.591652

-2 log L: -1.195477
```

다른 대안으로, mle() 함수에서는 다음과 같이 최적화를 위한 초깃값을 지정할 수 있다.

```
> mle(mlogL, start=list(theta=1))
> mle(mlogL, start=list(theta=mean(y)))
```

이 예제에서 최대우도추정값은 $\hat{\theta}=1/\overline{Y}=3.66515$ 이다. 로그 우도의 최댓값은 $l(\hat{\theta})=2log(1/\overline{y})-(1/\overline{y})(y_1+y_2)=0.5977386$ 이며, $-2log(L)=-1.195477$ 이다. 이는 함수 mle()를 이용한 결과와 동일하다.

한편, 뉴튼-랍슨 방법을 사용하여 최대우도추정량을 구할 수 있다. 뉴튼 방법에서 방정식 $\frac{d}{d\theta}l(\theta)=0$ 의 해는 다음 식의 반복수행을 통해 구할 수 있다.

$$\hat{\theta}^{(j+1)}=\hat{\theta}^{(j)}-\left.\frac{\frac{d}{d\theta}l(\theta)}{\frac{d^2}{d\theta^2}l(\theta)}\right|_{\theta=\hat{\theta}^{(j)}} \quad . \tag{9.8}$$

위 반복식에서 초깃값 $\hat{\theta}^0$ 의 선택이 중요하다.

최대우도추정값을 구하기 위한 반복식에서 로그 우도함수의 1차, 2차 미분식은 다음과 같은 수치적 방법으로 근사될 수 있다. 충분히 작은 $\delta(=0.001)$ 값에 대해 $l(\theta)$ 의 1차 미분식은

$$\frac{d}{d\theta}l(\theta)\approx\frac{l(\theta+\delta)-l(\theta)}{\delta}$$

으로

$$\frac{d^2}{d\theta^2}l(\theta)\approx\frac{l'(\theta+\delta)-l'(\theta)}{\delta}=\frac{l(\theta+2\delta)-2l(\theta+\delta)+l(\theta)}{\delta^2}$$

으로 근사된다.

최대우도추정량의 특징 중 하나는 추정의 정도(precision)를 자료로부터 구할 수 있다는 것이다. 최대우도추정량의 분산의 추정값은 다음과 같다.

$$\left.\left[-\frac{d^2}{d\theta^2}l(\theta)\right]^{-1}\right|_{\theta=\hat{\theta}} \quad .$$

위의 뉴튼-랍슨 반복식에서 $\frac{d^2l}{d\theta^2}$은 $E\left(\frac{d^2l}{d\theta^2}\right)$로 대체될 수 있다. 또한 $-E\left(\frac{d^2l}{d\theta^2}\right)$은 $E\left[\left(\frac{dl}{d\theta}\right)^2\right]$와 동일하다. 이 방법은 피셔 스코어링 방법(Fisher scoring method)으로 불리며, 종종 뉴튼-랍슨 방법보다 반복식의 계산과정을 단순하게 한다.

$\hat{\theta}$이 식 (9.7)을 만족한다고 하자. 그러면 $\hat{\theta}$는 $l(\theta)$의 상대적 최대, 상대적 최소, 또는 변곡점이 된다. 만약 $l''(\hat{\theta}) < 0$ 이면, $\hat{\theta}$는 $log\, L(\theta)$의 국소최대(local maximum)이다.

예제 9.8 (뉴튼-랍슨 방법을 이용한 MLE)
223명을 대상으로 하루에 섭취하는 커피의 양을 조사하였다. 표의 마지막 범주는 하루에 3잔 이상 마시는 경우이며, 실제 양은 알려져 있지 않다. 즉, 3잔 이상의 경우는 우측 중도절단된(censord) 자료이다.

| 컵의 수 | 0 | 1 | 2 | 3 이상 | 합계 |
|---|---|---|---|---|---|
| 관측빈도 | 30<br>($x_0$) | 55<br>($x_1$) | 63<br>($x_2$) | 75<br>($x_3$) | 223<br>($n$) |

하루에 섭취하는 커피의 잔은 포아송 분포를 따른다고 가정하자. 그러면 우도함수는 다음과 같고,

$$\begin{aligned} L(\theta) &= f(x_0|\theta)f(x_1|\theta)f(x_2|\theta)f(x_3|\theta) \\ &= [e^{-\theta}]^{x_0}[\theta e^{-\theta}]^{x_1}\left[\frac{\theta^2}{2!}e^{-\theta}\right]^{x_2}\left[1-e^{-\theta}-\theta e^{-\theta}-\frac{\theta^2}{2!}e^{-\theta}\right]^{x_3}. \end{aligned}$$

따라서 로그 우도함수는 다음과 같다.

$$l(\theta) = -\theta(n-x_3) + log\theta(x_1+2x_2) + x_3 log(1-e^{-\theta}-\theta e^{-\theta}-\frac{\theta^2}{2}e^{-\theta})\ .$$

먼저 자료를 입력하고 로그 우도함수의 그림을 그려 보자.

```
> x <- rep(0:3, c(30, 55, 63, 75))
> n <- length(x); k <- 75; m <- 3
> llike <- function(tha, n, k, m, x){
+     -tha*(n-k)+log(tha)*(x[1]+2*x[2])+k*log(1-ppois(m-1,tha))
```

```
+ }
> llike_x <- seq(0.1,10,0.1)
> llike_y <- llike(llike_x, n, k, m, x)
> plot(llike_x, llike_y, type="l" ,xlab="theta", ylab="log-likelihood",
+ main="log-likelihood function of censored Poisson distribution")
```

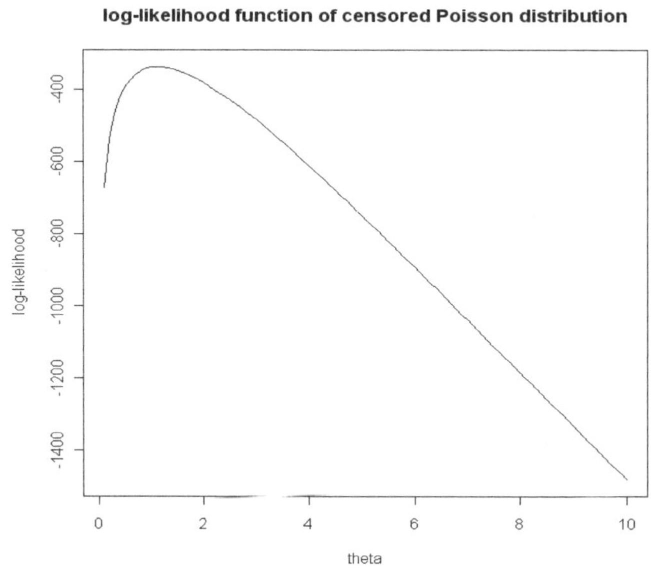


그림 9.6: 하루에 섭취하는 커피의 양 자료에 대한 로그 우도함수

뉴튼-랍슨 방법을 사용하여 이 문제에 대한 최대우도추정값과 분산추정값을 계산하기 위한 R 코드는 다음과 같다.

```
> delta <- 0.001
> theta <- 2
> for(i in 1:10) {
+     d1 <- (llike(theta+ delta,n,k,m,x)-llike(theta,n,k,m,x))/delta
+     d2 <- (llike(theta+ 2*delta,n,k,m,x)-2*llike(theta+ delta,n,k,m,x)
+             + llike(theta,n,k,m,x))/delta^2
+     theta <- theta-d1/d2
+     if(abs(d1) < 0.0001) break }
> se <- sqrt(-1/d2)
> cat("theta= ", round(theta,3), "    SE= ", round(se,4), "₩n")
```

theta= 1.12 SE= 0.0754

따라서 최대우도추정값은 약 1.12이고 표준오차는 약 0.0754이다.

모수가 다차원인 경우 최대우도추정을 위한 뉴튼-랍슨 방법을 고려해 보자. 먼저 $d$차원 모수벡터를 $\theta=(\theta_1, \ldots, \theta_d)$ 라 하자. 이 문제는 일차원의 경우와 유사하게 아래 $d$개의 로그 우도방정식의 해를 구하는 문제가 된다.

$$u_i(\theta) \equiv \frac{\partial}{\partial \theta_i} l(\theta) = 0, \quad i=1, \ldots, d \ . \tag{9.9}$$

로그 우도의 2차 미분식을 다음과 같이 나타내자.

$$h_{ij}(\theta) = \frac{\partial^2}{\partial \theta_i \partial \theta_j} l(\theta), \quad i, j = 1, \ldots, d \ . \tag{9.10}$$

그러면 $u=(u_i)_{d \times 1}$ 는 스코어(score) 벡터, $H=(h_{ij})_{d \times d}$는 헤시안(Hessian) 행렬이라 부른다. 최대우도추정량 벡터 $\hat{\theta}$을 구하는 반복식은 다음과 같다.

$$\hat{\theta}^{(j+1)} = \hat{\theta}^{(j)} - [H^{-1}u]\big|_{\theta=\hat{\theta}^{(j)}} \ . \tag{9.11}$$

여기서 $\hat{\theta}^0 = (\theta_1^0, \ldots, \theta_d^0)$ 는 초깃값을 나타낸다. 이 경우 최대우도추정량 벡터의 공분산 행렬은 $[-H^{-1}]\big|_{\theta=\hat{\theta}}$ 로 추정된다.

위의 뉴튼-랍슨 반복식에서 헤시안 행렬 $H=\left(\frac{\partial^2 l}{\partial \theta_i \partial \theta_j}\right)_{d \times d}$ 은 $\left(E\left[\frac{\partial^2 l}{\partial \theta_i \partial \theta_j}\right]\right)_{d \times d}$ 로 대체될 수 있다. 또한 $-\left(E\left[\frac{\partial^2 l}{\partial \theta_i \partial \theta_j}\right]\right)_{d \times d}$ 은 $\left(E\left[\frac{\partial l}{\partial \theta_i}\frac{\partial l}{\partial \theta_j}\right]\right)_{d \times d}$ 과 동일하다. 이 방법은 일반화 스코어링 방법이라 불리며, 흔히 뉴튼-랍슨 방법보다 반복식의 계산을 단순하게 한다.

## 9.4 일차원 최적화

R에는 일차원 최적화를 실행하는 몇 가지 함수가 있다. 많은 유형의 문제들은 근을 찾는 함수 uniroot()를 적용하도록 문제를 변형할 수 있다. nlm() 함수는 뉴튼 형태의

알고리즘으로 비선형 최소화를 실행한다. optimize() 함수는 설정된 구간 내에서 일차원 함수의 최댓값(최솟값)을 탐색한다.

예제 9.9 (R 함수 optimize()를 사용한 일차원 최적화)
주어진 함수를 최대화하는 $x$를 찾고자 한다.

$$f(x) = \frac{\log(1+\log(x))}{\log(1+x)}.$$

먼저 함수 $f(x)$의 그림을 그려보자. 그림 9.7에서 $f(x)$의 최댓값은 4와 8사이에 있음을 알 수 있다.

```
> x <- seq(2, 15, .001)
> y <- log(x+log(x))/(log(1+x))
> plot(x, y, type="l")
```

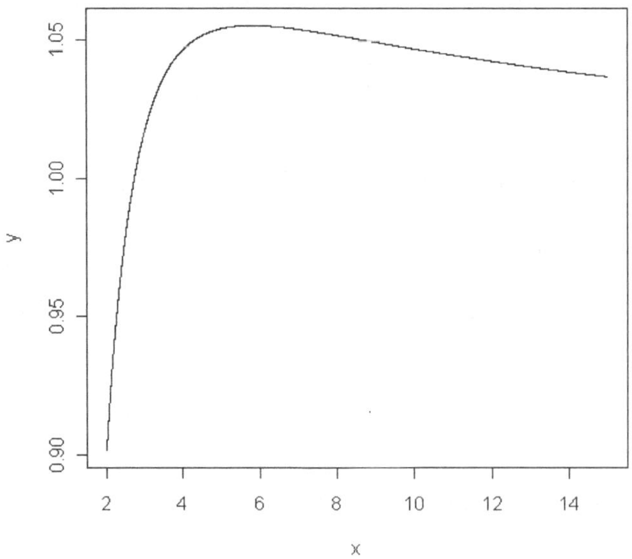


그림 9.7: 예제 9.9의 함수 $f(x)$

구간 $(4, 8)$에서 R 함수 optimize()를 실행하고자 한자. 디폴트가 함수의 최소화이므로, $f(x)$를 최대화하기 위해서는 maximum=TRUE로 설정해야한다. 디폴트 허용한계는 .Machine$double.eps^0.25 이다.

```
> f <- function(x)
+     log(x+log(x))/log(1+x)
> optimize(f, lower=4, upper=8, maximum=TRUE)
$maximum
[1] 5.792299
$objective
[1] 1.055122
```

예제 9.10 (감마 분포의 MLE)
$x_1, ..., x_n$ 을 $Gamma(r,\lambda)$ 분포(형상모수=$r$, 비율모수=$\lambda$)로부터의 확률표본이라 하자. 여기서 $\theta=(r,\lambda)\in R^2$ 이고 $\Theta=R^+\times R^+$ 이다. $\theta=(r,\lambda)$ 의 최대우도추정량을 찾고자 한다.

우도함수는 다음과 같이 주어진다.

$$L(r,\lambda)=\frac{\lambda^{nr}}{\Gamma(r)^n}\prod_{i=1}^{n}x_i^{r-1}\exp(-\lambda\sum_{i=1}^{n}x_i),\quad x_i\ge 0.$$

따라서 로그 우도함수는 다음과 같다.

$$l(r,\lambda)=nr\log\lambda-n\log\Gamma(r)+(r-1)\sum_{i=1}^{n}\log x_i-\lambda\sum_{i=1}^{n}x_i. \tag{9.12}$$

문제는 $r$과 $\lambda$에 관해 식 (9.12)를 최대화하는 것이다. 이러한 형태는 이차원 최적화 문제이다. 아래 연립방정식으로부터 $(r,\lambda)$의 동시해(simultaneous solution)를 구하고자 한다.

$$\frac{\partial}{\partial\lambda}l(r,\lambda)=\frac{nr}{\lambda}-\sum_{i=1}^{n}x_i=0; \tag{9.13}$$

$$\frac{\partial}{\partial r}l(r,\lambda)=n\log\lambda-n\frac{\Gamma'(r)}{\Gamma(r)}+\sum_{i=1}^{n}\log x_i=0. \tag{9.14}$$

방정식 (9.13)으로부터 $\hat{\lambda}=\hat{r}/\overline{x}$ 이므로 (9.14)에서 $\lambda$ 대신에 $\hat{\lambda}$을 대입하면 이는 $\hat{r}$

에 대한 아래 식을 푸는 문제로 바뀌게 된다.

$$n\log\frac{\hat{r}}{\bar{x}}+\sum_{i=1}^{n}\log x_i-n\frac{\Gamma'(\hat{r})}{\Gamma(\hat{r})}=0\,. \tag{9.15}$$

따라서 $(r, \lambda)$의 MLE는 다음 식을 만족하는 해이다.

$$\log\lambda+\frac{1}{n}\sum_{i=1}^{n}\log x_i=\psi(\lambda\bar{x});\quad \bar{x}=\frac{r}{\lambda}.$$

여기서 $\psi(t)=\frac{d}{dt}\log\Gamma(t)=\Gamma'(t)/\Gamma(t)$ 이다. 이는 R 함수 digamma()를 이용하여 쉽게 계산할 수 있다.

아래 모의시험은 $Gamma(5,2)$ 분포로부터 $n=200$ 크기의 확률표본을 생성하고, uniroot()를 사용하여 우도방정식을 최적화함으로써 모수들을 추정하고자 한다. 표본추출과 추정은 20,000 번 반복한다. 아래에 이 방법으로부터 구한 추정값들의 요약이 제시되어 있다.

```
> m <- 20000
> est <- matrix(0, m, 2)
> n <- 200
> r <- 5
> lambda <- 2
> obj <- function(lambda, xbar, logx.bar) {
+     digamma(lambda*xbar)-logx.bar-log(lambda)
+     }
> for (i in 1:m) {
+     x <- rgamma(n, shape=r, rate=lambda)
+     xbar <- mean(x)
+     u <- uniroot(obj, lower=.001, upper=10e5,
+             xbar=xbar, logx.bar=mean(log(x)))
+     lambda.hat <- u$root
+     r.hat <- xbar*lambda.hat
```

```
+     est[i, ] <- c(r.hat, lambda.hat)
+ }

> ML <- colMeans(est)
[1] 5.068116 2.029766
```

형상모수 $r$의 평균 추정값은 5.068116 이고 $\lambda$의 평균 추정값은 2.029766 이다. 추정값은 약간의 양의 편의가 있지만, 목표모수 $(r=5, \lambda=2)$ 에 근접한 값이다.

최대우도추정량이 근사적으로 정규분포를 따른다는 것은 잘 알려진 사실이다. 그림 9.8(a)는 반복된 $\hat{\lambda}$값의 히스토그램이고, 그림 9.8(b)는 반복된 $\hat{r}$값의 히스토그램이다. 두 경우 모두 약간 치우쳐졌지만 정규분포에 가깝다.

```
> hist(est[, 1], breaks="scott", freq=FALSE, xlab="r", main="")
> points(ML[1], 0, cex=1.5, pch=20)
> hist(est[, 2], breaks="scott", freq=FALSE, xlab=bquote(lambda),
+ main="")
> points(ML[2], 0, cex=1.5, pch=20)
```

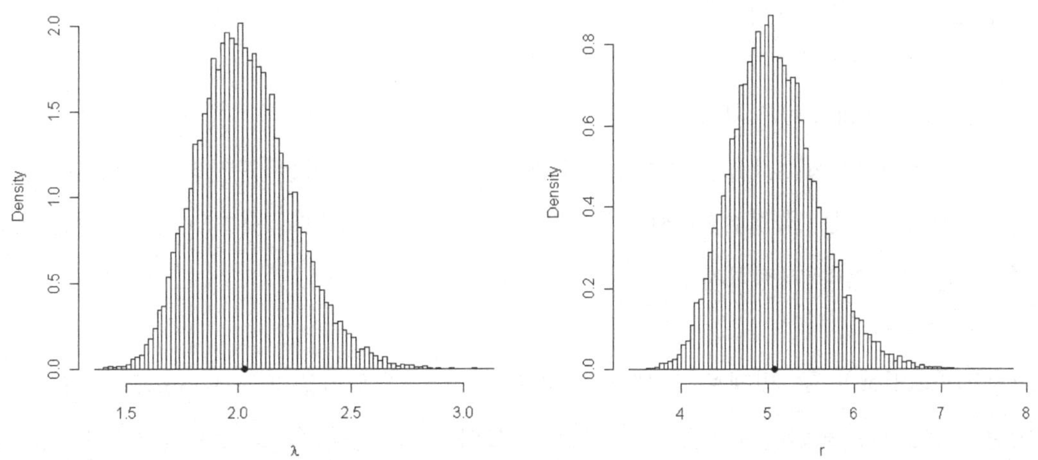


(a) (b)

그림 9.8: $Gamma(5, 2)$ 우도함수의 수치적 최적화에 의한 최대우도추정량의 히스토그램

## 9.5 다차원 최적화

먼저 미분을 필요로 하지 않는 대표적인 다차원 최적화 방법인 넬더-미드 알고리즘을 살펴보자.

### 넬더-미드 알고리즘

넬더-미드(Nelder-Mead) 방법은 다음과 같은 최적화 문제를 해결한다.

$$\min f(x)$$

여기서 $x \in R^n$ 이고, $n$은 최적화 모수의 개수를, $f: R^n \to R$은 목표함수를 나타낸다. 넬더-미드 방법은 $n+1$개의 점 $\{v_i, i=1, \dots, n+1\}$ 로 구성된 심플렉스(simplex)의 반복적인 업데이트에 근거한다. 예를 들어, 2차원 심플렉스는 3개의 점을 꼭짓점으로 하는 삼각형이며, 3차원 심플렉스는 4개의 점을 꼭짓점으로 하는 사면체이다. 심플렉스의 각 꼭짓점에서 함수값 $f(v_i)$가 계산되며, 함수의 최솟값을 찾기 위해 매 반복마다 크기뿐만 아니라 모양도 다양하게 변형(업데이드)된다.

이해를 돕기 위해 $f(x,y)$를 최소화하고자 하는 목표함수라 가정하고, 2차원 심플렉스를 이용한 넬더-미드 방법을 알아보기로 한다. 넬더-미드 알고리즘을 이해하는 데에 필요한 기본 개념은 다음과 같다.

**최고점**(best vertex), **최하점**(worst vertex): 심플렉스의 각 꼭짓점 $v_i = (x_i, y_i)$ $(i=1,2,3)$에서 함수값을 계산했을 때 함수값이 최소가 되는 꼭짓점을 최고점, 함수값이 최대가 되는 꼭짓점을 최하점이라 정의한다. 최고점을 $B=(x_1,y_1)$, 최하점을 $W=(x_3,y_3)$ 이라 가정하자.

반사(reflection): 두 번째로 작은 함수값을 가지는 꼭짓점을 $G=(x_2,y_2)$라 하자. 그러면, 최하점을 제외한 나머지 두 꼭짓점 $B$와 $G$의 중점을 다음과 같이 계산할 수 있다.

$$M = \frac{B+G}{2} = \left(\frac{x_1+x_2}{2}, \frac{y_1+y_2}{2}\right)$$

그러면 중점 $M$을 기준으로 $W$에 대칭되는 반사점 $R$을 찾을 수 있다. 그림 9.9(a)

를 참고하기 바란다. 이러한 과정을 '반사'라 하며, 반사점 $R$에 대한 공식은 다음과 같다.

$$R = M + (W - M) = 2M - W$$

**팽창**(expansion): 만약 반사점 $R$에서 계산한 함수값 $f(R)$이 최하점에서 계산한 함수값 $f(W)$보다 작다면, 이는 함수 $f$의 최솟값을 가지는 모수값에 가까워짐을 의미한다. 그러나 아직 함수의 최솟값과 차이가 있다면, 꼭짓점 $M$과 $R$을 이용하여 함수의 최솟값을 가지는 모수값(꼭짓점)으로 심플렉스를 팽창할 수 있다. 이 꼭짓점을 팽창점이라 하고 $E$라 표기하자. 그림 9.9(b)를 참고하기 바란다. 만약 $R$에서 계산한 함수값 $f(R)$보다 $f(E)$가 작다면, 이는 더 나은 꼭짓점을 찾은 것이라 할 수 있다. 팽창점 $E$에 대한 공식은 다음과 같다.

$$E = R + (R - M) = 2R - M$$

**축소**(contraction): 만약 $R$과 $W$에서 계산한 함수값이 같다면, 다음과 같은 간단한 시험을 수행한다. $C1$을 $\overline{WM}$의 중점, $C2$를 $\overline{MR}$의 중점이라 하자. 더 작은 함수값을 가지는 꼭짓점을 축소점 $C$라 정의하고 새로운 심플렉스(삼각형) $BGC$로 업데이트한다. 그림 9.9(c)를 참고하기 바란다. 실제로 2차원 심플렉스(삼각형)에서는 $C1$과 $C2$를 선택하는 것이 적절하지 않을 지도 모르나 3차원 이상의 심플렉스에서는 중요하다.

**수축**(shrinkage): 만약 축소점 $C$에서 계산한 함수값이 $f(W)$보다 작지 않다면, 꼭짓점 $G$와 $W$는 최고점 $B$쪽으로 수축되어야 한다. 꼭짓점 $G$는 중점 $M$으로, $W$는 $\overline{BW}$의 중점인 수축점 $S$로 대체되어 새로운 심플렉스 $BMS$로 업데이트한다. 그림 9.9(d)를 참고하기 바란다.

넬더-미드 알고리즘은 반사, 팽창, 축소, 수축의 네 가지 주요 과정을 이용하여 매 반복마다 심플렉스의 크기와 모양을 변형하면서 함수의 최솟값을 찾는다. 넬더-미드 알고리즘을 정리하면 다음과 같다.

1. 초기 심플렉스를 지정한다. 즉, 모수에 대한 초깃값을 지정한 후 함수값을 계산하여 $B$, $G$, $W$를 선정함으로써 초기 심플렉스 $BGW$를 지정한다.

2. 심플렉스의 꼭짓점의 함수값이 거의 같아질 때까지 다음을 반복한다.

(a) 반사점 $R$을 구한 후, $f(R) < f(G)$ 이면 단계 (b)를 수행하고, 그렇지 않으면 단계 (c)를 수행한다.

(b) $f(B) < f(R)$ 이면 최하점 $W$를 반사점 $R$로 대체하고, 그렇지 않으면 다음을 수행한다.

- 팽창점 $E$와 $f(E)$를 계산한다. $f(E) < f(B)$ 이면 최하점 $W$를 $E$로 대체하고, 그렇지 않으면 $W$를 $R$로 대체한다.

(c) $f(R) < f(W)$ 이면 최하점 $W$를 반사점 $R$로 대체한다. 그렇지 않으면 다음을 수행한다.

- 축소점 $C$와 $f(C)$를 계산한다. $f(C) < f(W)$ 이면 최하점 $W$를 축소점 $C$로 대체하고, 그렇지 않으면 수축점 $S$와 $f(S)$를 계산하여, 최하점 $W$는 $S$로, $G$는 $M$으로 대체한다.

이와 같이 넬더-미드 알고리즘은 각 반복마다 최하점 $W$를 대체할 새로운 꼭짓점을 찾아 새로운 심플렉스로 업데이트한다.

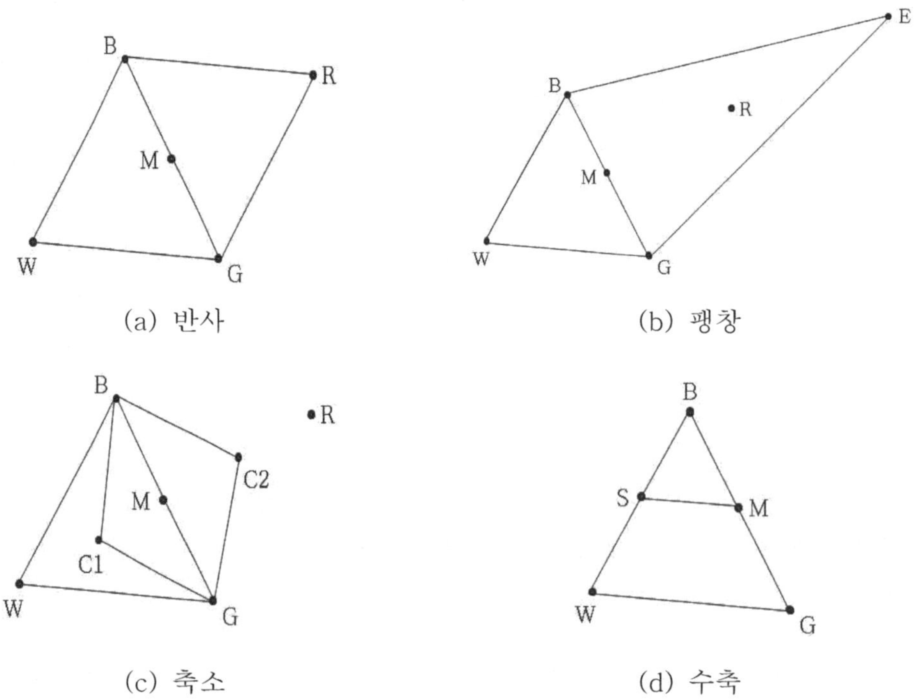


그림 9.9: 넬더-미드 방법의 네 가지 주요 과정

예제 9.11 (넬더-미드 방법)

이 예제에서는 목표함수 $f(x,y)=x^2-4x+y^2-y-xy$의 최솟값을 찾기 위해 넬더-미드 방법을 사용하기로 한다.

1. 다음과 같이 초깃값을 지정하자.

$$V_1=(0,0),\ \ V_2=(1.2,0.0),\ \ V_3=(0.0,0.8).$$

위의 꼭짓점에서 함수값을 계산하면

$$f(0,0)=0.0\ ,\ f(1.2,0.0)=-3.36\ ,\ f(0.0,0.8)=-0.16$$

이다. 이에 따라 최고점은 $B=(1.2,\ 0.0)$이고, 최하점은 $W=(0,0)$이며, 두 번째로 작은 함수값을 가지는 꼭짓점은 $G=(0.0,\ 0.8)$이다.

2-(a) 최하점 $W$를 대체할 새로운 꼭짓점을 찾기 위해 중점 $M$과 반사점 $R$을 계산하면 다음과 같다.

$$M=\frac{B+G}{2}=(0.6,\ 0.4),\qquad R=2M-W=(1.2,\ 0.8).$$

$f(R)=f(1.2,0.8)=-4.48$ 이므로 $f(G)$ 보다 작다.

2-(b) $f(R)\le f(B)$ 이므로 이는 함수 $f$의 최솟값을 가지는 모수값에 꼭짓점이 가까워짐을 의미한다. 다음으로 팽창점 $E$를 다음과 같이 계산한다.

$$E=2R-M=(1.8,1.2).$$

$f(E)=f(1.8,1.2)=-5.88$ 로 $f(B)$ 보다 작으므로, 다음과 같은 꼭짓점을 가지는 새로운 삼각형이 업데이트된다.

$$V_1=(1.8,1.2),\ \ V_2=(1.2,0.0),\ \ V_3=(0.0,0.8).$$

이와 같은 과정을 반복하면 점 $(3,2)$로 수렴하는 심플렉스(삼각형) 수열이 생성된다. 이를 수행하는 R 코드는 다음과 같다. 여기서 함수의 최솟값에 대한 수렴 허용한계를 $10^{-10}$으로 지정하였고, 매 반복마다 업데이트된 심플렉스를 그림으로 출력하는 코드를 포함하였다.

```
> # objective function
> f <- function(x) x[1]^2-4*x[1]+x[2]^2-x[2]-x[1]*x[2]
> # initial simplex
> X0 <- matrix(c(0,1.2,0,0,0,0.8), nrow=3, ncol=2)
> eps <- 1e-0.10
> fct <- c(f(X0[1,]),f(X0[2,]),f(X0[3,]))
> B <- X0[which(fct==min(fct)),]  # best vertex
> W <- X0[which(fct==max(fct)),]  # worst vertex
> G <- X0[which(fct!=min(fct)&fct!=max(fct)),]
> it <- 0                         # iteration number
> while(abs(f(B)-f(W)) > eps){
+ it <- it+1
+ M <- (B+G)/2
+ R <- 2*M-W
+ if(f(R) < f(G)) {
+  if(f(B) < f(R)) W <- R else
+         { E <- 2*R-M
+           if (f(E) < f(B)) W <- E else
+           {W <- R}
+         }
+ } else
+ { if (f(R) < f(W)) W <- R else
+         {C0 <- matrix(0,2,2)
+         C0[1,] <- (W+M)/2
+         C0[2,] <- (M+R)/2
+         c.fct <- c(f(C0[1,]), f(C0[2,]))
+         C <- C0[which(c.fct==min(c.fct)),]
+         if (f(C) < f(W)) W <- C else
+         {S <- (B+W)/2
+          W <- S
+          G <- M}
+         }
```

```
+ }
+ fct <- c(f(B),f(G),f(W))
+  X <- rbind(B,G,W)
+  #new simplex
+ B <- X[which(fct==min(fct)),]
+ W <- X[which(fct==max(fct)),]
+ G <- X[which(fct!=min(fct)&fct!=max(fct)),]
+ BGW <- rbind(B,G,W)
+ plot(BGW, type="l", ylim=c(0,5), xlim=c(0,5), xlab="x",
+ ylab="y", main="Sequence of triangles for Nelder-Mead")
+ lines(c(B[1],W[1]),c(B[2],W[2]))
+ par(new=TRUE)
+ }
```

넬더-미드 알고리즘을 수행한 결과는 아래와 같고, 매 반복마다 업데이트된 심플렉스의 수열이 그림 9.10에 제시되어 있다.

```
> it
[1] 22
> BGW
      [,1]     [,2]
B 3.000023 2.003686
G 3.007931 2.002534
W 2.993391 1.989833
> fct
[1] -6.999986 -6.999920 -6.999951
```

위의 넬더-미드 알고리즘은 함수의 최솟값을 찾기 위해 22번 심플렉스를 업데이트하였으며, 세 개의 꼭짓점이 점 $(3,2)$으로, 함수의 최솟값은 $-7$로 수렴하였다.

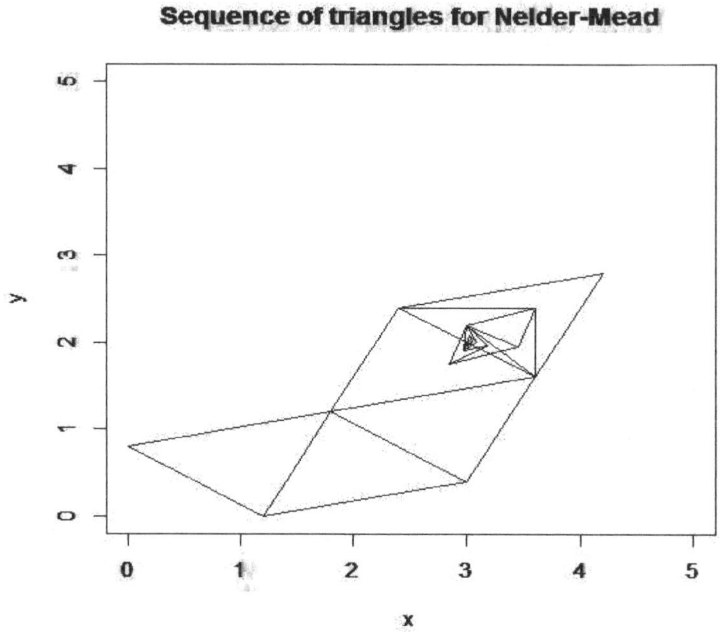


그림 9.10: 예제 9.11의 넬더-미드 알고리즘에서 생성된 심플렉스 수열

R에서 제공하는 패키지 neldermead의 함수 fminsearch()를 이용하면 쉽게 넬더-미드 알고리즘을 실행할 수 있다. 이는 기본 패키지가 아니므로 패키지 설치 및 로딩하는 과정이 필요하다. 다음은 함수 fminsearch()를 이용하여 예제 9.11에 대한 넬더-미드 알고리즘을 수행하는 R 코드이다. 출력결과의 일부가 아래에 제시되어 있다.

```
> library(neldermead)
> f <- function(x) x[1]^2-4*x[1]+x[2]^2-x[2]-x[1]*x[2]
> sol <- fminsearch(f, c(0,0))
> sol
Number of Estimated Variable(s): 2

Estimated Variable(s):
  Initial    Final
1         0 2.999997
2         0 2.000008

… (생략)
```

```
Simplex Information:

- Simplex at Initial Point:
Dimension: n=2
Number of vertices: nbve=3
  Vertex #1/3 : fv=0.000000e+00, x=0.000000e+00 0.000000e+00
  Vertex #2/3 : fv=-2.994375e-02, x=7.500000e-03 0.000000e+00
  Vertex #3/3 : fv=-7.443750e-03, x=0.000000e+00 7.500000e-03

- Simplex at Optimal Point:
Dimension: n=2
Number of vertices: nbve=3
  Vertex #1/3 : fv=-7.000000e+00, x=2.999997e+00 2.000008e+00
  Vertex #2/3 : fv=-7.000000e+00, x=2.999971e+00 1.999955e+00
  Vertex #3/3 : fv=-7.000000e+00, x=2.999944e+00 1.999965e+00
```

### R에서의 다차원 최적화

R 함수 optim()은 다차원 최적화를 수행하는 함수로, 넬더-미드, 준-뉴튼(quasi-Newton), 켤레경사(conjugate-gradient) 알고리즘을 실행한다. 이는 옵션으로 상자-제약 최적화와 모의담금질을 포함한다. 함수 optim()의 구문은 다음과 같다.

```
optim(par, fn, gr = NULL, method =
    c("Nelder-Mead", "BFGS", "CG", "L-BFGS-B", "SANN"),
    lower = -Inf, upper = Inf,
    control = list(), hessian = FALSE, ...)
```

디폴트는 넬더-미드 방법이다. 첫 인수 par는 목표모수의 초깃값 벡터이고, fn은 목표함수이다. fn의 첫 인수는 목표벡터이고, 반환값은 스칼라이어야만 한다.

『R 노트』 R에서 명령 프롬프트에 help(optim)을 입력하면 나타나는 설명문서 중 Details 부분을 읽어보면 각 method에 대한 구체적인 설명이 주어진다.

예제 9.12 (R 함수 optim()을 사용한 이차원 최적화)
감마 MLE 문제에서 두 모수에 대한 우도함수의 최대화를 다시 고려하자. 예제 9.10에서는 문제를 단순화할 수 있어서 일차원 최적화를 통해 비교적 쉽게 해답을 찾을 수 있었지만, 이를 R 함수 optim()을 예시하는 간단한 예제로 다시 활용하고자 한다.

최대화를 위한 목표함수는 다음의 로그 우도함수이다.

$$\log L(\theta) = nr\log\lambda + (r-1)\sum_{i=1}^{n}\log x_i - \lambda\sum_{i=1}^{n}x_i - n\log\Gamma(r).$$

여기서 모수는 $\theta = (r, \lambda)$ 이다. 로그 우도함수는 다음과 같이 실행될 수 있다.

```
> LL <- function(theta, sx, slogx, n) {
+     r <- theta[1]
+     lambda <- theta[2]
+     loglik <- n*r*log(lambda)+(r-1)*slogx-
+         lambda*sx-n*log(gamma(r))
+     - loglik
+   }
```

여기서 합 $sx = \sum_{i=1}^{n} x_i$ 와 $s\,log x = \sum_{i=1}^{n} log\, x_i$ 의 반복 계산은 제외되었다. 디폴트로 optim()은 최소화를 실행하므로, 반환값을 $-log\, L(\theta)$ 로 바꾼다. 제대로 추정값을 구하기 위해서는 초깃값을 신중하게 선택해야만 한다. 이를 위해 적률추정법으로 구한 값을 모수의 초깃값으로 사용해야 하지만, 여기서는 간편하게 $r=1$ 과 $\lambda=1$ 을 초깃값으로 사용한다. 만약 $x$ 가 표본크기 $n$ 의 확률표본이면, 다음과 같이 함수 optim()을 호출한다.

```
> optim(c(1,1), LL, sx=sum(x), slogx=sum(log(x)), n=n)
```

반환 객체는 오차코드 $convergence를 포함하는데, 이는 성공일 때는 0 이고 그렇지 않으면 문제가 있음을 나타낸다. MLE는 하나의 표본에 대해서 아래와 같이 계산할 수 있다.

```
> n <- 200
> r <- 5; lambda <- 2
> x <- rgamma(n, shape=r, rate=lambda)
```

```
> optim(c(1,1), LL, sx=sum(x), slogx=sum(log(x)), n=n)
$par [1] 5.278565 2.142059
$value [1] 293.6359
$counts function gradient
              73       NA
$convergence [1] 0
```

위 결과는 디폴트인 넬더-미드 방법이 성공적으로 $\hat{r}=5.278565$ 과 $\hat{\lambda}=2.142059$ 에 수렴한 것을 나타낸다. 정밀도는 reltol에 의해 조정될 수 있다. 만약 reltol 값까지 감소하지 않으면 알고리즘은 멈추게 되는데, 이 계산에서 디폴트는 sqrt(.Machine $double.eps)=1.490116e^-08이다.

아래의 모의실험은 예제 9.9에서의 결과와 비교하기 위해 추정 절차를 반복한다.

```
> mlests <- replicate(20000, expr = {
+  x <- rgamma(200, shape=5, rate=2)
+  optim(c(1,1), LL, sx=sum(x), slogx=sum(log(x)), n=n)$par
+  })
> colMeans(t(mlests))
[1] 5.074969 2.031294
```

식 (9.12)의 이차원 최적화로부터 얻어진 추정값은 예제 9.10에서 일차원 최적화로 구한 추정값과 근사적으로 동일한 평균값을 가진다.

『R 노트』 벡터를 반복할 때, replicate()는 열을 우선으로 하여 행렬을 채운다. 위의 예제에서 각 반복의 벡터는 길이가 2 이므로 행렬은 2 개의 행과 20,000 개의 열을 가진다. 이 결과 행렬의 전치는 반복들의 이차원 표본이다.

**예제 9.13** (이차형태에 대한 MLE)
다음과 같은 중심화된 정규확률변수의 이차형태의 모수를 추정하는 문제를 고려하자.

$$Y=\lambda_1 X_1^2+\lambda_2 X_2^2+\cdots+\lambda_k X_k^2\ ,$$

여기서 $X_j\ (j=1,2,\ldots,k\ )$는 표준정규확률표본이고, $\lambda_1>\cdots>\lambda_k>0$ 이다. 기본 변

환으로부터 각 $Y_j = \lambda_j X_j^2$는 형상모수가 $1/2$이고 비율모수가 $1/(2\lambda_j)$인 감마 분포를 따른다. 따라서 $Y$는 $k$개의 독립인 감마 변수의 혼합으로 다음과 같이 표현할 수 있다.

$$Y \overset{d}{=} \frac{1}{k} G\left(\frac{1}{2}, \frac{1}{2\lambda_1}\right) + \cdots + \frac{1}{k} G\left(\frac{1}{2}, \frac{1}{2\lambda_k}\right) .$$

위와 같은 표기는 $Y$가 두 단계의 실험으로부터 생성될 수 있음을 의미한다. 먼저 $\{1, \ldots, k\}$ 상의 균일분포를 따르는 임의의 정수 $J$를 생성한 후, $\Gamma\left(\frac{1}{2}, \frac{1}{2\lambda_J}\right)$ 분포로부터 확률변수 $Y$를 생성한다.

$\sum_{j=1}^{k} \lambda_j = 1$이고 $k = 3$이라 가정하자. 확률표본 $y_1, \ldots, y_m$ 이 $Y$의 분포로부터 관측되었다고 할 때, 모수 $\lambda_j (j = 1, 2, 3)$의 최대우도추정값을 찾고자 한다.

이 문제는 두 개의 모르는 모수 $\lambda_1$과 $\lambda_2$를 가지는 로그 우도함수의 수치적 최적화 문제로 접근할 수 있다. 혼합의 밀도함수는 다음과 같이 표현할 수 있다.

$$f(y|\lambda) = \sum_{j=1}^{3} f_j(y|\lambda) .$$

여기서 $f_j(y|\lambda)$는 형상모수가 $1/2$이고 비율모수가 $1/(2\lambda_j)$인 감마 밀도함수이다. 로그 우도는 두 개의 모르는 모수 $\lambda_1$, $\lambda_2$ $(\lambda_3 = 1 - \lambda_1 - \lambda_2)$에 관한 식으로 표현할 수 있다.

```
> LL <- function(lambda,y) {
+     lambda3 <- 1-sum(lambda)
+     f1 <- dgamma(y, shape=1/2, rate=1/(2*lambda[1]))
+     f2 <- dgamma(y, shape=1/2, rate=1/(2*lambda[2]))
+     f3 <- dgamma(y, shape=1/2, rate=1/(2*lambda3))
+     f <- f1/3+f2/3+f3/3     # density of mixture
+     # returning -loglikelihood
+     return(-sum(log(f)))
+     }
```

이 예제에서 표본자료는 $\lambda=(0.60, 0.25, 0.15)$ 인 표준정규 확률변수의 이차형태로부터 생성되었다. 그러면 optim() 함수는 초깃값 $\lambda=(0.5, 0.3, 0.2)$ 를 사용하여 함수 LL()을 최소화하는 값을 찾는데 이용될 수 있다.

```
> set.seed(543)
> m <- 2000
> lambda <- c(.6, .25, .15)          # rate is 1/(2lambda)
> lam <- sample(lambda, size=2000, replace=TRUE)
> y <- rgamma(m, shape=.5, rate=1/(2*lam))
> opt <- optim(c(.5,.3), LL, y=y)
> theta <- c(opt$par, 1-sum(opt$par))
```

결과는 아래에 주어진다. opt$convergence에 반환된 코드는 0 이며, 이는 성공적인 수렴을 의미한다. 로그 우도함수의 최댓값은 $(\lambda_1, \lambda_2)=(0.5922404, 0.2414725)$ 에서 736.325 이다.

```
> as.data.frame(unlist(opt))
                unlist(opt)
par1              0.5922404
par2              0.2414725
value          -736.3250225
counts.function  43.0000000
counts.gradient          NA
convergence       0.0000000
> theta
[1] 0.5922404 0.2414725 0.1662871
```

따라서 최대우도추정값은 $\hat{\lambda} \doteq (0.592, 0.241, 0.166)$ 이다.

## 연습문제

9.1 사다리꼴 공식($n=8$)을 사용하여 아래 적분을 계산하라.

$$I=\int_0^{\pi} e^x cos(x)dx$$

사다리꼴 공식을 사용한 결과와 R 함수 integrate()를 사용한 결과를 비교하라. 단, 정확한 적분값은 $I=-12.070346$ 이다.

9.2 아래 밀도함수를 가지는 코쉬 분포의 cdf를 계산하기 위한 함수를 작성하라.

$$f(x)=\frac{1}{\theta\pi(1+[(x-\eta)/\theta]^2)}, \quad -\infty<x<\infty$$

여기서 $\theta>0$ 이다. 작성된 함수를 사용한 결과와 R 함수 pcauchy()를 사용한 결과를 비교하라.

9.3 $y_1, \ldots, y_n$ 는 다음과 같은 확률밀도함수를 가지는 코쉬 분포로부터의 확률표본이라 하자.

$$f(y|\theta)=\frac{1}{\pi[1+(y-\theta)^2]}, \quad \theta\in(0,\infty)$$

여기서 $\theta$ 에 대한 사전분포로 무정보적 사전분포 $\pi(\theta)=I(\theta>0)$ 를 고려하자. 이 경우 $\theta$ 에 대한 사후분포는

$$p(\theta|y_1,\ldots,y_n)=\frac{\prod_{i=1}^{n}[1+(\theta-y_i)^2]^{-1}\,I(\theta>0)}{\int_0^{\infty}\prod_{i=1}^{n}[1+(\theta-y_i)^2]^{-1}d\theta}$$

이다. $y=(4.0, 5.5, 7.5, 4.5, 3.0)^T$ 가 주어졌을 때, 수치적 적분을 이용하여 사후평균과 사후분산을 계산하라.

9.4 아래 함수를 최대화하는 $x$ 를 수치적 방법으로 찾으라.

$$f(x) = \frac{log(x)}{1+x}.$$

9.5 $X_1, ..., X_n$ 은 표준 코쉬 분포 $f(x|\theta) = 1/\pi\{1+(x-\theta)^2\}]$ $(-\infty < x < \infty)$을 따르는 확률표본이다. 실제 코쉬 자료가 (4.0, 5.5, 7.5, 4.5, 3.0)으로 관측되었다. R 함수 mle()와 뉴튼-랍슨 알고리즘을 사용하여 $\theta$의 최대우도추정량과 표준오차를 구하라.

9.6 다항분포를 따르는 확률벡터 $X = (m_1, m_2, m_3, m_4)$를 고려하자. 여기서 각 셀의 확률은 다음과 같이 주어진다.

$$p_1 = (2+\theta)/4,\ p_2 = p_3 = (1-\theta)/4,\ p_4 = \theta/4,$$

여기서 $0 < \theta < 1$ 이다. 표본크기는 $n = \sum m_i$ 이다. 표본크기가 3839 인 표본으로부터 관측빈도가 (1997, 906, 904, 32)로 주어졌을 때 $\theta$ 를 추정하고자 한다. R 함수 mle()와 뉴튼-랍슨 알고리즘을 사용하여 $\theta$의 최대우도추정량과 표준오차를 구하라.

9.7 어느 지역에서 특정기간 동안 연어를 한 마리 이상 잡은 보트의 수를 기록한 자료이다. 한 마리도 잡지 못한 보트의 수는 기록되지 않았다.

| 연어 수 | 1 | 2 | 3 | 4 | 5 | 6 |
|---|---|---|---|---|---|---|
| 보트 수 | 34 | 25 | 12 | 5 | 1 | 0 |

각 보트별로 잡힌 연어의 수 $x_i$는 $x_i = 0$ 인 자료가 주어지지 않았으므로 다음의 절단된(truncated) 포아송 분포를 따른다고 가정할 수 있다.

$$f(x_i|\lambda) = \frac{e^{-\lambda}\lambda^{x_i}/x_i!}{1-e^{-\lambda}}, \quad i = 1, 2, ...$$

R 함수 mle()와 뉴튼-랍슨 방법을 사용하여 최대우도추정량과 표준오차를 구하라.

9.8 다음은 포웰(Powell)의 4차 함수이다.

$$f(x) = (x_1 + 10x_2)^2 + 5(x_3 - x_4)^2 + (x_2 - 2x_3)^4 + 10(x_1 - x_4)^4$$

$x_0 = (3, -1, 0, 1)$ 에서 시작하는 넬더-미드 알고리즘을 이용하여 위의 함수의 최솟값 및 최솟값을 가지는 $x = (x_1, x_2, x_3, x_4)^T$ 의 값을 찾아라.

9.9 다음은 쌍둥이의 성별(MM. MF, FF)을 관측한 자료이다. 일란성(monozygotic)과 이란성(dizygotic)을 고려하여 쌍둥이 형태의 확률을 $d$ 와 $p$ 의 함수로 나타내었다. 여기서 $d = P(dizygotic)$, $m = P(monozygot)$, $d + m = 1$ 이고 $p = P(Male)$, $q = P(Female)$, $p + q = 1$ 이다. 따라서 다음과 같은 확률을 얻을 수 있다.

$$P(MM) = P(m)P(MM|m) + P(d)P(MM|d) = mp + dp^2,$$
$$P(MF) = 2P(d)P(MF|d) = 2dpq,$$
$$P(FF) = P(m)P(FF|m) + P(d)P(FF|d) = mq + dq^2.$$

이를 표로 정리하면 다음과 같다.

| 쌍둥이 형태 | 모형 | 관측도수 |
|---|---|---|
| 남-남(M-M) | $mp + dp^2$ | 32 |
| 남-여(M-F) | $2dpq$ | 41 |
| 여-여(F-F) | $mq + dq^2$ | 36 |

제안된 모형에 근거하여 R 함수 optim()을 사용하여 모수벡터 $(p, d)$ 의 최대우도추정량을 구하라.

# 제10장
# EM 알고리즘

이 장에서는 최근 통계 분석의 중요한 도구로 자리매김 하고 있는 EM 알고리즘을 소개한다. 수치적 최적화 방법 중 하나인 EM 알고리즘은 결측자료 혹은 불완비자료를 포함하고 있는 통계적 추정 문제에서 흔히 사용되는 일반적인 방법이다. 이 장에서는 EM 알고리즘의 기본개념과 추정 문제에서의 적용사례를 이해하고자 한다.

## 10.1 EM 알고리즘 기본개념

EM(Expectation-Maximization) 알고리즘은 관련된 확률변수의 일부가 관측되지 않았을 때, 즉, 결측(missing) 혹은 불완비(incomplete)가 있는 경우, 최대우도추정법으로 보수를 추정하는 매우 일반적인 반복(iterative) 알고리즘이다. 이는 자료의 일부에 결측이 생겼을 때 모수의 추정값을 구하기 위한 직관적 아이디어를 체계화한 것이다:

(i) 결측값을 추정한 값으로 대체한다.
(ii) 모수를 추정한다.
(iii) 아래 단계를 수렴할 때까지 반복한다.
  (a) 추정한 모수값을 "참값"으로 간주하여 단계 (i)을 반복한다.
  (b) 추정한 결측값을 "관측한" 값으로 간주하여 단계 (ii)를 반복한다.

이후 이론적 규명과 함께 EM 알고리즘으로 일반화되어 다양한 형태의 통계적 최적화 문제를 해결하기 위해 널리 사용되고 있다.

자료의 불완비성은 다변량표본에서 흔히 일어나는 결측자료, 중도절단자료 혹은 절단자료, 잠재변수 등으로부터 발생한다. 잠재변수(latent variable)는 어떤 식으로든 분석을 간단하게 하기 위해 도입되는 관찰될 수 없는 변수이다.

EM 알고리즘의 아이디어는 간단하며, 다른 방법에 비해 수렴속도는 느리지만 대역적 최댓값(global maximum)을 찾는 방법으로 매우 신뢰할 수 있다. 목표모수의 초기 추정값으로 시작해서, E(expectation) 과정과 M(maximization) 과정을 번갈아 실행한다. E 과정에서 관측자료와 현재의 모수추정값이 주어졌을 때 목표함수(흔히 로그우도함수)의 조건부기댓값을 계산한다. M 과정에서 조건부기댓값은 목표모수에 대해 최대화된다. 추정값을 업데이트하고 알고리즘이 어떤 기준에 따라 수렴할 때까지 E 과정과 M 과정을 번갈아 가며 반복한다. 많은 표준모형에 대해, E 과정과 M 과정의 계산이 간단하다. 하지만 어떤 문제에서는 E 과정에서 조건부기댓값의 계산이 다소 복잡하다.

$y$ 는 관측자료를 나타내는 확률변수이며, 모수 $\theta$가 있을 때 확률분포는 $f(y|\theta)$로 주어진다. 따라서 관측우도함수(observed likelihood)는 $L(\theta|y)=f(y|\theta)$ 이다. $Z$가 관측할 수 없는 결측자료를 나타낸다고 하면, 완비자료(complete data) $(y,Z)$에 대한 확률분포는 $h(y,Z|\theta)$로 주어지고, $L_c(\theta|y,Z)=h(y,Z|\theta)$ 는 완비우도함수(complete likelihood)를 나타낸다. EM 알고리즘의 목표는 완비우도함수 $L_c(\theta|y,Z)$를 사용하여 관측우도함수 $L(\theta|y)$를 최대화하는 것이다.

EM 알고리즘

$\hat{\theta}^{(m)}$을 $m$번째 과정의 모수 추정값이라 하면, $(m+1)$번째 모수 추정값을 계산하는 방법은 다음과 같다. (여기서, $y$와 $Z$는 각각 관측자료와 결측자료를 나타낸다.)

1. E 과정: 아래의 식을 계산한다.

$$Q(\theta|\hat{\theta}^{(m)}, y) = E_{\hat{\theta}^{(m)}}[\log L_c(\theta|y,Z)|\hat{\theta}^{(m)}, y] \ .$$

2. M 과정: 다음을 만족하는 $(m+1)$번째 추정값을 찾는다.

$$\hat{\theta}^{(m+1)} = Argmax\ Q(\theta|\hat{\theta}^{(m)}, y) \, .$$

위의 알고리즘을 무한히 반복하면, 모수 추정값은 목표모수(최대우도추정량)로 수렴한다.

흔히 혼합모형과 계층적 모형을 포함한 많은 모형에서, 추가된 모수를 결측자료로 간주한 확대모수공간 상에서의 확률모형으로 재표현될 수 있기 때문에 EM 알고리즘이 매우 유용하게 사용된다. 또한, EM 알고리즘은 베이지안 계산에서 관심모수의 주변사후분포의 최빈값을 찾는데 사용되기도 한다. 이 경우 장애모수를 결측자료로 간주하고, 로그 우도함수 대신 로그 사후분포로 대체하여 사용한다.

**예제 10.1** (지수분포에 대한 EM 알고리즘)
$y_1, y_2$가 독립이고 비율모수 $\theta$를 가지는 지수분포를 따른다고 하자. 여기서 $y_1=5$는 관측되었으나, $Y_2$는 결측값이라고 가정하자. $\theta$에 대한 로그 완비우도함수(log complete likelihood)는 다음과 같다.

$$\log L_c(\theta|y_1, Y_2) = 2\log\theta - \theta y_1 - \theta Y_2 \ .$$

먼저, E 과정에서는 위의 로그 완비우도함수의 조건부 기댓값을 계산한다. 여기서 $E_{\hat{\theta}^{(m)}}[Y_2|y_1, \hat{\theta}^{(m)}] = E_{\hat{\theta}^{(m)}}[Y_2|\hat{\theta}^{(m)}] = 1/\hat{\theta}^{(m)}$ 이므로 로그 완비우도함수의 조건부 기댓값을 계산하면 아래와 같다.

$$Q(\theta|\hat{\theta}^{(m)}, y_1) = 2\log\theta - 5\theta - \frac{\theta}{\hat{\theta}^{(m)}}.$$

M 과정에서는 다음의 식을 만족하는 추정값 $\hat{\theta}^{(m+1)}$을 찾는다.

$$\hat{\theta}^{(m+1)} = Argmax\, Q(\theta|\hat{\theta}^{(m)}, y_1) = Argmax\{2\log\theta - 5\theta - \frac{\theta}{\hat{\theta}^{(m)}}\}.$$

이때, $\hat{\theta}^{(m+1)}$은 간단한 미분 계산에 의해 다음과 같이 구할 수 있다.

$$\hat{\theta}^{(m+1)} = \frac{2\hat{\theta}^{(m)}}{5\hat{\theta}^{(m)}+1}.$$

여기서 E 과정과 M 과정을 각 반복에서 다시 유도할 필요는 없다. $\theta$를 추정하기 위한 EM 알고리즘의 R 코드는 다음과 같다.

```
> y1 <- 5
> N <- 100              # number of iterations
> theta <- 1/y1         # initial est. for theta
> for(i in 1:N){
+    theta <- 2*theta/(y1*theta+ 1)
+    }
> theta
[1] 0.2
```

EM 알고리즘을 사용해서 구한 최대우도추정량은 0.2 이다.

예제 10.2 (다항분포에 대한 EM 알고리즘)
관측값 $y = (y_1, y_2, y_3, y_4)$ 가 다음의 확률벡터를 가지는 다항분포로부터 생성된 확률표본이라고 하자.

$$p = \left( \frac{1}{2} + \frac{\theta}{4}, \frac{(1-\theta)}{4}, \frac{(1-\theta)}{4}, \frac{\theta}{4} \right).$$

여기서, 모수 $\theta$는 $0 \le \theta \le 1$을 만족하며, $n = \sum_{i=1}^{4} n_i$이다.

$\theta$에 대한 우도함수는 다음과 같다.

$$L(\theta|y) = \frac{n!}{y_1! y_2! y_3! y_4!} \left( \frac{1}{2} + \frac{\theta}{4} \right)^{y_1} \left( \frac{1-\theta}{4} \right)^{y_2} \left( \frac{1-\theta}{4} \right)^{y_3} \left( \frac{\theta}{4} \right)^{y_4}. \tag{10.1}$$

위의 식에서 최대우도추정량은 간단한 미분 계산으로 찾을 수 있다.

이번에는 EM 알고리즘을 이용하여 최대우도추정량을 추정해 보자. EM 알고리즘을 적용하기 위하여 첫 번째 관측값 $y_1$을 확률 1/2과 $\theta/4$를 가지는 두 개의 관측값 $Z_{11}$과 $Z_{12}$의 합이라고 가정하자. 즉, $y_1 = Z_{11} + Z_{12}$이 성립한다. 그러면 완비자료 $(Z_{11}, Z_{12}, y_2, y_3, y_4)$는 아래의 확률벡터를 가지는 다항분포를 따른다.

$$p^* = \left( \frac{1}{2}, \frac{\theta}{4}, \frac{(1-\theta)}{4}, \frac{(1-\theta)}{4}, \frac{\theta}{4} \right).$$

여기서, 실제로 관측된 값 $y_1$은 $Z_{11}$과 $Z_{12}$의 합이므로 $Z_{11}$과 $Z_{12}$를 결측자료로 간주한다. 이를 $Z = (Z_{11}, Z_{12})$라 두자. 이때, $\theta$에 대한 완비우도함수는 다음과 같다.

$$L_c(\theta|y, Z) \propto \left( \frac{\theta}{4} \right)^{Z_{12}} \left( \frac{1-\theta}{4} \right)^{y_2} \left( \frac{1-\theta}{4} \right)^{y_3} \left( \frac{\theta}{4} \right)^{y_4}.$$

따라서 로그 완비우도함수는 다음과 같다.

$$\log L_c(\theta|y, Z) = (Z_{12} + y_4)\log\theta + (y_2 + y_3)\log(1-\theta) \quad .$$

먼저, E 과정에서는 위의 로그 완비우도함수의 조건부기댓값을 계산한다. 조건부기댓값을 계산하기 위해서 모수 추정값에 대한 초깃값으로 $\hat{\theta}^{(0)}$를 가정하자. 로그 완비우도함수는 $Z_{12}$에 대한 일차 선형식이므로 $Z_{12}$에 대한 조건부기댓값을 계산한 후 대입하면 로그 완비우도함수에 대한 조건부기댓값을 쉽게 계산할 수 있다. $Z_{12}$는 확률

모수가 $\frac{\hat\theta^{(0)}}{4}/(\frac{1}{2}+\frac{\hat\theta^{(0)}}{4})$이고 크기가 $y_1$인 이항분포를 따르므로, 조건부기댓값은 다음과 같다.

$$E_{\hat\theta^{(0)}}(Z_{12}|\hat\theta^{(0)},y_1)=\frac{y_1\hat\theta^{(0)}}{2+\hat\theta^{(0)}}\quad(\equiv\hat z_{12}^{(0)}).$$

M 과정에서는 다음의 식을 만족하는 추정값 $\hat\theta^{(1)}$을 찾는다.

$$\hat\theta^{(1)}=Argmax\,Q(\theta|\hat\theta^{(0)},y)=Argmax\{(\hat z_{12}^{(0)}+y_4)\log\theta+(y_2+y_3)\log(1-\theta)\}\ .$$

이때, $\hat\theta^{(1)}$은 간단한 미분 계산에 의해 다음과 같이 구할 수 있다.

$$\hat\theta^{(1)}=\frac{\hat z_{12}^{(0)}+y_4}{\hat z_{12}^{(0)}+y_2+y_3+y_4}=\frac{\hat z_{12}^{(0)}+y_4}{\hat z_{12}^{(0)}+n-y_1}.$$

위의 과정을 일반화하면 $m$번째 추정값 $\hat\theta^{(m)}$은 다음과 같다.

$$\hat\theta^{(m)}=\frac{\hat z_{12}^{(m)}+y_4}{\hat z_{12}^{(m)}+n-y_1},\quad \hat z_{12}^{(m)}=\frac{y_1\hat\theta^{(m-1)}}{2+\hat\theta^{(m-1)}}.$$

실제 관측값이 $(y_1,y_2,y_3,y_4)=(125,18,20,34)$일 때, $\theta$를 추정하기 위한 EM 알고리즘의 R 코드는 다음과 같다.

```
> y <- c(125,18,20,34)
> n <- sum(y)
> N <- 1000                    # number of iterations
> theta <- y[4]*4/n            # initial est. for theta
> for(i in 1:N){
+     z12 <- (y[1]*theta)/(2+theta)
+     theta <- (z12+y[4])/(z12+n-y[1])
+ }
> theta
[1] 0.6268215
```

EM 알고리즘을 사용해서 구한 최대우도추정량은 0.6268215 이다. 이는 식 (9.16)을 이용하여 직접적으로 계산한 최대우도추정값, $\hat{\theta}_{MLE} = 0.6268215$ 와 정확하게 일치한다.

## 10.2 EM 알고리즘의 적용

EM 알고리즘을 보다 명확하게 이해하기 위해 중도절단자료에서의 모수 추정 문제와 혼합모형에서의 혼합 비율 추정 문제를 살펴보자.

### 중도절단자료에 대한 EM 알고리즘

확률변수 $Y$ 가 평균이 $\mu$ 인 지수분포를 따른다고 하자. 이때 $Y$ 에 대한 밀도함수는 다음과 같다.

$$f(y) = \frac{1}{\mu}\exp(-\frac{y}{\mu}), \quad y > 0, \ \mu > 0. \tag{10.2}$$

생존분석에서 연구를 통해 $f(y)$ 로부터 생성된 확률표본 $y = (y_1, \ldots, y_n)$ 을 관측한다고 가정하자. 하지만 흔히 모든 관측값이 관측되기 전에 연구가 종료된다. 이러한 자료를 중도절단자료(censored data)라고 한다.

만일 연구에서 $n$명의 실험자 중 $r$ 명만이 생존시간이 관측되고 $n-r$명의 생존시간이 중도절단되었다고 하자. 이때 중도절단되지 않은 자료를 $y_i^1$, $i=1,\ldots,r$ , 중도절단된 자료를 $y_j^0$, $j=r+1,\ldots,n$ 이라고 하면 관측값 $y_1,\ldots,y_n$ 은 아래와 같이 나타낼 수 있다.

$$y = (y_1^1, \ldots, y_r^1, y_{r+1}^0, \ldots, y_n^0) = (y^1, y^0)$$

EM 알고리즘을 수행하기 위하여 중도절단된 자료 $y^0$를 결측자료로 가정하면, $\mu$에 대한 완비우도함수는 다음과 같다.

$$L_c(\mu|y) = \prod_{i=1}^{n}\frac{1}{\mu}\exp\left(-\frac{1}{\mu}y_i\right)$$

따라서 로그 완비우도함수는 다음과 같다.

$$\log L_c(\mu|y) = -n\log\mu - \mu^{-1}\sum_{i=1}^{n} y_i$$

먼저, E 과정에서는 위의 로그 완비우도함수의 조건부기댓값을 계산한다. 조건부기댓값을 계산하기 위해서 모수 추정값에 대한 초깃값으로 $\hat{\mu}^{(0)}$를 가정하자. 로그 완비우도함수는 결측자료 $y_j\,(j=r+1,\ldots,n)$ 에 대한 일차 선형식이므로, $y_j\,(j=r+1,\ldots,n)$ 에 대한 조건부기댓값을 계산한 후 대입하면 로그 완비우도함수에 대한 조건부기댓값을 쉽게 계산할 수 있다. $y_j\,(j=r+1,\ldots,n)$ 의 조건부기댓값은 지수분포의 무기억성에 의해 다음과 같이 계산할 수 있다.

$$E_{\hat{\mu}^{(0)}}(Y_j\,|\,\mu^{(0)}, y^1) = y_j^0 + \mu^{(0)} \;\; (\equiv \hat{y}_j^{(0)}),\;\; j=r+1,\ldots,n \;.$$

M 과정에서는 다음의 식을 만족하는 추정값 $\hat{\mu}^{(1)}$를 찾는다.

$$\hat{\mu}^{(1)} = Argmax\,Q(\mu|\hat{\mu}^{(0)}, y^1) = Argmax\left[-n\log\mu - \frac{1}{\mu}\{\sum_{i=1}^{r} y_i^1 + \sum_{j=r+1}^{n}(y_j^0 + \hat{\mu}^{(0)})\}\right]$$

이때, $\hat{\mu}^{(1)}$은 간단한 미분 연산에 의해 다음과 같이 구해진다.

$$\hat{\mu}^{(1)} = \frac{(\sum_{i=1}^{r} y_i^1 + \sum_{j=r+1}^{n} y_j^0) + (n-r)\hat{\mu}^{(0)}}{n}$$

위의 과정을 일반화하면 $m$번째 추정값 $\hat{\mu}^{(m)}$은 다음과 같다.

$$\hat{\mu}^{(m)} = \frac{(\sum_{i=1}^{r} y_i^1 + \sum_{j=r+1}^{n} y_j^0) + (n-r)\hat{\mu}^{(m-1)}}{n}$$

다음의 표는 심장병환자들의 생존시간에 대한 실제 자료를 정리한 것이다.

표 9.1 심장병환자들의 생존시간

| 실험자 | 생존시간 | 절단여부 |
|---|---|---|
| 1 | 39 | X |
| 2 | 2 | X |
| 3 | 101 | X |
| 4 | 20 | X |
| 5 | 31 | X |
| 6 | 15 | X |
| 7 | 148 | X |
| 8 | 118 | O |
| 9 | 91 | O |
| 10 | 427 | O |

위의 자료를 이용한 EM 알고리즘의 R 코드는 다음과 같다.

```
> y1 <- c(39,2,101,20,31,15,148)
> y0 <- c(118,91,427)
> n <- length(c(y1,y2))
> r <- length(y1)
> N <- 1000                          # number of iterations
> mu <- mean(y1)                     # initial est. for mu
> for(i in 1:N){
+    mu <- (sum(y1)+sum(y0)+(n-r)*mu)/n
+ }
> mu
[1] 141.7143
```

EM 알고리즘을 사용해서 구한 $\mu$의 최대우도추정값은 141.7143이다.

### 혼합모형에 대한 EM 알고리즘

일반적인 혼합모형에 대한 밀도함수는 다음과 같이 주어진다.

$$f(y) = \sum_{i=1}^{g} \pi_i f_i(y), \quad \sum_{i=1}^{g} \pi_i = 1 \tag{10.3}$$

확률표본 $(y_1, \ldots, y_n)$ 이 위의 혼합분포로부터 생성되었다고 가정하자. 그러면, 모수 $\pi = (\pi_1, \ldots, \pi_g)$ 대한 로그 우도함수는 다음과 같다.

$$\log L(\pi) = \sum_{j=1}^{n} \log\{\sum_{i=1}^{g} \pi_i f_i(y_j)\}$$

모수 $\pi = (\pi_1, \ldots, \pi_g)$ 를 추정하기 위한 EM 알고리즘을 수행하기 위해서 관측되지 않은 새로운 변수 $Z_j = (Z_{1j}, \ldots, Z_{gj})$ 를 다음과 같이 정의하자. 만약 $y_j$가 $i$번째 혼합으로부터 발생했을 때 $Z_{ij}$는 1을 갖고 나머지 값들은 0을 갖는다. 예를 들어, $y_1$이 세번째 혼합으로부터 생성되었을 경우, $Z_1 = (0, 0, 1, 0, \ldots, 0)$ 이 된다.
EM 알고리즘을 수행하기 위하여 $Z$를 잠재변수(결측자료)로 가정하면 $\pi$에 대한 완비우도함수는 다음과 같다.

$$L_c(\pi | y, Z) \propto \prod_{i=1}^{g} \prod_{j=1}^{n} (\pi_i)^{Z_{ij}}$$

따라서 로그 완비우도함수는 다음과 같다.

$$\log L_c(\pi | y, Z) = \sum_{i=1}^{g} \sum_{j=1}^{n} Z_{ij} \log \pi_i$$

먼저, E 과정에서는 위의 로그 완비우도함수의 조건부기댓값을 계산한다. 조건부기댓값을 계산하기 위해서 모수 추정값에 대한 초깃값으로 $\hat{\pi}^{(0)}$를 가정하자. 로그 완비우도함수는 결측자료 $Z_{ij}$에 대한 일차 선형식이므로, $Z_{ij}$에 대한 조건부기댓값을 계산한 후 대입하면 로그 완비우도함수에 대한 조건부기댓값을 쉽게 계산할 수 있다. $Z_{ij}$의 조건부기댓값은 다음과 같다.

$$\begin{aligned} E_{\hat{\pi}^{(0)}}(Z_{ij} | y_j) = P_{\hat{\pi}^{(0)}}(Z_{ij} = 1 | y_j) &= \frac{P_{\hat{\pi}^{(0)}}(y_j | Z_{ij} = 1) P_{\hat{\pi}^{(0)}}(Z_{ij} = 1)}{P_{\hat{\pi}^{(0)}}(y_j)} \\ &= \frac{\pi_i^{(0)} f_i(y_j)}{\sum_{i=1}^{g} \pi_i^{(0)} f_i(y_j)} \quad (\equiv \hat{z}_{ij}^{(0)}) \end{aligned}$$

M 과정에서는 다음의 식을 만족하는 추정값 $\hat{\pi}^{(1)}$을 찾는다.

$$\hat{\pi}^{(1)} = Argmax\, Q(\pi | \hat{\pi}^{(0)}, y) = Argmax \left\{ \sum_{i=1}^{g} \sum_{j=1}^{n} \hat{z}_{ij}^{(0)} \log \pi_i \right\}$$

이 경우, $\hat{\pi}_i^{(1)}$은 간단한 미분 연산에 의해 다음과 같이 구해진다.

$$\hat{\pi}_i^{(1)} = \frac{\sum_{j=1}^{n} \hat{z}_{ij}^{(0)}}{n}, \quad i = 1, \ldots, g$$

위의 과정을 일반화하면 $m$번째 추정값 $\hat{\pi}_i^{(m)}$은 다음과 같다.

$$\hat{\pi}_i^{(m)} = \frac{\sum_{j=1}^{n} \hat{z}_{ij}^{(m-1)}}{n}, \quad i = 1, \ldots, g$$

다음과 같은 정규혼합분포로부터 관측값 $y$를 생성하고, EM 알고리즘을 이용하여 혼합의 비율을 추정해 보자.

$$f(y) = (0.4)N(0,1) + (0.6)N(3,1)$$

EM 알고리즘을 수행하기 위한 R코드는 다음과 같다.

```
> # Generating observation from Normal mixture dist.
> pi <- c(.4,.6)
> n <- 500
> mu <- c(0,3)
> m <- sample(mu, size=n, replace=TRUE, prob=pi)
> y <- rnorm(n,m,1)
> # EM
> N <- 10000                                # number of iterations
> pi <- c(1/2, 1/2)                         # initial est. for pi
> for (j in 1:N) {
+     f1 <- pi[1]*dnorm(y,mu[1],1)
+     f2 <- pi[2]*dnorm(y,mu[2],1)
```

```
+    z1 <- f1/(f1+f2)
+    z2 <- f2/(f1+f2)
+    pi[1] <- sum(z1)/n
+    pi[2] <- sum(z2)/n
+ }
```

결과는 아래와 같다.

```
> pi
[1] 0.392095 0.607905
```

EM 알고리즘에 의한 추정값은 $\hat{\pi} \doteq (0.392, 0.608)$이며, 이는 실제값 $(0.4, 0.6)$에 매우 근사한 값이다.

혼합모형에서 혼합비율 모수뿐만 아니라 혼합 성분인 정규분포의 평균과 분산을 모르는 경우에 EM 알고리즘을 적용하여 모수들을 추정하는 문제로 확장해보자. 아래와 같은 확률변수를 고려하자.

$$Y_i = (1-Z_i)X_{1i} + Z_i X_{2i}.$$

여기서 $X_{1i} \sim N(\mu_1, \sigma_1^2)$, $X_{2i} \sim N(\mu_2, \sigma_2^2)$, $Z_i \sim Bernoulli(\pi)$이다. $X_{1i}, X_{2i}, Z_i$는 관측되지 않았고, 표본에서 단지 $Y_i$만 관측했다고 가정하자. 관심모수는 $\theta = (\mu_1, \mu_2, \sigma_1^2, \sigma_2^2, \pi)$이다.

먼저, 관측우도함수는 다음과 같다.

$$L(\theta | y) = \prod_{i=1}^{n} f(y_i | \theta) \ .$$

여기서 $f(y|\theta) = (1-\pi)\phi(y|\mu_1, \sigma_1^2) + \pi\phi(y|\mu_2, \sigma_2^2)$ 이고, $\phi(y|\mu, \sigma^2)$는 $N(\mu, \sigma^2)$ 분포의 밀도함수이다. 모수 $\theta$를 추정하기 위한 EM 알고리즘을 수행하기 위해서 $Z_i$를 잠재변수로 간주하고, 아래와 같은 완비우도함수를 고려하자.

$$L_c(\theta|y,Z)=\prod_{i=1}^{n}h(y_i,z_i|\theta)\ .$$

여기서 $h(y,z|\theta)=[\phi(y|\mu_1,\sigma_1^2)]^{1-z}[\phi(y|\mu_2,\sigma_2^2)]^z\pi^z(1-\pi)^{1-z}$ 이다. 따라서 로그 완비우도함수는 다음과 같다.

$$\log L_c(\theta|y,Z)=\sum_{i=1}^{n}\left[(1-z_i)\log\phi(y_i|\mu_1,\sigma_1^2)+z_i\log\phi(y_i|\mu_2,\sigma_2^2)\right]$$
$$+\sum_{i=1}^{n}\{z_i\log\pi+(1-z_i)\log(1-\pi)\}\,.$$

먼저, E 과정에서는 위의 로그 완비우도함수의 조건부기댓값을 계산한다. 앞에서 계산한 것과 동일한 방법으로 $E(Z_i|y_i,\theta)=P(Z_i=1\,|y_i,\theta)$를 계산하면 아래와 같다.

$$E(Z_i|y_i,\theta)=\frac{\pi\phi(y_i|\mu_2,\sigma_2^2)}{(1-\pi)\phi(y_i|\mu_1,\sigma_1^2)+\pi\phi(y_i|\mu_2,\sigma_2^2)}\ .$$

따라서 로그 완비우도함수의 조건부 기댓값을 계산하면 다음과 같다.

$$Q(\theta|\hat{\theta}^{(m)},y)=\sum_{i=1}^{n}\left[(1-r_i^{(m)})\log\phi(y_i|\mu_1,\sigma_1^2)+r_i^{(m)}\log\phi(y_i|\mu_2,\sigma_2^2)\right]$$
$$+\sum_{i=1}^{n}\{r_i^{(m)}\log\pi+(1-r_i^{(m)})\log(1-\pi)\}\,.$$

여기서 $r_i^{(m)}=E(Z_i|y_i,\theta^{(m)})$ 이다.

M 과정에서는 $Q(\theta|\hat{\theta}^{(m)},y)$를 최대화하기 위해 모수에 대해 편미분을 계산한다. 즉, $\theta$를 업데이트하기 위해 다음의 식을 만족하는 $\hat{\theta}^{(m+1)}$을 찾는다.

$$\frac{\partial}{\partial\theta}Q(\theta|\hat{\theta}^{(m)},y)=0\,.$$

이는 다음과 같이 주어진다.

$$\mu_1^{(m+1)}=\sum_{i=1}^{n}(1-r_i^{(m)})y_i/\sum_{i=1}^{n}(1-r_i^{(m)});$$

$$\sigma_1^{2(m+1)} = \sum_{i=1}^{n}(1-r_i^{(m)})(y_i-\mu_1^{(m+1)})^2 / \sum_{i=1}^{n}(1-r_i^{(m)});$$

$$\mu_2^{(m+1)} = \sum_{i=1}^{n} r_i^{(m)} y_i / \sum_{i=1}^{n} r_i^{(m)};$$

$$\sigma_2^{2(m+1)} = \sum_{i=1}^{n} r_i^{(m)}(y_i-\mu_2^{(m+1)})^2 / \sum_{i=1}^{n} r_i^{(m)};$$

$$\pi^{(m+1)} = \sum_{i=1}^{n} r_i^{(m)} / n.$$

# 연습문제

10.1 (예제 10.2 참조) 실제 관측값 $y=(125, 18, 20, 34)$ 를 사용하여 직접적으로 최대우도추정량을 구하고 (즉, R을 사용하여 로그 우도함수의 미분을 계산하여 얻은 이차식의 양의 근을 구함), 이를 EM알고리즘을 이용하여 구한 최대우도추정량과 비교하라.

10.2 미국에서는 에너지원을 화석연료, 석탄, 수력 에너지, 원자력 에너지로 분류하여 매년 소비하는 에너지원 유형을 조사한다고 한다. 관측값은 $Y=(y_1, y_2, y_3, y_4)$ 로 나타낼 수 있으며, 이는 다음의 확률벡터를 모수로 가지는 다항분포로부터 생성된 확률표본이라 가정한다.

$$p=\left(\frac{2}{9}+\frac{2}{9}\theta, \frac{3}{9}-\frac{2}{9}\theta, \frac{2}{9}, \frac{2}{9}\right)$$

여기서 $0 \le \theta \le 1$ 이다. 에너지원 중 화석연료는 천연 가스와 석유로 재분류되지만, 이를 조사하지는 않는다고 한다. 실제 관측값이 $(y_1, y_2, y_3, y_4)=(44,19,3,6)$ 일 때, EM 알고리즘을 이용하여 $\theta$ 에 대한 최대우도추정량을 구하라.

10.3 다음 자료는 확률변수 $Y=(1-Z)X_1+ZX_2$ 의 관측값이다. 여기서 $Z$ 는 성공의 확률 0.7을 가진 베르누이 분포를 따르고, $X_1$ 은 $N(100, 20^2)$ 분포를 따르고, $X_2$ 는 $N(120, 25^2)$ 분포를 따른다고 하자. $Z$ 와 $X_1$ 이 독립이고, $Z$ 와 $X_2$ 가 독립이다.

| | | | | | | |
|---|---|---|---|---|---|---|
| 119.0 | 96.0 | 146.2 | 138.6 | 143.4 | 98.2 | 124.5 |
| 114.1 | 136.2 | 136.4 | 184.8 | 79.8 | 151.9 | 114.2 |
| 145.7 | 95.9 | 97.3 | 136.4 | 109.2 | 103.2 | |

EM 알고리즘을 사용하여 모수 $\theta=(\mu_1, \mu_2, \sigma_1^2, \sigma_2^2, \pi)$ 를 추정하고 이를 참값과 비교하라.

# 참고문헌


김달호 (2013) *R과 WinBUGS를 이용한 베이지안 통계학 (제2판)*. 자유아카데미.

Daspunar, J.S. (2007) *Simulation and Monte Carlo*. Wiley.

Davison, A.C. and Hinkley, D.V. (1997) *Bootstrap Methods and their Application*. Cambridge University Press.

Efron, B. and Tibshirani, R.J. (1993) *An Introduction to the Bootstrap*. Chapman & Hall/CRC.

Givens, G.H. and Hoeting, J.A. (2005) *Computational Statistics*. Wiley.

Mathews, J.H. and Fink K.D. (2004) *Numerical Methods Using Matlab (4/e)*. Pearson Prentice Hall.

Press, W.H., Teukolsky, S.A., Vettering, W.T. and Flannery, B.P. (2007) *Numerical Recipes: The Art of Scientific Computing*. Cambridge University Press.

Ripley, B.D. (1987) *Stochastic Simulation*. Wiley.

Rizzo, M.L. (2008) *Statistical Computing with R*. Chapman & Hall/CRC.

Robert, C.P. and Casella, G. (2009) *Introducing Monte Carlo Methods with R*. Springer.

Thisted, R.A. (1988) *Elements of Statistical Computing*. Chapman and Hall.

# 찾아보기

## 저자 소개

**김달호(金達鎬)**
경북대학교 통계학과(이학사)
미국 Minnesota 대학교 통계학과(통계학 석사)
미국 Florida 대학교 통계학과(통계학 박사)
현) 경북대학교 통계학과 교수

# R을 이용한 통계계산

저　　자　김달호
발 행 인　김지영
발 행 처　자유아카데미
주　　소　경기도 파주시 회동길 37-42
　　　　　파주출판도시
전　　화　031-955-1321
팩　　스　031-955-1322
홈페이지　www.freeaca.com
전자우편　main@freeaca.com (대표)
　　　　　editor@freeaca.com (편집)
　　　　　crm@freeaca.com (영업)
등　　록　제406-2003-017호, 1980. 7. 12
제1판1쇄　2018년 2월 28일 발행
제1판2쇄　2021년 7월 10일 발행
정　　가　28,000원

저자와의
협의하에
인지생략


ISBN 979-11-5808-176-8　93310